U0321300

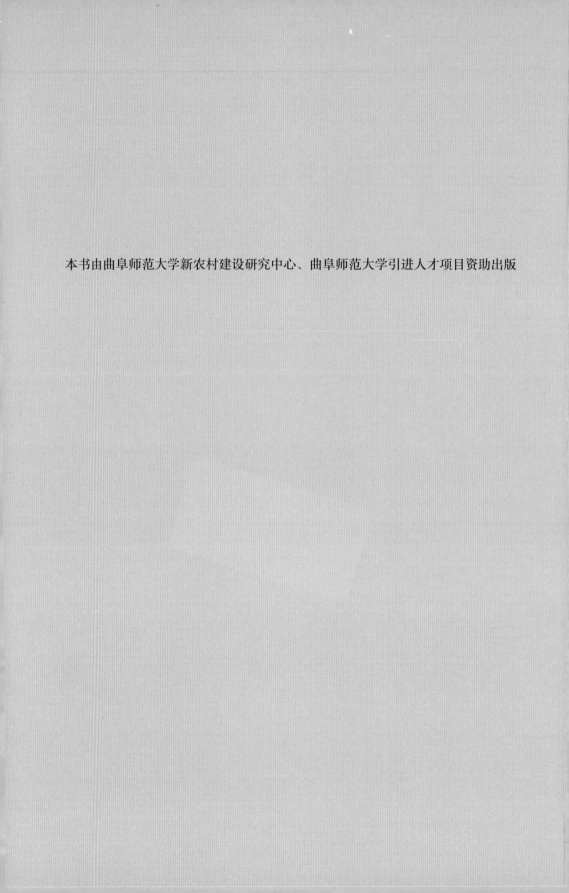

本书由曲阜师范大学新农村建设研究中心、曲阜师范大学引进人才项目资助出版

曲阜师范大学青年学术文丛

清代东北地区
水灾与社会应对

于春英 / 著

**FLOOD AND
SOCIETAL RESPONSE**

IN NORTHEAST CHINA DURING
THE QING DYNASTY

社会科学文献出版社
SOCIAL SCIENCES ACADEMIC PRESS (CHINA)

摘　要

　　清代东北地区水灾频发，尤其是晚清时期，随着东北地域的开发，在经济与社会发展的同时，生态环境也逐渐遭到破坏。水灾频繁发生，给当时的小农经济、百姓生活和社会稳定都带来了极大影响。本书从区域经济史和区域社会史的视角，探讨了有清一代东北地区水灾及其打击下的小农经济、灾民生活、社会冲突、政府与民间的救灾措施和应对机制，了解和把握水灾与区域经济、社会之间的互动关系及互动机制，从而对清代东北地区水灾及其影响下的经济、社会，以及政府荒政、民间救助等社会应对机制有一个较为系统、全面的认识，力图揭示水灾影响下的东北政治、经济和社会生活的变化及其规律，并总结历史经验和教训，为今后的防灾、救灾工作及社会保障制度建设提供有益的历史借鉴。

目　录

绪　论

第一节　课题的提出及意义

东北地区是一个以农业经济为主的地区，不仅农业历史悠久，而且农业历来是东北地区的基础产业，在国民经济中占有至关重要的地位。早在两汉时期，中原地区的先进农业技术就传入东北地区，并广种"五谷"。唐代渤海国兴起后，东北地区农业迅速繁荣。明清时期，由于流民的垦辟，东北地区实现了粮食自给，并由自然经济逐渐向商品经济转化。清末以来，伴随着移民开发浪潮，东北地区农业经济迅速发展，出现了一大批商品粮生产基地，商业性农业获得全面发展，农业商品经济空前繁荣，东北地区逐渐发展成为全国乃至世界性的商品粮生产基地。时至今日，东北地区农业经济仍在全国占有极其重要的地位。频繁发生的各种自然灾害严重破坏了经济的发展，由于农业是人类社会与大自然关系最为密切的物质生产部门，所以在国民经济各部门中，农业生产受自然灾害的束缚和影响最严重，尤其是在以农立国的传统社会里，由于生产力水平低下，科学技术不发达，一旦遇到天灾，就会造成农业生产歉收，严重影响农民生活和社会稳定，甚至出现朝代的更迭。因此，研究东北地区的灾害史具有典型意义。

灾害史是经济史领域的研究内容之一。早在 20 世纪 80 年代，邓云特等学者研究的中国灾害史就引起了学术界的广泛关注。进入 90 年代，中国灾害史的研究方兴未艾，高水平的成果层出不穷。但其研究大多从宏观角度或集中于关内各省及东南沿海地区，而东北地区的灾害史研究却极其薄弱，长期以来一直是东北史研究领域里的一项空白。这主要是由于历史上东北地区的开发晚于内地，因此东北地区的自然灾害相对较少。19 世纪 60 年代，随着东北地区的开禁和开发，在经济与社会获得发展的同时，生态环境逐渐遭到破坏，自然灾害也逐渐增多，但相对于关内各省依然是灾害稀少的地区。所以长期以来，东北灾害史并没有引起学界的关注，除了相关资料的整理以外，研究性的成果寥寥无几。可以说，21世纪之前，东北灾害史的研究基本上处于荒漠状态，直到近几年，随着自然灾害的增多，我国对减灾、防灾工作的重视以及关内各省对灾害史研究兴趣的高涨，学界对东北地区自然灾害史的研究才提上日程。由于东北地区的灾害史研究还处于待开拓阶段，是中国灾害史研究中的薄弱环节，因此在现代灾害学理论指导下进行东北灾害史研究，可以拓展自然灾害史研究的学术空间，能够起到一定的补白作用。同时，对东北地区进行个案研究，也很符合灾害史研究的基本理念，因为灾害史首先是区域史。因此，本书的研究对于拓展和深化中国区域灾害史以及东北农业史的研究都具有重要的学术价值和理论意义。

当前，就整个世界而言，自然灾害的发生呈越来越频繁的趋势，中国更是如此。先是2008年南方百年不遇的大雪灾和四川汶川大地震，接着是2010年西南地区大旱灾和玉树大地震，给中国的经济和人民的生活带来了极大灾难。因此，如何防灾、抗灾和减灾，无论过去、现在还是将来，都是摆在人们面前的重大经济问题和社会问题。随着"国际减灾十年"活动在世界范围内的兴起，我国的灾害史研究和减灾防灾工作受到了高度重视，许多从事历史学、经济学及社会学的专家学者开始致力于历史时期及当今灾害问题的研究和治理。而且，灾害史本身作为一个系统，与人类社会的政治、经济、思想文化及社会生活等各方面都有着重要的联系，反映了自然灾害与人类社会的相互作用。因此，研究历史时期东北地区的灾害问题具有重要的现实意义。

本书择取清代东北地区的水灾作为研究内容，主要是基于清代以前，东北地区的灾害稀少，资料零散，而进入清代以后，尤其是晚清时期，随着东北地域的开发，生态环境逐渐遭到破坏，自然灾害增多，而在各种自然灾害中，发生最频繁、危害最大的是水灾。此时，有关水灾的资料记载也趋于完备，有关水灾方面的研究有了资料支撑和专题研究价值。本书通过探讨清代东北地区水灾及其打击下的小农经济、灾民生活、社会冲突、政府与民间的救灾措施和应对机制，了解把握水灾与区域经济、社会之间的互动关系和互动机制，从而对清代东北地区的水灾及其乡村农业、乡村社会和农民生活有一个较为系统、全面的认识。因此，对清代东北地区水灾与社会应对机制进行专题研究，可以拓展自然灾害史研究的学术空间，具有重要的学术价值。同时，也有助于我们在今后的救灾工作和社会保障制度建设中，以史为鉴，尊重客观规律，按规律办事，最大限度地减少失误，有利于构建和谐社会，对当今东北地区防灾、减灾及新农村建设将起到重要的启发和借鉴意义。

第二节　国内外相关研究概况

对自然灾害史的研究，是 20 世纪 80 年代以后的事，随着社会史的复兴，才引起学术界的广泛关注。90 年代以后，一些致力于灾害史研究的史学界同人，以极大的热情投入灾害史的研究中，使灾害史研究硕果累累，呈方兴未艾之势，史学界正在形成浓厚的灾害史研究的学术气氛。近年来，随着我国经济建设和减灾、防灾活动的大规模展开，学术界也加强了对历史时期自然灾害的研究。由于清代以来自然灾害丛生，所以人们更加关注清代以来的自然灾害史研究。这些研究主要体现在三个方面：一是对自然灾害史资料的整理；二是对全国性自然灾害史的研究；三是对区域自然灾害史的研究。对历史时期东北地区自然灾害的研究，主要体现在两个方面：一是散见于全国性自然灾害史和东北地方史、东北地方志以及档案、奏折中的研究成果；二是一些专题性的资料整理与学术研究。已有众多学者对全国性自然灾害史和关内各区域自然灾害史的研究进行了总结和述评，在此不再赘述。这里仅就与东北地区相关的自然灾害史的资料来源、整理情况和研究状况做一概述。

一　主要资料来源

本书涉及的资料范围广、容量大，从总体上来说，以当时的官方资料为主，特别是关于自然灾害和荒政方面的研究资料，主要来源于以下几个方面。

古籍文献类。《清实录》，中华书局，1985 年 6 月至 1987 年 1 月，影印本。李洵、赵德贵点校：《钦定八旗通志》，吉林文史出版社，2002 年版。《清朝通典》，浙江古籍出版社，1988 年版。《清朝通志》，浙江古籍出版社，1988 年版。《清朝文献通考》，浙江古籍出版社，1988 年版。《清朝续文献通考》，浙江古籍出版社，1988 年版。赵尔巽、柯劭忞：《清史稿》，中华书局，1977 年版。贺长龄、魏源等编：《清经世文编》，中华书局，1992年版。罗振玉等编辑：《皇清奏议》，全国图书馆古籍文献缩微复制中心，2004 年版。沈云龙：《皇清道咸同光奏议》，（台湾）文海出版社，1969 年版。《钦定大清会典》，（台北）新文丰出版股份有限公司，1977 年版。《钦定大清会典事例》，（台北）新文丰出版股份有限公司，1977 年版。第一历史档案馆编译：《康熙朝满文朱批奏折全文》，中国社会科学出版社，1996年版。第一历史档案馆编译：《雍正朝汉文朱批奏折汇编》，江苏古籍出版社，1991 年版。台湾故宫博物院编辑：《宫中档案乾隆朝奏折》，1982 年版。第一历史档案馆编译：《光绪朝朱批奏折》，中华书局，1995 年版。这些古籍文献都详细记载了清代东北地区自然灾害的发生状况、报灾以及政府的钱粮赈济、救荒措施、仓储制度等。

　　档案类。清代的档案是记录清代自然灾害史极其重要的资料之一。中国边疆史地研究中心、辽宁省档案馆、吉林省档案馆、黑龙江省档案馆编：《东北边疆档案资料选辑》（清代民国），东北边疆档案文献丛书，广西师范大学出版社，2007 年版。李澍田、潘景隆：《珲春副都统衙门档案选编》，吉林文史出版社，1991 年版。吉林省档案馆、吉林省社会科学院历史所编：《清代吉林档案史料选编》（上谕奏折），内部资料，1981 年版。中国第一历史档案馆满文部、黑龙江省社会科学院历史所编：《清代黑龙江历史档案选编》，黑龙江人民出版社，1986 年版。东北师范大学明清史研究所、中国第一历史档案馆编：《清代阿城汉文档案选编》，中华书局，1994 年版。辽宁省档案馆编译：《盛京内务府粮庄档案汇编》（上），辽沈书社，1993 年版。中国边疆史地研究中心、中国第一历史档案馆编：《珲春副都统衙门档案》，广西师范大学出版社，2005 年版。李澍田：《吉林农业档卷》，吉林文史出版社，1990 年版。《吉林将军衙门档案》《黑龙江将军衙门档案》《宁古塔副都统衙门档案》。辽宁社会科学院：《天聪九年档》《雍乾两朝镶红旗档》《黑图档中有关庄园问题的满文档案文件汇编》《三姓副都统衙门满文档案译编》《清代三姓副都统衙门满汉文档案选编》《清代内阁大库散佚满汉文档案选编》等。这些原始档案中辑录了大量有关清代东北地区自然灾害及荒政方面的内容，是研究东北灾害史的第一手资料，具有极其重要的价值。

方志类。方志是研究区域史不可缺少的文献资料，也是研究灾害史和农村经济社会较为集中、完整、系统且数量庞大的史料来源。东北地区现存的地方志包括清末民国时期的旧志和20世纪80年代以后编纂的新志。旧志既包括东北地区的通志，如《奉天通志》《吉林通志》《黑龙江志稿》等，也包括各地区的州、府、县志以及风土志、山水记等。这些旧志里的灾异志专门记载了当地自然灾害发生的状况；蠲免、赈济、仓储和慈善中都记载了政府设置的救灾机构、救灾措施等；人物志中记载了民间士绅和士民的赈济活动。新志中的农业志、水利志、粮食志、土地志、物价志、民政志、人口志、财政志、卫生志、地震志以及大事记中都涉及清代东北地区的自然灾害及其对社会的影响以及救灾、防灾等问题。

专著类。共分三类。第一类是有关东北地区的著作。郑毅：《东北农业经济史料集成》（1～5），吉林文史出版社，2005年版。中央气象局研究所、华北东北十省气象局、北京大学地球物理系编：《华北、东北近五百年旱涝史料》，内部资料，1975年版。水利电力部水管司科技司、水利电力科学研究院编：《清代辽河、松花江、黑龙江流域洪涝档案史料　清代浙闽台地区诸流域洪涝档案史料》，中华书局，1998年版。温克刚：《中国气象灾害大典》，黑龙江卷，气象出版社，2007年版。温克刚：《中国气象灾害大典》，辽宁卷，气象出版社，2005年版。温克刚：《中国气象灾害大典》，吉林卷，气象出版社，2008年版。张士尊：《清代东北移民与社会变迁》，吉林人民出版社，2003年版。范立君：《近代关内移民与中国东北社会变迁》，吉林人民出版社，2008年版。孔经纬：《清代东北地区经济史》，黑龙江人民出版社，1990年版。李文治：《中国近代农业史资料》（第一辑），生活·读书·新知三联书店，1957年版。谢毓寿、蔡美彪：《中国地震历史资料汇编》，第三卷（下），科学出版社，1987年版。黑龙江省档案馆、黑龙江省地方志研究所：《黑龙江通志采集资料》（上），内部资料，1984年版。李兴盛、张杰：《清实录黑龙江史料摘抄》（上、中、下），黑龙江出版局，1983年版。李澍田：《珲春史志》，吉林文史出版社，1986年版。李澍田：《清实录东北史料全集》（1～4），吉林文史出版社，1988年版。李兴盛、全保燕：《秋笳馀笺》（上、下），黑水丛书，黑龙江人民出版社，2005年版。黑龙江省档案馆、黑龙江省地方志研究所编：《黑龙江通志采辑资料》

（上、中、下），内部资料，1985 年版。中国科学院历史研究所第三所编：《锡良遗稿》奏稿，全二册，中华书局，1959 年版。邓拓：《中国救荒史》，商务印书馆，1937 年版。杨余栋：《清代东北史》，辽宁教育出版社，1991年版。穆恒洲：《吉林省旧志资料类编》，自然灾害篇，吉林文史出版社，1986 年版。辛培林、张凤鸣、高晓燕：《黑龙江开发史》，黑龙江人民出版社，1999 年版。石方：《黑龙江区域社会史研究》，黑龙江人民出版社，2002 年版。这些资料是研究东北地区自然灾害史的主要著作资料。第二类是理论性的著作。申曙光：《灾害学》，中国农业出版社，1994 年版。王子平：《灾害社会学》，湖南人民出版社，1998 年版。马宗晋、郑功成：《灾害历史学》，湖南人民出版社，1997 年版。郑功成：《灾害经济学》，湖南人民出版社，1998 年版。刘波、姚清林、卢振恒、马宗晋：《灾害管理学》，湖南人民出版社，1998 年版。许飞琼：《灾害统计学》，湖南人民出版社，1998 年版。曾国安：《灾害保障学》，湖南人民出版社，1998 年版。马宗晋、张业成等：《灾害学导论》，湖南人民出版社，1997 年版。这些著作为东北灾害史的研究提供了理论基础。第三类是对东北地区灾害史研究具有影响和借鉴作用的灾害史著作。卜风贤：《周秦汉晋时期农业灾害和减灾方略研究》，中国社会科学出版社，2006 年版。夏明方：《民国时期自然灾害与乡村社会》，中华书局，2000 年版。曹树基：《田祖有神——明清以来的自然灾害及其社会应对机制》，上海交通大学出版社，2007 年版。李文海、周源：《灾荒与饥馑（1840~1919）》，高等教育出版社，1991 年版。康沛竹：《灾荒与晚清政治》，北京大学出版社，2002 年版。复旦大学历史地理研究中心主编：《自然灾害与中国社会历史结构》，复旦大学出版社，2001年版。李文海：《天有凶年——清代灾荒与中国社会》，生活·读书·新知三联书店，2007 年版。李向军：《清代荒政研究》，中国农业出版社，1995年版。范宝俊主编：《中国自然灾害史与救灾史》，当代中国出版社，1999年版。

论文类。目前，关于东北灾害史方面的研究论文主要集中于水旱灾害和疾疫灾害两个方面。王景泽：《明末东北自然灾害与女真族的崛起》，《西南大学学报》（社会科学版）2008 年第 3 期。王燕：《清末松花江流域的农业开发与自然灾害研究》，东北师范大学硕士学位论文，2005 年。刘丽丽：《清代松花江上游地区的农业开发》，东北师范大学硕士学位论文，2008 年。

《松辽水利史》，珠江水利网，2007年7月2日。焦润明：《近代东北旱灾的社会成因及影响》，《文化学刊》2009年第5期。焦润明：《近代东北灾荒史论略》，《辽宁大学学报》2010年第6期。焦润明、孟健：《论民国年间奉天的民间慈善救助》，《东北史地》2008年第5期。王虹波：《1912～1931年间吉林灾荒与救济》，《东北史地》2009年第5期。王虹波：《1912～1931年间辽宁水灾与救济》，《社会科学辑刊》2009年第5期。王虹波：《1912～1931年间吉林灾荒的社会应对》，《通化师范学院学报》2010年第1期。秦升阳、王虹波：《民国初期吉林仓储概况》，《通化师范学院学报》2009年第5期。王虹波：《民国时期东北地区的巫术救荒》，《求索》2010年第6期。谭玉秀：《九一八事变前东北水灾与社会应对》，《哈尔滨工业大学学报》2011年第6期。王广义：《近代东北乡村社会研究》，吉林大学博士学位论文，2007年。吴蓓：《近代松花江流域水利开发研究》，吉林大学博士学位论文，2008年。雷国平：《黑龙江区域自然灾害对农业经济发展的影响》，《农业技术经济》2001年第4期。雷国平：《黑龙江区域自然灾害对土地生产力的影响分析》，《东北农业大学学报》（社会科学版）2003年第1期。丁美艳：《宣统年间东北鼠疫灾难应对之防疫法规研究》，辽宁大学硕士学位论文，2007年。李皓：《庚辛鼠疫与清末东北社会变迁》，东北师范大学硕士学位论文，2006年。曹晶晶：《1910～1911年的东北鼠疫及其控制》，吉林大学硕士学位论文，2005年。焦润明：《1910～1911年的东北大鼠疫及朝野应对措施》，《近代史研究》2006年第3期。焦润明、焦婕：《清末奉天万国鼠疫研究会考论》，《辽宁大学学报》2011年第4期。王道瑞：《清末东北地区暴发鼠疫史料》（上、下），《历史档案》2005年第2期。由此可见，东北地区的灾害史研究论文多集中于清末民国时期或近代，清代以前的很少，清朝一代的灾害史研究还未见专题研究。

报刊类。主要涉及东北地区的报纸，如《盛京时报》《申报》《大公报》《滨江时报》《东方杂志》《奉天公报》《吉长日报》等，其中《盛京时报》中记载了大量有关东北地区灾害方面的新闻，是研究东北灾害史必不可少的报刊资料。

二　自然灾害史资料的整理

收集和整理灾害史资料是灾害史研究的基础工作。20世纪以来，我国的自然科学和社会科学工作者就开始致力于灾害史资料的挖掘、搜集和整理工作。新中国成立后，在经济建设的曲折历程中，自然灾害频频袭击华夏大地，促使学者们更加重视对自然灾害史资料的整编工作。20 世纪 80 年代以后，史学界掀起了自然灾害史资料整编的高潮，一些学者从卷帙浩繁的历史资料中爬梳整编出大量有关自然灾害方面的史料。其中涉及东北地区的成果主要如下。

地震历史资料的整编。涉及东北地区的主要有两部。一部是《中国地震资料汇编》，是 1976 年由中国社会科学院和国家地震局等部门联合成立中国地震历史资料编辑委员会，组织各省、市、自治区的历史工作者和地震工作者查阅了历代的档案、地方志、特藏文献、石刻和题记等资料编写而成的，共 5 卷，由科学出版社于 1983 ~ 1987 年相继出版。另一部是国家档案局明清档案馆编写的《清代地震档案史料》，由中华书局于 1959 年出版。在这些地震史料中，均有历史时期东北地区的地震资料，其中详细记载了历史时期东北地区历次地震的发生、地域、灾况及造成的损失。

洪涝灾害史料集的整编。最重要的一部是水利水电科学研究院水利史研究室自 1981 年起整编的"清代江河洪涝档案史料丛书"，其中属于东北地区的是《清代辽河、松花江、黑龙江流域洪涝档案史料》。该书由中华书局于 1998 年出版，书中的史料主要来源于中国第一历史档案馆所保存的 1736 ~ 1911 年清代"宫中""朱批""军机处录副"档，即清代地方政府各类官员呈报的档案。本书将清代东北地区的洪涝灾情、河道变迁及治理、水利工程技术和内河航运等资料整编成书，为研究清代东北地区洪涝灾害提供了第一手珍贵的档案资料，在中国灾害史研究方面占有重要地位。

气象灾害史资料的整编。专题性的资料整编主要有两部。一部是《华北、东北近五百年旱涝史料——东北及内蒙》（第六分册），是 1972 年中央气象局研究所联合华北、东北十省份气象局着手整理的历史时期的气候资料，共整编出 1470 ~ 1979 年近 500 年的旱涝史料。其史料主要来源于明实录、清实录、明史、清史稿·灾异志、古今图书集成、中国历代天灾人祸表、故宫档案、奏折、州府县志等。此后，中国科学院地理研究所张王远教授对自 1470 年（明宪宗六年）至 1950 年的气候资料再次进行整理，其所依据的史料，除各地方志外，还补充了包括散藏于中国台湾及美国国会图书馆在内的近 1000 种方志，整编内容除旱涝外，还包括饥馑、霜灾、雪灾、雹灾、冻灾、海啸和瘟疫等灾情的实况。另一部是温克刚的《中国气象灾害大典》（吉林卷、黑龙江卷、辽宁卷），由气象出版社分别于 2005 年、2007 年、2008 年出版。

除了上述专题性资料整理外，还有地区性的灾害史资料整理，如穆恒洲主编的《吉林省旧志资料类编》（自然灾害篇，吉林文史出版社，1986 年版）汇集了自古及今吉林全省的各种自然灾害资料。此外，在经济史、农业史的资料辑中也存有大量自然灾害方面的史料。如李文治编的《中国近代农业史资料》（共 3 辑，三联书店，1957 年版），陈振汉等编的《清实录经济史资料》（共 3 册，北京大学出版社，1989 年版），黄苇主编的《中国地方志经济资料汇编》（汉语大词典出版社，1999 年版），中国科学院地理科学与资源研究所和中国第一历史档案馆的《清代奏折汇编——农业·环境》（商务印书馆，2005 年版），等等。

三 自然灾害史的专题研究

在系统挖掘与整理资料的同时，学者们还对东北地区自然灾害史及其规律进行了探讨，并取得了一些研究成果，但目前学界对历史时期东北灾害史的专题研究还不多。早在清末，就有学者对当时频发的自然灾害进行探讨，《申报》《大公报》《盛京时报》《东方杂志》《东北农业》等报刊发表了一些学术论文，这些论文探讨了东北地区自然灾害的灾情与影响，注重研究灾害的发生原因及治理对策，从灾况、致灾因素以及防灾技术和措施等层面进行了较为深入的研讨。这些研究成果对当时甚至今天的防灾与减灾工作起到了一定的参考咨询作用，有重要的学术价值与现实意义。

新中国成立以后，农林、水利以及社会科学领域的学者们更加关注现实灾害问题，更注重从历史时期的自然灾害中总结经验教训，以发挥灾害史学的咨政借鉴功能，无论是对资料的搜集整理，还是对灾害史的研究，都取得了一定的成果。这些研究成果对历史上东北地区自然灾害的发生规律进行了初步研究，为后来的研究工作打下了一定的资料基础。

从目前的研究成果来看，东北灾害史领域的研究主要集中在以下几个方面。

一是对松花江流域水旱灾害及生态环境的研究。王燕的《清末松花江流域的农业开发与自然灾害研究》论述了清末松花江流域的农业开发与生态环境之间的关系，认为以汉族移民为主体的各民族经过辛勤的开发活动，使该地区的土地得到大规模开发，农业、工商业以及城镇有了突飞猛进的发展。但由于移民耕作能力有限以及清政府缺少对这一地区开发的规制，长期不合理的农业开发和森林采伐等行为破坏了天然植被，导致这一地区自然灾害频发，松花江流域生态环境逐步恶化，水土流失，地力逐渐下降，气候也趋暖趋干，从而阻滞了社会经济的发展。所以，清末松花江流域的农业开发与生态环境和自然灾害三者之间是相互关联、相互影响的，松花江流域自然灾害的频发与人类活动密切相关。① 吴蓓的《近代松花江流域水利开发研究》通过对近代松花江水利开发过程的考察，从社会、灾害、水利三者之间的互动关系出发，勾勒出松花江流域水利开发由传统水利逐步向近代水利转型的历史变迁，探讨了自然灾害对社会发展的影响及水利活动对流域自然环境的作用，总结出近代治水方略与水利实践的成败得失。② 任晨的《一百年来第二松花江流域水环境的历史变迁（1898~2000）》认为，近代以来，随着社会的发展，人类与自然环境的关系日益密切，使得第二松花江流域的水环境发生了巨大变化。作者从农耕文明的破坏、交通近代化、城市化、工业化的负面作用等方面对第二松花江流域的影响进行了研究，系统地分析了第二松花江流域水环境逐步恶化的原因，深入探讨了第二松花江流域存在的主要水环境问题，提出了改善第二松花江水环境状况的对策，为流域社会经济的发展提供了环境支撑。③

二是对历史上瘟疫灾害的研究。丁美艳的《宣统年间东北鼠疫灾难应对防疫之法规研究》探讨了为应对1910~1911年东北鼠疫灾难，清政府开展大规模的防疫法规建设，从而诞生了中国近代第一部全国性防疫法规。作者阐述了法规的颁布情况、规程以及法规的实施、防疫辅助规制与执行情况，并对清政府防疫法规建设进行了历史评价，认为这部防疫法规的源流具有舶来性，制定具有应急性，执行具有强制性，内容具有灵活性，大规模的防疫法规建设不仅对当时的疫情综合治理、防止鼠疫复发起到了重

① 王燕：《清末松花江流域的农业开发与自然灾害研究》，东北师范大学硕士学位论文，2005。
② 吴蓓：《近代松花江流域水利开发研究》，吉林大学博士学位论文，2008。
③ 任晨：《一百年来第二松花江流域水环境的历史变迁（1898~2000）》，东北师范大学硕士学位论文，2008。

大的现实作用，而且对后世的防疫法规建设产生了深远的历史影响。[1] 李皓的《庚辛鼠疫与清末东北社会变迁》论述了庚辛鼠疫与清末东北社会之间的关系，认为鼠疫的大流行一方面给东北地区乃至全国的经济、政治等都带来了新的灾难，破坏了原有的社会秩序，导致经济环境恶化、商业萧条，造成人民生命财产的巨大损失，使得本已捉襟见肘的政府财政雪上加霜，鼠疫的肆虐及防预初期的不力给一些周边国家进一步染指我国内政提供了借口。另一方面，鼠疫的流行又锻炼了清末的人们，抗役斗争推动了东北乃至全国公共卫生体系的建立，提高了社会和个体的抗灾能力。在防疫过程中，各级政府、部门协调合作，提高了政府的行政效能。伴随着防疫工作的展开，近代社会保障体系开始建立，为整个中国的社会变迁提供了一定的保障，推动了清末东北社会的近代转型。[2] 曹晶晶的《1910～1911年的东北鼠疫及其控制》考察了1910～1911年东北鼠疫的发生、蔓延及其所带来的社会恐慌，认为在鼠疫对社会造成破坏的同时，中国政府也启动了近代国家防预体制，鼠疫的防控推动了中国政府体制和行为的近代化。[3] 焦润明的《1910～1911年的东北大鼠疫及朝野应对措施》论述了面对灾难，清政府及各级地方当局、士绅积极采取防疫应对措施，从中央到地方组建各级防预组织，颁布各种法规，推行火葬，制定严格的疫情报告制度和查验制度，加强与世界各国的防疫合作，召开国际防疫研究会。舆论界也积极进行防疫宣传，民间士人积极筹措防疫款项。这些应对措施在很大程度上有效地避免了鼠疫灾难的进一步蔓延。[4] 这些论文都力求探讨东北地区历史上自然灾害的发生规律、灾害的影响以及防灾、减灾对策。

三是对历史上自然灾害与民族问题的研究。王景泽的《明末东北自然灾害与女真族的崛起》认为，明末东北地区自然灾害频仍，促使女真族内部互相攻掠，建州女真趁机兴起。灾荒也成为努尔哈赤骑兵反明的因素之一；政策失误与自然灾害交互作用，亦使进入辽东的后金陷入困境。但无论明朝灭亡还是女真族的兴起，自然灾害的作用皆视王朝政治与人类社会

① 丁美艳：《宣统年间东北鼠疫灾难应对之防疫法规研究》，辽宁大学硕士学位论文，2007。
② 李皓：《庚辛鼠疫与清末东北社会变迁》，东北师范大学硕士学位论文，2006。
③ 曹晶晶：《1910～1911年的东北鼠疫及其控制》，吉林大学硕士学位论文，2005。
④ 焦润明：《1910～1911年的东北大鼠疫及朝野应对措施》，《近代史研究》2006年第3期。

的基本状况而定。①

四是对东北灾害的成因及影响的研究。焦润明的《近代东北旱灾的社会成因及影响》认为，中国东北地区近代旱灾发生频繁，灾害严重。灾害的形成因素很多。自然的社会气候是灾害形成的主要原因，而旱灾的轻重程度与社会因素密切相关，乱砍滥伐、植被破坏、水土流失、自然环境严重破坏、政府腐败、贪赃赈款等，不仅会加重旱灾灾情，而且会促成旱灾的频繁到来。旱灾不仅导致农业歉收、物价上涨、政府财政损失，而且会引发瘟疫流行，造成社会动乱。② 雷国平的《黑龙江区域自然灾害对农业经济发展的影响》在分析中国及黑龙江区域人均收入水平与构成的基础上，通过该区域自然灾害对农业生产的影响，特别是对不同时期粮食减产总量及占粮食总产比例变化的分析，进一步阐明自然灾害对区域农业经济发展及农民收入水平的影响，对区域农业结构调整和增加农民收入具有一定的理论和实践意义。③ 雷国平的《黑龙江区域自然灾害对土地生产力的影响分析》认为，自然灾害是影响农业生产最重要的因素，也是造成土地生态环境变化的重要原因，曾给黑龙江省农业生产造成巨大损失，降低了土地生产力，限制了土地产出及经济效益的提高，因此分析区域自然灾害造成的受灾和成灾面积的变化、自然灾害发生的频率变化以及对土地质量变化的影响，进一步揭示自然灾害产生的实质和变化趋势，可以为该区域实施土地利用结构调整和可持续发展战略提供重要依据。④

五是对东北灾荒与救济的研究。王虹波的《1912～1931 年间吉林灾荒与救济》对 1912～1931 年吉林的自然灾害进行了考察，探讨了这一时期灾害发生的概况和特点以及灾害的救济情况和措施等，梳理和再现了这一时期吉林灾荒的概貌，弥补了东北区域灾荒史的不足。⑤ 王虹波的《1912～1931 年间辽宁水灾与救济》论述了 1912～1931 年辽宁水灾的特点及成因，认为政府和社会的救济措施起到了一定的缓解作用，但由于灾区广漠，政府救

① 王景泽：《明末东北自然灾害与女真族的崛起》，《西南大学学报》（社会科学版）2008 年第 3 期。
② 焦润明：《近代东北旱灾的社会成因及影响》，《文化学刊》2009 年第 5 期。
③ 雷国平：《黑龙江区域自然灾害对农业经济发展的影响》，《农业技术经济》2001 年第 4 期。
④ 雷国平：《黑龙江区域自然灾害对土地生产力的影响分析》，《东北农业大学学报》（社会科学版）2003 年第 1 期。
⑤ 王虹波：《1912～1931 年间吉林灾荒与救济》，《东北史地》2009 年第 5 期。

济乏力，有灾必荒，往往造成灾民的生存举步维艰。① 秦升阳、王虹波的《民国初期吉林仓储概况》考察了 1912~1931 年吉林仓储情况，探讨了这一时期吉林省仓储的设置、管理、实际运行情况以及历史作用。② 王虹波的《1912~1931 年间吉林灾荒的社会应对》认为民国时期吉林省自然灾害发生频繁的原因是，"九一八"事变前，国内军阀混战，经济凋敝，使灾后的社会应对环境较差。由于政府忙于国内的政争，直接的物质赈济减少，主要通过对当时国家政策的调控来缓解灾情，对灾荒的应对能力相对减弱，而此时民间救助力量逐渐增强，各种慈善团体和个人发挥了重要作用。③ 王虹波的《民国时期东北地区的巫术救荒》指出民国时期东北地区自然灾害频仍，由于政局动荡、战乱频繁，科学救灾思想无法得到深入推广。传统的巫术救荒便成为这一时期上至政府官员、绅商贤达，下至平民百姓所推崇的主要消灾方式。通过祷告祭拜、设坛祈神，甚至割肉祭神，达到感动神灵禳灾的目的，并用"演戏酬神"方式以谢神灵。巫术救荒的实质是统治阶级为迎合灾民心理，用来安定民心、维护社会稳定的一种应对灾害的手段，也是灾民的一种心理调适和心灵慰藉。它带来了很多负面影响，不仅贻误了救灾时机，而且耗费了大量的人力、物力和财力。④ 焦润明的《近代东北灾荒史论略》讨论了 1840~1949 年中国东北地区的灾荒以及民众应对灾荒的历史沿革，即从近代东北地区灾荒的历时性分布、灾荒成因、灾荒影响、从无效应对到有效应对、灾荒救助与社会进步等几个方面进行讨论，概述灾荒对近代东北社会的影响，论述卫生防疫、慈善救助等救灾措施，并从社会生活史的角度解析了近代东北社会近代化的历程及与民众的互动关系。⑤ 谭玉秀的《九一八事变前东北水灾与社会应对》认为，"九一八"事变前，受天气变化、森林过度砍伐与政府疏于防范等因素的影响，东北境内时常洪水泛滥，波及范围广，灾情较为严重，给民众带来了巨大的灾难。为应对水灾，政府与社会各界采取了多种措施，拨发赈款、广集善款、迁移灾民垦荒、植树造林、兴修水利、捐款捐物、组织义赈等，使灾民得

---

① 王虹波：《1912~1931 年间辽宁水灾与救济》，《社会科学辑刊》2009 年第 5 期。
② 秦升阳、王虹波：《民国初期吉林仓储概况》，《通化师范学院学报》2009 年第 5 期。
③ 王虹波：《1912~1931 年间吉林灾荒的社会应对》，《通化师范学院学报》2010 年第 1 期。
④ 王虹波：《民国时期东北地区的巫术救荒》，《求索》2010 年第 6 期。
⑤ 焦润明：《近代东北灾荒史论略》，《辽宁大学学报》2010 年第 6 期。

到了一定程度的安置。但当时东北地区的局势动荡，治理水患的经费捉襟见肘，官员素质良莠不齐，不尽全力履行职责，等等，致使灾况未获得有效的缓解。①

一些专著中也涉及灾害与赈济方面的研究。如孔经纬的《清代东北地区经济史》（黑龙江人民出版社，1990 年版），张士尊的《清代东北移民与社会变迁》（吉林人民出版社，2003 年版），范立君的《近代关内移民与中国东北社会变迁》（吉林人民出版社，2008 年版），辛培林、张凤鸣、高晓燕的《黑龙江开发史》（黑龙江人民出版社，1999 年版），石方的《黑龙江区域社会史研究》（黑龙江人民出版社，2002 年版），也都记载和阐述了有关东北地区灾害与赈济方面的片段内容。

此外，东北三省地方志编纂委员会编写的《黑龙江省志》《吉林省志》《辽宁省志》以及各市县志书中的"自然环境志""气象志""粮食志""水利志""人口志""财政志""民政志"等也记载了历史时期东北境内发生的各类自然灾害及救济情况。

从总体上说，对历史时期东北地区自然灾害史的研究还较少，尤其缺乏系统的梳理与研究，因此有待我们做进一步探讨。

第三节　研究方法和创新之处

一　研究方法

本书以辩证唯物主义和历史唯物主义为指导，以历史学的实证考察为基本方法，综合运用历史学、文献学、量化研究、区域研究的方法以及灾害学、灾害社会学、灾害经济学、灾害历史学、农业经济学等学科的理论和方法，在广泛收集现有文献资料的基础上，充分利用和吸收自然灾害史、农业经济史、东北经济史以及清史研究的学术成果，把理论与实证、自然科学与社会科学、整体研究与个案研究、历史研究与现实研究结合起来，采用多学科交叉的理论和方法，全面介绍清代东北地区的水灾状况，探讨清代东北地区的水灾与政治、经济、思想文化及社会生活之间的关系，从

---

① 谭玉秀：《九一八事变前东北水灾与社会应对》，《哈尔滨工业大学学报》2011 年第 6 期。

而使本书的研究更加深入、准确、细致，更加接近事实。

二　创新之处

（一）内容的创新

首先，拓宽了中国区域灾害史的研究范围。东北地区的自然灾害史研究是中国区域自然灾害史研究中极其薄弱的环节。20 世纪 90 年代以后，学术界对西北、华北、华中、华南、东南、西南各省及大江大河流域历史时期的自然灾害史都进行了系统的研究，并推出了一大批研究成果。与全国相比，东北地区在这方面的专题研究还十分薄弱。目前所见的成果只是一些零散的论文，且成果极少，专著至今还没有发现。因此，对东北地区灾害史做专题研究，尤其是对清代东北地区的水灾进行全面、系统的考察和研究，能够弥补学术界在这方面的不足，起到一定的补白作用，具有极其重要的学术价值。其次，扩展了中国区域农史研究的空间。有关历史时期东北地区农业经济的研究成果很少，尤其是自然灾害打击下的农业经济、农村社会和农民生活问题的专题研究更是一块亟待耕耘的学术荒地。东北地区农业历史悠久，由于自然灾害的影响，农业歉收、农村环境恶化、农民生活艰难等问题制约了其经济发展和社会进步。本书试图从区域经济史和区域社会史的视角，构建作为重大自然灾害的水灾与乡村经济和乡村社会之间的互动关系，以弥补东北农史研究的不足。

（二）理论的渗透

以往学术界对灾害史的研究只是从历史学的角度进行阐述，如对灾情的描述、对灾害原因的分析等，而缺乏理论上的渗透。本书运用灾害学、灾害历史学、灾害经济学、水灾害经济学、灾害社会学、灾害统计学、灾害管理学等理论来解释清代东北地区的水灾害问题，并进行理论分析，为本书的研究奠定了理论基础。

第一章　清代东北地区的水灾

有清一代，随着地理环境的变化、气候的变迁、人口的增加，以及土地、森林等资源的不适当开发，东北地区洪涝灾害频繁发生，给经济社会带来严重影响。由于水灾是清代东北地区发生最频繁、危害最大的灾种，因此本章主要探讨清代东北地区水灾的基本概况，包括水灾类型、水灾统计、水灾分布、特大水灾以及水灾的成因等问题，以总结历史上的洪涝灾害规律，全面增强人们的水患意识，为今后除水害、兴水利提供借鉴。

第一节　水灾概况及特征

水灾是指由水带来的灾害，即"因久雨、山洪暴发或河水泛滥等原因而造成的灾害"[①]，进而对人类生命财产造成危害。[②] 水灾是各种自然灾害中发生历史最久远、最普遍、危害最大的灾种。因此，中国自古就是水患最严重的国家，东北地区也不例外。清代东北地区水灾居各种自然灾害之首，其发生之频繁、危害之严重，都超过了历史上任何一个朝代。

一　水灾类型

由于自然地理条件、气候条件、水文特征、地形地貌特点，以及人类经济社会活动规模与特点等因素的不同，水灾形成的条件、机理也不尽相同，由此形成了多种类型的水灾。清代东北地区的水灾主要有七种类型，

---

① 中国社会科学院语言研究所词典编辑室：《现代汉语词典》，商务印书馆，1981，第1070 页。

② 谢永刚：《水灾害经济学》，经济科学出版社，2003，第 1~2 页。

即雨灾、江河洪水、内涝、山洪、凌汛、台风、海潮，其中雨灾和江河洪水是最多的两大类。

　　雨灾，是最常见、威胁最大的水灾，它是由长时间大雨（史书一般称霪雨）或短时间内较大强度的暴雨、骤雨所形成的水灾，也称雨水型灾害。清代东北地区受雨灾威胁的地区近50%，东北各种地形的地区均有发生。仅举其例。"乾隆十九年（1754年），奉天所属州县，秋雨过多，间被水涝。乾隆五十三年（1788年）夏六月至秋七月，奉天等处，澍雨屡降，广宁等七城被水成灾。"① "道光十五年，吉林霪雨灾。"② "道光十七年（1837年），齐齐哈尔、布特哈秋遇狂风暴雨。"③ "同治三年（1864年）七月初，双城堡霪雨连绵二十余日，洼地二千垧，积水二三尺不等。"④ "光绪十七年（1891年），墨尔根、布特哈、茂兴等二十七站入秋后苦霪雨。……三姓地方霪雨连绵，间遭暴雨等收成只有二分。"⑤ "光绪二十七年（1901年），梨树县夏大雨。……七月上旬，榆树县霪雨为灾，……是年夏季，四平大雨暴雨成灾。"⑥ "宣统元年秋，梨树大雨，水，岁欠。"⑦ "宣统三年秋，怀德霪雨成灾，嗷鸿遍野。"⑧

　　江河洪水，是江河决口、满溢所导致的洪涝灾害。就致灾因子而言，江河洪水和雨灾没有严格的区别，都是水多为患。但就危害后果而言，暴雨致灾的过程较长，危害后果相对较小，而江河洪水暴发往往瞬间成灾，危害后果较重。⑨ 江河洪水的特点是峰高量大、持续时间长，波及范围广、破坏力强。由于夏、秋季节雨水集中，江河洪水极易泛滥成灾。清代东北地区的特大水灾都是这种类型。"1856年吉林大水灾，咸丰六年六七月霪雨，拉林河、牤牛河、第二松花江、松花江发生特大洪水，淹没田庐无数。六七月间，九台夏阴雨连绵，松花江水暴涨，江水出槽，大水进入吉林城，

① 温克刚：《中国气象灾害大典》，辽宁卷，气象出版社，2005，第22页。
② （清）长顺修、李桂林纂：《吉林通志》，卷32，吉林文史出版社，1986，第4~5页。
③ 温克刚：《中国气象灾害大典》，黑龙江卷，气象出版社，2007，第41页。
④ 温克刚：《中国气象灾害大典》，黑龙江卷，气象出版社，2007，第42页。
⑤ 温克刚：《中国气象灾害大典》，黑龙江卷，气象出版社，2007，第44页。
⑥ 温克刚：《中国气象灾害大典》，吉林卷，气象出版社，2008，第31~32页。
⑦ 佚名：《梨树县志》，大事记，卷9，民国三年。
⑧ 《怀德县志》，赈务，卷14，吉林文史出版社，1991，第12页。
⑨ 朱凤祥：《中国灾害通史》，清代卷，郑州大学出版社，2009，第48页。

殃及九台孙家湾。八月初，吉林省出现大水灾。饮马河流域水。八月，在东北地区中部发生一场大范围的暴雨洪水，波及的主要河流有松花江、辉发河、饮马河、拉林河以及辽河流域的东辽河和清河。永吉六七月霪雨，松花江水溢，亨德河决口，水浸省城北极、致和、德胜门外尽成泽国，淹没田庐无数。"① "1911 年东三省特大水灾，黑龙江自六月以来阴雨过多，二十日以后大雨兼旬，呼兰通肯扎克克音海伦各河水势陡涨，内水不能外泄，江流复多倒灌，以致沿岸漫溢。"② 在一些方志资料中也有大量记载，"乾隆五十四年，松花江、舒兰河水溢为灾。"③ "嘉庆十五年七月，吉林江水陡发，漫溢两岸。"④ "道光六年八月，江水溢至南山坎，水深一丈。"⑤ "道光二十六年夏闰五月，三姓、松花江、胡尔哈河、窝坑河水溢。"⑥ "咸丰六年，大雨水，昭苏河溢，东北一带水深三尺。"⑦ "咸丰六年六、七两月间，霪雨。松花江水溢，温德亨河决口，水浸省城，北极、致和、德胜三门外尽成泽国，淹没田庐无算。"⑧ "同治十年夏，辽河水溢，岁欠。"⑨ "光绪十二年夏，辽河水溢，深至七八尺。"⑩

内涝，是指过多雨水受地形、地貌、土壤阻滞，造成大量积水和径流，淹没低洼地造成的灾害，或因暴雨产生的地表径流不能及时排除，使得低洼区淹水受灾，造成国家、集体和个人财产损失，或使农田积水超过作物耐淹能力，造成农业减产的灾害。⑪清代东北地区因水灾造成的内涝和涝灾比比皆是。"康熙三十六年（1697 年），龙江、齐齐哈尔、墨尔根水涝灾。乾隆十三年（1748 年），齐齐哈尔地方涝。"⑫ "嘉庆十八年（1813 年），三

---

① 温克刚：《中国气象灾害大典》，吉林卷，气象出版社，2008，第 25 页。
② 水利电力部水管司科技司、水利水电科学研究院：《清代辽河、松花江、黑龙江流域洪涝档案史料 清代浙闽台地区诸流域洪涝档案史料》，清代江河洪涝档案史料丛书，中华书局，1998，第 163 页。
③ 徐萧霖：《永吉县志》，大事表，卷 2，吉林文史出版社，1988，第 32 页。
④ （清）长顺修、李桂林纂：《吉林通志》，卷 32，吉林文史出版社，1986，第 2 页。
⑤ 《农安县志》，卷 1，吉林文史出版社，1991，第 52 页。
⑥ 王先谦：《东华续录》，道光朝，卷 10，第 55 页。
⑦ 佚名：《梨树县志》，大事记，卷 2，民国三年。
⑧ 徐萧霖：《永吉县志》，大事表，卷 2，吉林文史出版社，1988，第 36 页。
⑨ 佚名：《梨树县志》，大事记，卷 3，民国三年。
⑩ 佚名：《梨树县志》，大事记，卷 4，民国三年。
⑪ 徐向阳：《水灾害》，中国水利水电出版社，2006，第 2、66 页。
⑫ 温克刚：《中国气象灾害大典》，黑龙江卷，气象出版社，2007，第 38 页。

姓地方夏、秋雨水过多，宁古塔等地秋季内涝成灾。道光三年（1823 年），哈尔滨地方秋涝，禾稼被淹。道光八年（1828 年），秋潦。"[1] "1829 年，辽阳、凤凰城属境内沿河低洼地亩被水淹涝，收成无望等情。"[2] "1830 年，拉林地方官兵闲散官庄壮丁等，本年所种禾稼，自五月初二日起至七月底止，阴雨连绵，下洼之地被水淹浸，高阜之处地内坐水。"[3] "1831 年，双城堡三屯旗丁等承种之地，因去岁秋季阴雨连绵，今春耕种之际，下洼地内坐水，未能布种。"[4] "光绪二十一年（1895 年），奉天夏雨过多，沿河州县所属低洼地方，田亩被水淹涝。"[5]

山洪，是山区溪沟中发生的暴涨暴落的洪水。由于山区地形较陡，降雨后水流较快，形成急剧涨落的洪峰，一旦形成固体径流，则会引发泥石流。[6] 山洪具有突发性强、水量集中、破坏力强、波及范围小的特点。山洪多发生在山区或丘陵盆地地带。"康熙五十七年（1718 年），索伦山水灾害，冲没人口、土地等。六月初九日夜间，索伦河地方山水突发，冲没人口、牲畜及房屋、田亩，赈济银一万余两。"[7] "广宁地方五六月间阴雨连绵，山水陡发，以致兵丁居住房屋、收藏粮食俱被冲淹。"[8] "1849 年六月十七八等日，锦州大雨倾注，西南一带山水陡发，以致所属之女尔

① （清）钱开震修、陈文焯纂：《奉化县志》，天时，卷 1，光绪三十四年刻本，第 8 页。
② 水利电力部水管司科技司、水利水电科学研究院：《清代辽河、松花江、黑龙江流域洪涝档案史料 清代浙闽台地区诸流域洪涝档案史料》，清代江河洪涝档案史料丛书，中华书局，1998，第 74 页。
③ 水利电力部水管司科技司、水利水电科学研究院：《清代辽河、松花江、黑龙江流域洪涝档案史料 清代浙闽台地区诸流域洪涝档案史料》，清代江河洪涝档案史料丛书，中华书局，1998，第 76 页。
④ 水利电力部水管司科技司、水利水电科学研究院：《清代辽河、松花江、黑龙江流域洪涝档案史料 清代浙闽台地区诸流域洪涝档案史料》，清代江河洪涝档案史料丛书，中华书局，1998，第 77 页
⑤ 水利电力部水管司科技司、水利水电科学研究院：《清代辽河、松花江、黑龙江流域洪涝档案史料 清代浙闽台地区诸流域洪涝档案史料》，清代江河洪涝档案史料丛书，中华书局，1998，第 134 页。
⑥ 徐向阳：《水灾害》，中国水利水电出版社，2006，第 36 页。
⑦ 温克刚：《中国气象灾害大典》，黑龙江卷，气象出版社，2007，第 38 页。
⑧ 水利电力部水管司科技司、水利水电科学研究院：《清代辽河、松花江、黑龙江流域洪涝档案史料 清代浙闽台地区诸流域洪涝档案史料》，清代江河洪涝档案史料丛书，中华书局 1998，第 42 页。

河、大小凌河全行涨发出槽，奔流泛滥。"① "1878年，奉天所属各城……各属界内于本年七月初九至是三等日连降大雨，山水陡发，河渠漫溢。"② "1909年六月初八日黎明起，至初九日午后止，大雨滂沱，山水暴发，江河陡涨，泛滥无归。吉林府境受灾尤为奇重。其他波及之区亦均轻重不一。"③

　　凌汛，是冰凌聚集成冰塞或冰坝，对水流产生阻力，造成江河水位大幅度上涨，最终漫溢或决堤而引发的水灾。凌汛一般发生在冬季的封冻期和春季的解冻期，所以主要发生在辽河、松花江、黑龙江等北方的江河上。清代东北地区的严寒气候和冰天雪地的地理特征决定了该地区经常会发生凌汛。"1884年十月二十一日文绪等奏：富田河地方本年六月十一日据该副都统咨据该佐领报称，四月初二日起天降大雨，江水突解，冰牌涌急，兵丁人等赶将各船锚绳牵拉近岸，冀图保护。不期疾风暴雨冰牌随风奔腾，人力难施，顷刻之间将船缆撞断，船身无守，随被冲击。"④ "1888年九月初二日黑龙江驻防大臣恭镗等奏：齐齐哈尔城，上年封冻以前将大船四只，次船五只挽入江口停泊，讵于本年三月二十五日夜间骤风暴起，江水泛滥，狂浪汹涌，冰牌乘流下驶。"⑤

　　台风，台风活动带来的降水现象，也称为台风雨。台风登陆后，由于地形的摩擦作用，风中形成一个巨大的上升气流的涡旋区，夹带着水汽高速移动，其中以上升运动最强的云墙区降水量最大，有时也形成暴雨。台

---

① 水利电力部水管司科技司、水利水电科学研究院：《清代辽河、松花江、黑龙江流域洪涝档案史料　清代浙闽台地区诸流域洪涝档案史料》，清代江河洪涝档案史料丛书，中华书局，1998，第87页。
② 水利电力部水管司科技司、水利水电科学研究院：《清代辽河、松花江、黑龙江流域洪涝档案史料　清代浙闽台地区诸流域洪涝档案史料》，清代江河洪涝档案史料丛书，中华书局，1998，第98页。
③ 水利电力部水管司科技司、水利水电科学研究院：《清代辽河、松花江、黑龙江流域洪涝档案史料　清代浙闽台地区诸流域洪涝档案史料》，清代江河洪涝档案史料丛书，中华书局，1998，第158页。
④ 水利电力部水管司科技司、水利水电科学研究院：《清代辽河、松花江、黑龙江流域洪涝档案史料　清代浙闽台地区诸流域洪涝档案史料》，清代江河洪涝档案史料丛书，中华书局，1998，第104页。
⑤ 水利电力部水管司科技司、水利水电科学研究院：《清代辽河、松花江、黑龙江流域洪涝档案史料　清代浙闽台地区诸流域洪涝档案史料》，清代江河洪涝档案史料丛书，中华书局，1998，第117页。

风带来的水灾一般发生在辽东沿海地带。"光绪十一年（1885 年）九月七日，台风正面袭击凤城、安东，安东、宽甸大风暴雨成灾，鸭绿江水泛滥。"[1]"光绪十九年（1893 年）七月十五日台风在朝鲜北部登陆。安东降暴雨，鸭绿江涨水。"[2]"光绪二十年（1894 年）七月二日台风经上海、烟台到安东登陆，狂风暴雨。"[3]"光绪二十二年（1896 年）七月二十四日台风袭击辽东半岛。安东大雨滂沱，江水暴涨，海水侵入街市。大东沟等地倒房无数。八月，大东沟、小寺等地发生风暴海啸，海水侵溢，淹毙人民、倒塌房屋无数。"[4]"光绪三十年（1904 年）八月十八日台风袭击鸭绿江左岸，各地狂风暴雨为灾。"[5]"宣统三年（1911 年）七月十五日台风袭击黄海北部，及至朝鲜。十九日狂风暴雨，鸭绿江江水涌涨，自后潮沟至中富街十余里尽成泽国，各署局多被淹没，即将建成的鸭绿江铁桥被冲断，沿江木筏漂没六百余张，有两个乡农田成灾近二万三千余亩，一千七百余亩颗粒无收。九月六日台风袭击黄海北部及朝鲜，小寺海水泛涨。至十二日暴雨连绵，安奉铁路奉城段桥梁均被冲毁。"[6]

海潮，是海洋中的潮汐现象，是指月球和太阳的引潮力作用，使海洋水面发生周期性涨落而引起的水灾。海潮一般发生在沿海地带。"光绪二十二年（1896 年）七月，安东县大东沟地方海潮漫溢成灾。是年八月十三四日，大雨滂沱，海水暴涨，以致安东县大东沟等处居民房屋冲塌，压毙人口。"[7]"光绪二十六年（1900 年），安东县境于六月底水涨旋消，七月中海水漫溢，沿河居民迁避，冲倒民房，淹毙男女大小四名口。"[8]

二　水灾统计

灾害统计学理论认为，灾害统计是指运用统计学的科学理论与方法对

---

[1]　温克刚：《中国气象灾害大典》，辽宁卷，气象出版社，2005，第 28 页。

[2]　温克刚：《中国气象灾害大典》，辽宁卷，气象出版社，2005，第 28 页。

[3]　温克刚：《中国气象灾害大典》，辽宁卷，气象出版社，2005，第 28 页。

[4]　温克刚：《中国气象灾害大典》，辽宁卷，气象出版社，2005，第 28 页。

[5]　温克刚：《中国气象灾害大典》，辽宁卷，气象出版社，2005，第 28 页。

[6]　温克刚：《中国气象灾害大典》，辽宁卷，气象出版社，2005，第 30 页。

[7]　温克刚：《中国气象灾害大典》，吉林卷，气象出版社，2008，第 31 页。

[8]　水利电力部水管司科技司、水利水电科学研究院：《清代辽河、松花江、黑龙江流域洪涝档案史料　清代浙闽台地区诸流域洪涝档案史料》，清代江河洪涝档案史料丛书，中华书局，1998，第 146 页。

灾害问题各方面的数量表现进行收集、分析、推断和解释，并借此达到揭示灾害现象的本质特征与一般规律的方法论科学，它是灾害问题不断恶化，国家与社会在认识灾害、减轻灾害的进程中对科学、系统的灾害统计不断加强的产物，涉及自然现象和社会现象两个方面。[①] 从灾害统计的实践来看，灾害统计主要是对大量灾害现象的数量表现进行搜集、整理、描述、分析和开发利用，其实质是对灾害现象数量表现的一种调查研究活动或认识活动。它所研究的客体是灾害现象在总体上的数量关系，这种数量关系既包括自然领域的灾害现象，也包括社会、经济领域的灾害现象，以及各种灾害现象与社会、经济相互影响的数量关系。[②] 就水灾而言，主要是统计雨灾、江河洪水、内涝、山洪、凌汛、台风、海潮等自然现象的数量关系，各种水灾造成的各种损失的数量关系，以及水灾与各种损失、补偿、减灾之间的数量关系。因此，水灾统计贯穿于水灾与经济社会的整个系统中。本节只讨论水灾这种自然现象的数量关系，其他方面将在后面章节逐次讨论。

由于清代东北地区水灾的多样性、普遍性和严重性，以及水灾害问题不断恶化的趋势，所以必须进行准确的量化分析，才能使人们及时认识灾害、反映灾害和解决灾害问题，使政府和社会及早采取相关措施。

关于清代东北地区水灾资料统计。由于历史条件所限，过去只有零星记载，从晚清开始才逐步全面。清朝从顺治元年（1644 年）到民国前（1911 年）共 268 年，其中前 92 年（1644～1735 年）只有零星记载，1736 年以后才有连续记载。目前有关清代东北水灾问题所依据的最完善的资料是水利电力部水管司科技司、水利水电科学研究院编写的"清代江河洪涝档案史料丛书"《清代辽河、松花江、黑龙江流域洪涝档案史料　清代浙闽台地区诸流域洪涝档案史料》，据此资料统计分析，清代东北地区水灾资料条数总计 482 条（见表 1－1）。

这些资料都是各地督抚、巡抚、大臣上奏的奏折，详细记载了各年水灾发生的情况，有的年份有多条资料。

---

① 许飞琼：《灾害统计学》，湖南人民出版社，1998，第 13 页。
② 许飞琼：《灾害统计学》，湖南人民出版社，1998，第 15 页。

表 1－1　1736～1911 年东北地区水灾资料条数

单位：条

项目	乾隆（12 年）	嘉庆（16 年）	道光（24 年）	咸丰（1 年）	同治（8 年）	光绪（32 年）	宣统（3 年）	总计
水灾条数	30	106	79	1	28	213	25	482

注：括号内数据指有水灾的年数。

资料来源：水利电力部水管司科技司、水利水电科学研究院：《清代辽河、松花江、黑龙江流域洪涝档案史料　清代浙闽台地区诸流域洪涝档案史料》，清代江河洪涝档案史料丛书，中华书局，1998，第 8 页。

　　水灾是清代东北地区发生最频繁的自然灾害。关于清代东北地区的水灾次数，由于各种资料所依据的史料和统计标尺不同，所以统计数字差别也很大。据《清代辽河、松花江、黑龙江流域洪涝档案史料　清代浙闽台地区诸流域洪涝档案史料》统计分析，在 1736～1911 年的 176 年间，共发生不同程度的水灾 747 次；《华北、东北近五百年旱涝史料》把东北分成几个地区统计，黑龙江哈尔滨地区有 94 次，吉林长春地区有 70 次，辽宁开原地区有 82 次，辽宁赤峰地区有 9 次，辽宁沈阳地区有 86 次，辽宁朝阳地区有 55 次，辽宁丹东地区有 25 次，辽宁大连地区有 20 次，共计 441 次。[1]《中国气象灾害大典》则分省统计，辽宁 97 次、吉林 86 次、黑龙江 89 次，三省水灾共 272 次。[2] 统计数字之所以差别很大，主要归咎于不同的灾次统计方法。利用不同的灾次统计方法统计出来的数据是不同的。灾次统计方法包括年次、地次和月次三种。年次法是指一种灾害不论年内发生于多地，也不论发生多少次，均按 1 次统计的方法；地次法是指有明确记载的地区，发生某种灾害的次数依不同地域、年内 n 地按 n 次计算的统计方法；月次法是为了对年内灾害的月份分布状况进行考察而采用的一种特殊统计方法，一般来说，发生于一个月之内的某种灾害，不论涉及多少地方，按月均记为 1 次。[3] 统计方法不同，得出的数据差别往往也很大。《清代辽河、松花

[1]　根据中央气象局研究所、华北东北十省气象局、北京大学地球物理系编写的《华北、东北近五百年旱涝史料》（内部资料，1975 年版）统计。

[2]　根据温克刚编写的《中国气象灾害大典》（辽宁、吉林、黑龙江三卷本）统计。

[3]　朱凤祥：《中国灾害通史》，清代卷，郑州大学出版社，2009，第 49 页。

江、黑龙江流域洪涝档案史料 清代浙闽台地区诸流域洪涝档案史料》统计的 747 次水灾显然是按地次（县）统计的；《华北、东北近五百年旱涝史料》统计的 441 次水灾是分地区按年次统计的；《中国气象灾害大典》统计的 272 次水灾是分省按年次统计的。笔者依据上述三种资料按年次编制了表 1－2。

表 1－2　清代东北地区水灾次数统计

帝王	在位年数（年）	水灾年数（年）	水灾次数（次）	水灾年均次数（次）
顺治	18	3	3	0.17
康熙	61	12	12	0.20
雍正	13	3	3	0.23
乾隆	60	12	12	0.20
嘉庆	25	16	16	0.64
道光	30	24	24	0.80
咸丰	11	1	1	0.09
同治	13	8	8	0.62
光绪	34	32	32	0.94
宣统	3	3	3	1
总计	268	114	114	0.43

由表 1－2 的统计数据看，在清代的 268 年中，东北地区共发生水灾 114 次，年均 0.43 次，平均约两年 1 次。如果从 1736 年有连续记载算起，则年均 0.64 次，平均约一年半 1 次，这个频率说明清代东北地区水灾发生相当频繁。水灾频次以嘉庆、道光、同治、光绪、宣统五朝较为集中。其中，宣统朝最多，平均一年 1 次；其次是光绪朝，年均 0.94 次；再次是道光朝，年均 0.80 次；嘉庆、同治两朝，分别为 0.64 次、0.62 次。顺治、康熙、雍正、乾隆、咸丰五朝水灾较少。这说明晚清水灾远远多于前清。

水灾是清代东北地区发生类型最多的自然灾害。就水灾的类型而言，主要有雨灾、江河洪水、内涝、山洪、凌汛、台风、海潮。就各种类型水灾所记载的资料来看，目前只见于 1736～1911 年。所以，各种水灾发生的次数和比例也只统计于此时段内。

由图 1－1、图 1－2 可知，清代东北地区各种类型的水灾中，雨灾和江河洪水最多，分别为 357 县次、227 县次，在各种水灾中所占的比例分别为 47.8%、30.4%；内涝、山洪、台风居其次，分别为 76 县次、41 县次、31

县次，分别占 10.2%、5.5%、4.1%；发生次数最少的是海潮和凌汛，分别为 8 县次、7 县次，分别占 1.1%、0.9%。

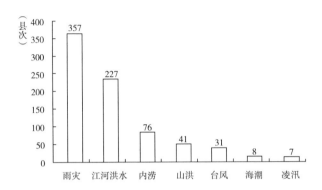

图 1 - 1　1736 ~ 1911 年东北地区各种类型水灾次数统计（按县次统计）

资料来源：根据《清代辽河、松花江、黑龙江流域洪涝档案史料　清代浙闽台地区诸流域洪涝档案史料》数据绘制。

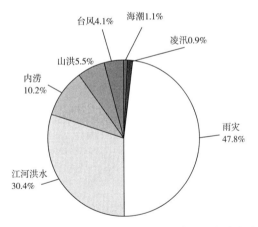

图 1 - 2　1736 ~ 1911 年东北地区各种类型水灾次数占比

三　水灾分布

水灾分布是指水灾在时间和空间上的分布状况及特征。

（一）水灾的时间分布

关于水灾的时间分布见表 1 - 3。

表 1-3　清代东北地区水灾时间分布

帝王	在位年数（年）	水灾年数（年）	水灾年均次数（次）	水灾年份
顺治	18	3	0.17	1650、1653、1654
康熙	61	12	0.20	1663、1665、1682、1684、1693、1694、1695、1696、1697、1699、1706、1718
雍正	13	3	0.23	1730、1732、1735
乾隆	60	12	0.20	1737、1738、1739、1741、1745、1746、1750、1761、1765、1768、1790、1791
嘉庆	25	16	0.64	1799、1801、1802、1803、1805、1806、1808、1810、1811、1812、1813、1814、1815、1818、1819、1820
道光	30	24	0.80	1821、1822、1825、1826、1827、1828、1829、1830、1831、1833、1834、1835、1836、1837、1838、1839、1840、1841、1844、1846、1847、1848、1849、1850
咸丰	11	1	0.09	1859
同治	13	8	0.62	1863、1864、1868、1869、1870、1872、1873、1874
光绪	34	32	0.94	1875、1876、1877、1878、1879、1880、1881、1882、1883、1884、1885、1886、1887、1888、1889、1890、1891、1892、1893、1894、1895、1896、1897、1898、1899、1901、1902、1903、1904、1905、1906、1907
宣统	3	3	1	1909、1910、1911

资料来源：根据《清代辽河、松花江、黑龙江流域洪涝档案史料　清代浙闽台地区诸流域洪涝档案史料》《华北、东北近五百年旱涝史料》《中国气象灾害大典》数据编制。

清代东北地区水灾可以分为以下几个阶段。

第一阶段，从顺治元年至乾隆末年，共 152 年，共发生水灾 30 次，年均 0.20 次，是水灾明显的低发期。

第二阶段，从嘉庆元年至道光末年，共 55 年，共发生水灾 40 次，年均 0.73 次，是水灾明显的高发期。

第三阶段，从咸丰元年至咸丰末年，共 11 年，共发生水灾 1 次，年均 0.09 次，是水灾明显的低发期。

第四阶段，从同治元年至宣统末年，共 50 年，共发生水灾 43 次，年均 0.86 次，是水灾明显的高发期。

综上可以看出，清代东北地区水灾在各阶段的分布并不均衡，其阶段性对比和年际分布呈现以下特征。

1. 水灾的年际总体分布极不均衡，有明显的高发期和低发期

在清代的 268 年间，形成了两个水灾高发期和两个低发期。第二阶段，从嘉庆元年至道光末年，共 55 年，共发生水灾 40 次，年均 0.73 次；第四阶段，从同治元年至宣统末年，共 50 年，共发生水灾 43 次，年均 0.86 次。说明晚清的这 105 年是水灾明显的高发期，水灾发生次数较多，水灾发生频繁。第一阶段，从顺治元年至乾隆末年的 152 年，共发生水灾 30 次，年均 0.20 次，是水灾明显的低发期。说明清代前 152 年间，水灾发生次数较少。第三阶段，从咸丰元年至咸丰末年，共 11 年，共发生水灾 1 次，年均 0.09 次，也是水灾明显的低发期。从总体上说，清代东北地区水灾年际分布广泛，但不均衡，出现了两个高峰值和两个低峰值，水灾频次以嘉庆、道光、同治、光绪、宣统五朝较为集中，顺治、康熙、雍正、乾隆、咸丰五朝水灾较少。晚清水灾远远多于前清。

2. 水灾的年际分布呈现跳跃性和连续性的特点

从水灾发生的年份看，两个低峰期的水灾发展呈明显的跳跃性，如康熙年间发生水灾的年份为 1663 年、1682 年、1693 年、1699 年、1706 年、1718 年等；乾隆年间发生水灾的年份是 1737 年、1739 年、1741 年、1745 年、1750 年、1761 年、1765 年、1768 年、1790 年等；咸丰年间只有 1859 年有水灾。而两个高峰期的水灾发展呈明显的连续性，如嘉庆年间发生水灾的年份是 1801～1803 年、1805～1806 年、1810～1815 年、1818～1820 年；道光年间发生水灾的年份是 1825～1831 年、1833～1841 年、1846～1850 年；光绪年间发生水灾的年份是 1875～1899 年、1901～1907 年；宣统年间发生水灾的年份是 1909～1911 年。

（二）水灾的空间分布

水灾的空间分布是指水灾所波及的地区。就水灾所波及的府厅州县次

而言，清代东北地区水灾所波及的府厅州县次为 747 县次（指该年有洪涝记载的具体县，包括相当于县一级的府、州、厅等）。[①] 清代东北地区水灾的空间分布具有以下特点。

1. 水灾空间分布的广域性、普遍性

在 1736～1911 年的 176 年间，共发生水灾 96 次，波及 747 个州县，每个年号、每个地区都发生过不同程度的水灾。按所在流域、水系分类，其中辽河流域 294 县次，辽西诸河 51 县次，辽东半岛诸河 69 县次，鸭绿江流域 40 县次，松花江流域 258 县次，图们江流域 17 县次，绥芬河流域 2 县次，黑龙江流域 16 县次。在 176 年中，东北地区只有 80 年没有发生水患，其余年度均发生不同程度的水灾。其中，有 2 个县发生 40 次以上的水灾，有 4 个县发生 30～40 次水灾，有 6 个县发生 20～30 次水灾，有 17 个县发生 10～20 次水灾，有 7 个县发生 5～10 次水灾，有 53 个县发生 1～5 次水灾。

关于清代东北地区水灾波及的区域之广泛，我们可以用"水灾受灾比"的理论来判断。所谓"水灾受灾比"，是指在统计单元内受水灾的县域个数与总县域个数的比值。水灾受灾比的大小表明水灾范围的大小，是度量灾情程度的基础指标。虽然一次水灾不可能淹没全县，但水灾灾情会对整个县域经济造成损失，因此水灾受灾比的大小在一定程度上反映了整个县域经济受灾的程度。[②] 根据此理论，在 176 年内，东北地区受灾县数占总县数的1/3 以上。

2. 水灾空间分布的不均衡性、差异性

由于地理环境和地理位置的差异，各地发生水灾的频次也不同。其中，水灾频次以嘉庆、道光、光绪、宣统四朝较为集中。其中，光绪朝最多，共计 314 县次；其次是嘉庆、道光两朝，分别为 123 县次、121 县次；再次是宣统朝，共计 102 县次。乾隆、咸丰和同治朝水灾较少，其中乾隆朝共计

---

① 水利电力部水管司科技司、水利水电科学研究院：《清代辽河、松花江、黑龙江流域洪涝档案史料　清代浙闽台地区诸流域洪涝档案史料》，清代江河洪涝档案史料丛书，中华书局，1998，第 8 页。

② 王静爱、方伟华、徐霞：《中国清代中后期（1776～1911）水灾受灾比动态变化及风险评估》，《自然灾害学报》1998 年第 4 期。汪志国：《自然灾害重压下的乡村》，南京农业大学博士学位论文，2006，第 25 页。

48 县次，咸丰朝共计 1 县次，同治朝共计 38 县次。

从水灾发生的区域来看，各地水灾分布极不平衡。沿江、沿河流域，如辽河流域、辽西诸河、辽东半岛诸河、鸭绿江流域、松花江流域、图们江流域、绥芬河流域、黑龙江流域各县水灾远远多于平原和山区；各流域中又以辽河流域和松花江流域水灾最多，分别为 294 县次、258 县次；黑龙江流域、图们江流域、绥芬河流域水灾较少。东北南部各县水灾远远多于东北北部各县。如东北南部辽河流域广宁、承德、兴京厅、锦县、辽阳州、牛庄、新民、海城、凤凰厅、岫岩的水灾发生年数分别为 42 年、40 年、33 年、31 年、30 年、28 年、23 年、23 年、20 年、17 年；东北北部松花江流域三姓、齐齐哈尔、宁古塔、墨尔根、吉林、布特哈、伯都讷、珲春、呼兰、双城的水灾发生年数分别为 37 年、22 年、20 年、19 年、19 年、17年、14 年、13 年、12 年、10 年。

水灾是清代东北地区发生最频繁的灾种，不论在大江大河流域还是在平原山区都有发生，但各地水灾发生的程度存在很大差异。下面我们将对这一时期几次特大水灾分别做专题介绍。

第二节　特大水灾

清代东北地区发生了四次特大水灾，即光绪十四年（1888 年）奉天省特大水灾，宣统元年（1909 年）吉林大水灾，宣统二年（1910 年）波及东北三省、以黑龙江为主的大水灾，以及宣统三年（1911 年）东北三省特大水灾，这四次大水灾对东北经济及社会产生了极其深远的影响。以下分述之。

一　光绪十四年（1888 年）奉天省特大水灾

光绪十四年（1888 年）夏，奉天省发生特大水灾。从是年五月入伏以来，奉天省就阴雨不止，到七月初至八月上旬，全省连降大雨，辽河以东、以南近 8 万平方公里的广大地区，"大雨滂沱，奔腾暴注，七个昼夜不停"。浑河、太子河、鸭绿江等先后暴涨，奉天省中部几百里汪洋一片。奉天、兴京、岫岩、复州、怀德、辽阳、海城、盖平、营口、牛庄、承德、新民、安东、怀仁、台安、盘山等县水势横流，田地被淹，房屋倒塌，庄稼绝产，人口溺毙不计其数。这次水灾，无论是范围、强度、量级，还是灾害损失的严重程度，在这个时期都是最大的，"为百余年所未见"。① 据载："七月初七日巳刻浑河暴涨，贯注五里河，泛滥出槽，顿高二三丈，宽约数里。两岸田禾、庐舍俱被冲淹。居民未经漂没者揉升屋顶木抄，呼号之声，惨不忍闻。人口、牲畜、木植、器皿顺流漂下，不计其数。"② "因苏子河水涨，冲入两营院内，平地水深丈余，将东厢房冲倒六间，西厢房冲倒四间，正房被水浸泡。其余大厅、药库、门房及未倒房间瓦片全行脱落，周围群墙、照壁冲刷无存。步队营房，周围群墙八十丈一概冲刷倒落大半，该兵丁无处栖止。"③ "奉天八月上旬大雨滂沱，辽河、浑河、苏子河接连，下与辽河之水同时泛滥，自东边以西至西南营口、牛庄等处，绵亘千里尽成泽国，此次水灾为百年所未有。"④ "辽阳太子河水涨发，高丽门外城墙砖淹没十三层，洪水破大东门而入，声如牛吼，浸没半城，加之上游水陡至，沿河一带平均水深五六尺。海城辽河水涨，泛滥出槽，近城平均水深三至四尺。兴京瞬间天昏地暗，山水骤注，大水冲进民房，财物一扫而光，永陵街尤甚。营口大雨连绵，奔腾暴注，水自东山沿河入海，泛滥横流几千里，人畜房器漂没，成巨灾。承德大堤被冲毁，城东南一带水深数丈，火药局、库全部漂没；城外漫堤决口甚多，众多村屯被吞没。李官堡附近水面甚宽，沿河一带水深四五尺之多。"⑤ "义州大雨连续，河水暴涨，凌河陡发，泛滥汪泽，雨势接连不绝，沿海俱遭漂溺之灾。"⑥ "桓仁水患尤甚。安东街巷平

① 水利电力部水管司科技司、水利水电科学研究院：《清代辽河、松花江、黑龙江流域洪涝档案史料　清代浙闽台地区诸流域洪涝档案史料》，清代江河洪涝档案史料丛书，中华书局，1998，第112页。
② 水利电力部水管司科技司、水利水电科学研究院：《清代辽河、松花江、黑龙江流域洪涝档案史料　清代浙闽台地区诸流域洪涝档案史料》，清代江河洪涝档案史料丛书，中华书局，1998，第110页。
③ 水利电力部水管司科技司、水利水电科学研究院：《清代辽河、松花江、黑龙江流域洪涝档案史料　清代浙闽台地区诸流域洪涝档案史料》，清代江河洪涝档案史料丛书，中华书局，1998，第111页。
④ 中央气象局研究所、华北东北十省气象局、北京大学地球物理系：《华北、东北近五百年旱涝史料》，内部资料，1975，第35页。
⑤ 中央气象局研究所、华北东北十省气象局、北京大学地球物理系：《华北、东北近五百年旱涝史料》，内部资料，1975，第58页。
⑥ 中央气象局研究所、华北东北十省气象局、北京大学地球物理系：《华北、东北近五百年旱涝史料》，内部资料，1975，第76页。

地水深二三丈，安东县衙署被淹。"① 大连地区的庄河、碧流河涨水，普兰店、金州、复州均遭水灾，碧流河沿岸禾稍行船，鸭绿江水猛涨。"盖平河雨狂流急，冲塌城墙数处。岫岩、宽甸、凤城同时遭受水淹，本溪、桓仁水患亦甚。锦州地区先旱后涝，八月上旬大雨滂沱连绵，大、小凌河及各河水暴涨，沿河尽成泽国。"②

二　宣统元年（1909 年）吉林大水灾

1909 年水灾以吉林最严重，是清代吉林省一百多年来所未有的特大水灾。吉林省东南部众山环绕，四周高、中间低，山水暴发，极易成灾。"此次发水之源，以省之东南环绕皆山，于六月初八九等日雨势甚骤，群山爆裂，顷刻之间，平地水如壁立，旋由蛟河、漂河暨新开、牤牛各河汇流入江。复由江道冲击而下，凡在吉林府境南北三百里。东西二百数十里，其中依山近河各村屯悉数冲毁。波及与毗连之境者，南则桦甸县，东则敦化县，西北则长春府悉皆受灾，轻重不一。而江之下游，滨江厅境直至六月下旬尚复江水漫溢。"③ 据吉林巡抚陈昭常奏报："吉林通省本年春夏之交，雨泽应时，迨于六月初八日黎明起，至初九日午后止，大雨滂沱，山水暴发，江河陡涨，泛滥无归。吉林府境受灾尤为奇重。""吉林被灾之重，为百十年来所未有，其额赫穆、新开河、蛟河一带受灾尤重。不特田庐、牲畜漂没无遗，而土为水冲，石骨显露，可耕之地尽变石田。""……江边存积官商木植悉被冲没，林业总分各局并大锯厂房屋、绳索、器具同付洪流。……坍塌砖窑，激碎存窑砖瓦，其余砖坯土料、桦柴器物淋漓漂没，全厂荡然。""……城乡居民田庐多被冲毁，灾民忽遭荡析，生计一空。"④ 奉天、黑龙江亦受灾轻重不一。据巡抚程德全等奏报："新民府呈报，柳河

① 中央气象局研究所、华北东北十省气象局、北京大学地球物理系：《华北、东北近五百年旱涝史料》，内部资料，1975，第 87 页。
② 中央气象局研究所、华北东北十省气象局、北京大学地球物理系：《华北、东北近五百年旱涝史料》，内部资料，1975，第 95 页。
③ 水利电力部水管司科技司、水利水电科学研究院：《清代辽河、松花江、黑龙江流域洪涝档案史料　清代浙闽台地区诸流域洪涝档案史料》，清代江河洪涝档案史料丛书，中华书局，1998，第 159 页。
④ 水利电力部水管司科技司、水利水电科学研究院：《清代辽河、松花江、黑龙江流域洪涝档案史料　清代浙闽台地区诸流域洪涝档案史料》，清代江河洪涝档案史料丛书，中华书局，1998，第 159 页。

水势突涨，佟家烧锅等屯，被水冲倒房屋一千九百五十二间。此外，被灾之属如辽阳之西乡，镇安县之三家窝棚，盘山厅之北乡，海城县之拉拉房、北土台等屯，宁远州之田家屯、黄崖子等屯，锦县三清水泡等屯，承德县之新台子等屯，法库厅之黑坨子、大明泡等屯，盖平县之洼下各屯。"① 据巡抚周树模奏报："本年海伦、安达各府厅州县所属民田收成均有五分、六分、七分、八分不等，其余大赉厅所属富庶等九牌民佃地亩，收成仅二分三分。至嫩江府属全境夏旱秋涝，收成仅三四分不等。瑷珲厅境六七月霪雨五六十日，所属六十四屯三站悉皆成灾。呼兰府属西乡各屯，因夏秋之间，河水泛溢，淹没田禾四百余垧。肇州厅属境和平安乐四牌，夏禾缺雨，秋禾被水，被淹地亩一千七百四十三垧。巴彦州水淹地一万六百九十七垧，灾民一千一百零二户。西关屯则竟颗粒无收。"②

三 宣统二年（1910 年）波及东北三省、以黑龙江为主的大水灾

1910 年发生了波及东北三省的大水灾，黑龙江省最严重，奉天省次之，吉林省较轻。1910 年的大水灾，黑龙江省的水灾波及范围极广，墨尔根、齐齐哈尔、布特哈、大小木兰达、汤原、肇东、肇州、泰来、绥化、拜泉、黑河、杜尔伯特、大通、呼兰等遭灾地区超过了全省的一半多。"江省本年五月下旬连日大雨，各处江河暴涨，泛滥为灾，……七月底大雨兼旬，沿江各属尽成泽国，灾区既广，来日方长，欲乞协助等因。"③ "江省本年五月下旬连日大雨，各处江水暴涨泛滥为灾，查江省连年歉灾，民情竭蹶异常，本年……入夏以来阴雨过多，至五月二十以后，经旬累月，久不放晴。嫩江水势暴涨，所有上游之嫩江府、东西布特哈，下游之龙江府、大赉、肇州各厅并甘井子杜尔伯特旗等处，沿江民居田禾均被淹没为灾甚巨。……

---

① 水利电力部水管司科技司、水利水电科学研究院：《清代辽河、松花江、黑龙江流域洪涝档案史料 清代浙闽台地区诸流域洪涝档案史料》，清代江河洪涝档案史料丛书，中华书局，1998，第 158 页。
② 水利电力部水管司科技司、水利水电科学研究院：《清代辽河、松花江、黑龙江流域洪涝档案史料 清代浙闽台地区诸流域洪涝档案史料》，清代江河洪涝档案史料丛书，中华书局，1998，第 160 页。
③ 水利电力部水管司科技司、水利水电科学研究院：《清代辽河、松花江、黑龙江流域洪涝档案史料 清代浙闽台地区诸流域洪涝档案史料》，清代江河洪涝档案史料丛书，中华书局，1998，第 161 页。

其大赉厅属境塔子城地方，初因积水过久，地中生虫，蔓延五六十里，食禾殆尽。至是灾虫甫弥，而江水弥漫，地亩尽付汪洋。瑷珲厅属坤河水发，淹没十余屯并雨雹寸余，禾稼伤损，黑河府亦同时被水成灾。……七月底大雨兼旬，松花江又复盛涨，于是沿江各属并遭水灾。呼兰府属被淹十余屯，地亩六千余垧。巴彦州属淹没地亩万余垧。木兰县属沿江七八十里，田禾房舍冲毁甚多。兰西县属地亩淹渍四万余垧，其绥化、安达、大通、汤原各府厅县低洼之区，均因积涝浸灌各有损失。江省边荒甫僻，设治仅二十余郡县，先后受灾地已逾强半，实为向未有之巨褐。"① 全省大部分地区"河水暴涨，被淹地三十余垧，淹毙二百数十口，灾民十五万余口"。②奉天省的水灾波及地域不大，但较集中，来势凶猛。新民府受灾最严重，宣统二年八月二十三、二十六、三十一以及九月十八、二十一等日因辽河、柳河水涨相继五次发生大水。"新民府处柳河尾闾，地势低洼，历年为灾。然从未有如此次为时之迫，被灾之巨者。当水发时官民猝不及防，登时奔注城市，洪涌四达，水深四五尺至七八尺不等，顷刻人声鼎沸，屋巅树梢相续柔升呼号待救。府属、监狱均被水淹，审判庭全数倾倒，旧存文卷及器皿衣物均被飘失。各局所房屋亦多伤损。时犹大雨如注，官商绅民深夜露立，状至危险。灾区虽不甚广，田庐受害特重，转瞬冬寒，小民荡析离居，情形殊堪悯恻。"③

四 宣统三年（1911 年）东北三省特大水灾

宣统三年（1911 年）发生了遍及东北三省的大水灾。本次水灾以黑龙江省最严重，奉天省次之，吉林省再次之。黑龙江省水灾遍及全省各县，呼兰、海伦、绥化、余庆、青冈、讷河、甘南、泰来、齐齐哈尔、兰西、汤原、大通、龙江、拜泉等县皆被水成灾。关于这次大水的盛大灾况，据

① 水利电力部水管司科技司、水利水电科学研究院：《清代辽河、松花江、黑龙江流域洪涝档案史料 清代浙闽台地区诸流域洪涝档案史料》，清代江河洪涝档案史料丛书，中华书局，1998，第 162 页。
② 中央气象局研究所、华北东北十省气象局、北京大学地球物理系：《华北、东北近五百年旱涝史料》，内部资料，1975，第 8 页。
③ 水利电力部水管司科技司、水利水电科学研究院：《清代辽河、松花江、黑龙江流域洪涝档案史料 清代浙闽台地区诸流域洪涝档案史料》，清代江河洪涝档案史料丛书，中华书局，1998，第 160 页。

黑龙江巡抚周树模、吉林巡抚陈昭常奏报："缘当水发之时夜深人静猝不及防，即逆决横流势不可遏，被灾民户或奔逃高阜，或攀树生屋，荡析流离，惨难尽述。""江省自六月以来阴雨过多，二十日以后大雨兼旬，呼兰、通肯、扎克音、海伦各河水势陡涨，内水不能外泄，江流复多倒灌，以致沿岸漫溢。据海伦、绥化两府，余庆、青冈两县被淹地方自二三十里以至百有余力，海伦一府河流较多，受害尤巨。迨各河汇流于呼兰河，来源既大，水势益涨，呼兰、兰西所属沿河一带，平地水深丈余，屋宇牲畜漂没不可胜计。他如汤旺河之于汤原县，松花江之于大通县，嫩江之于龙江府、大赉厅、讷谟尔河之于讷河厅，又复同时泛滥，一望汪洋，田禾物产均各损伤，统计各属被淹地亩三十万余垧，淹毙人口二百数十名，灾民一十五万余口，实为近百年未有之巨祲。"①"黑龙江省被灾各属尤多，而皆由河水涨发，绥化、呼兰两府，余庆、兰西两县均受呼兰河之患。绥化、呼兰沿河村屯房屋人畜多被淹没。余庆县所属之吴家渡口、上下游口灾情尤重。兰西县并因雨猛山裂，灾民荡析离居，计救出二千余人，沿岸二百余屯悉数被淹。海伦一府则受克音呼兰等河之患，冲毁沿岸田庐并多淹毙人口。汤原县则受汤旺河之患，水势暴涨丈余，居民数百余家，流离失所，惨不忍闻。大赉厅属之景星镇则受漪达罕河之患，西北一带水势尤猛，田庐被淹。该镇经历衙署并被冲毁。此外，青冈县属之三四等屯暨东坡一带地方大雨连朝，山水河水同时并发，田禾被淹。龙江府属之江东区因暑雨连绵，秋收亦复无望。"②奉天省，据奉天巡抚赵尔巽、吉林巡抚陈昭常奏报："本年入夏以后，霪雨连绵，河流暴涨，……乃奉省灾案甫经具奏，大雨复相继而至，以致河流愈涨，泛溢愈甚。凡旧时未毁提防至此悉被漫决，低洼地亩故以一片汪洋，尽成泽国，即地势高阜之处，亦因久雨浸淫，生机锐减，灾区之广为奉省历届所未有，嗷鸿遍野，待赈孔殷。""奉属被水以新民为最先，而安东为最骤。安东县城滨鸭绿江下游，因久雨浸淫，江水涨涌，

---

① 水利电力部水管司科技司、水利水电科学研究院：《清代辽河、松花江、黑龙江流域洪涝档案史料　清代浙闽台地区诸流域洪涝档案史料》，清代江河洪涝档案史料丛书，中华书局，1998，第163页。

② 水利电力部水管司科技司、水利水电科学研究院：《清代辽河、松花江、黑龙江流域洪涝档案史料　清代浙闽台地区诸流域洪涝档案史料》，清代江河洪涝档案史料丛书，中华书局，1998，第163页。

霎时浸溢街市，自后潮沟至中富街周围十余里，陡成泽国，各属局多被水浸，商民财产损失甚巨。安丰铁路所建垂成之鸭绿江铁桥亦被冲断，沿江木牌漂没六百余张。……新民府治当柳河尾闾，此次雨水涨发，冲决土坝，直灌府街，连同辽河、饶阳河、巨流河沿岸一带田庐均被淹没，而尤以巨流河附近村屯为最甚。""彰武七月以来霪雨为灾，河堤决口，淹没田禾，冲到房屋，受灾甚重。铁岭因辽河水溢，田地房屋受水灾三分之二。盘山八月大雨，灾约十之八九。开原因辽清两河泛滥，漫出堤岸，淹田二万九千三百三十亩。辽中夏雨尤多，河流陡涨，堤岸决溃一片汪洋，平地水深五、六尺，田禾尽被淹没，庐舍多坍塌。"①"吉林省各属则惟吉林府属之存检、兴让两社暨密山府属之四道河子等处均被水淹。滨江、依兰两处江水暴发，……。"②"梨树、吉林、扶余、长春、东乡、农安、怀德等县雨水成灾，哀鸿遍野。"③

第三节 水灾的成因

前文详细考察了清代东北地区水灾发生的概况、特征和特大水灾，那么如此频繁而又严重的水灾是如何形成的？就清代东北地区水灾的成因而言，不外乎自然因素和人为因素两大类。其中，自然因素是主要原因，而对于灾害所带来的惨烈破坏和严重后果，以及越来越频繁的严重水灾来说，人为因素则是不容忽视的重要社会因素。

一 自然因素

"灾害发生的原因主要是自然因素。"④"灾害发生的自然因素取决于孕

① 中央气象局研究所、华北东北十省气象局、北京大学地球物理系：《华北、东北近五百年旱涝史料》，内部资料，1975，第37页。
② 水利电力部水管司科技司、水利水电科学研究院：《清代辽河、松花江、黑龙江流域洪涝档案史料 清代浙闽台地区诸流域洪涝档案史料》，清代江河洪涝档案史料丛书，中华书局，1998，第164页。
③ 中央气象局研究所、华北东北十省气象局、北京大学地球物理系：《华北、东北近五百年旱涝史料》，内部资料，1975，第22页。
④ 李向军：《清代荒政研究》，中国农业出版社，1995，第18页。

育灾害的自然生态环境。"① 关于灾害发生的自然因素,邓云特先生在论及灾荒之成因时认为,"自然条件是居于人类生活条件之外而环绕于其周遭,且给予人类生活以某种程度之阻碍或便利之各种固有之地形、地质、温度、雨量等的自然支配力"。②"这种自然支配力在社会生产力低下的国度表现甚强,若生产力低下,则其克服自然条件的能力亦弱;反之,社会生产力发展提高,则其克服自然条件之能力增大,而自然之支配力势难发生显著作用,且将逐渐受人类之控制而趋于轻化。概言之,生产力之发展未达到完全克服自然之程度实为自然条件得以发生作用而加害于人类之基本原因,但在人类社会生产力之进步过程中,各种自然条件之影响势必逐渐减少。"③ 就清代东北地区而言,清代东北地区生产力水平低下,人们无力抵抗大自然的侵袭,一旦发生水旱灾害,就会给人类造成重大危害。所以,自然因素是清代东北地区水灾发生的主要原因。水灾发生的自然因素主要包括气候变迁、地理环境两大类。

(一) 气候变迁

现代气象学认为,气候变化对人类与自然系统有重要影响,由于生态系统和人类社会已经适应了长期以来的气候状况,因此,如果这些变化太快使得生态系统和人类社会不能适应的话,人们将很难应对这些变化。而一些极端气候事件发生频率的增加将会提高天气灾害的概率,所以,气候因素不仅是导致自然灾害发生的主要自然原因,而且对各种气象灾害诸如飓风、暴雨和严重干旱等,在发生概率及危害程度上都会产生重大影响。④ 邓云特先生也认为,"气候居自然条件之首,气候变化对各种灾害之发生均有重要影响"。⑤ 东北地区特殊的气候条件及气候变迁对水灾害的发生影响更大。

东北地区属温带湿润、半湿润大陆性季风气候,夏季高温多雨,冬季寒冷干燥,在气候上具有冷湿的特征。这种气候条件和气候特征的形成是

---

① 朱凤祥:《中国灾害通史》,清代卷,郑州大学出版社,2009,第264页。
② 邓云特:《中国救荒史》,上海书店出版社,1984年影印版,第62页。
③ 邓云特:《中国救荒史》,上海书店出版社,1984年影印版,第63~64页。
④ 朱凤祥:《中国灾害通史》,清代卷,郑州大学出版社,2009,第266~267页。
⑤ 邓云特:《中国救荒史》,上海书店出版社,1984年影印版,第65页。

由它所处的地理位置决定的。东北地区是我国纬度位置最高的区域，它北邻北半球的"寒极"——东西伯利亚，北冰洋寒潮经常侵入，使气温骤降；西面是高达千米的蒙古高原，西伯利亚极地大陆气团经常直袭东北地区；东北面与素称"太平洋冰窖"的鄂霍次克海相距不远，春夏季节从这里发源的东北季风常沿黑龙江下游谷地进入东北地区；南面邻近渤海、黄海，东面邻近日本海，是我国经度位置最偏东的地区，显著地向海洋突出，从小笠原群岛（高压）发源，向西北伸展的一股东南季风，可以直奔东北地区，经华中、华北而来的热带海洋气团，也可经渤海、黄海补充湿气后进入东北地区，给东北地区带来较多雨量和较长雨季。独特的地理位置使东北地区具有多样性的气候特点。从气温分布来看，东北地区气温分布总的特点是北部寒冷，南部相对温暖；山岭地带寒冷，平原地带相对温暖；冬季寒冷，夏季气温不高，年均气温较同纬度大陆低10℃以上，沿海地带具有明显的海洋气候特征；年均气温由南向北逐渐降低，从辽东半岛的8℃~10℃到大兴安岭北部山地的 -4℃以下，南北相差12℃以上。所以，由于气温较低，蒸发微弱，降水量虽不十分丰富，但湿度仍较高。从降水量来看，东北地区的降水为400~800毫米，远低于北美大陆两岸和亚欧大陆西岸。降雨量集中在夏季的5~10月，占全年降水量的80%，降水量空间分布自东南向西北递减。温度和降水的空间分布使东北地区形成了温暖季节与多雨时期相配、寒冷与干燥相配的季风气候特征的干湿格局。[1]这种气候特点决定了水灾害是东北地区的主要气象灾害。"水灾之成，大体由于空中气温低降，降雨量过多，难免于大水"，"温度之低降，实为霖沛之前提"。[2]

　　气候和整个自然界一样，从产生之日起就处于不断的运动和变化之中。历史时期的气候变化是以寒冷和温暖交替为特征的。有清一代，东北地区的气候出现过两次大的波动，其中有两个低温期，从历史时期东北地区气候变迁统计情况中可以看出（见表1-4）。

---

① 吴正方：《东北地区植被－气候关系研究——及全球气候变化影响评价》，东北师范大学出版社，2003，第31~34页。

② 邓云特：《中国救荒史》，上海书店出版社，1984年影印版，第65页。

表 1-4   历史时期东北地区气候变迁情况统计

黑龙江省		吉林省		辽宁省	
时间	气候特点	时间	气候特点	时间	气候特点
12000~7500 年前	寒冷	11000~8000 年前	冷暖交替	11000 年前	冷暖交替
7500~2500 年前	温暖	8000~5500 年前	温湿	10300~8000 年前	温凉
2500~1000 年前	寒冷	5500~3000 年前	温暖	8000~5500 年前	温暖
2 世纪前期	温暖	2~3 世纪	温暖	5500~3000 年前	温暖
5~6 世纪	冷湿	5~6 世纪	冷湿	2~3 世纪	温暖
7~10 世纪	温湿	7~10 世纪	暖湿	206~220 年	温暖
10~13 世纪	转冷	10~13 世纪	转冷	420~589 年	寒冷
13~14 世纪	转暖	13~14 世纪	转暖	7~10 世纪	温暖
15 世纪	变干	15 世纪	干热	10~13 世纪	变冷
17 世纪	寒冷	17 世纪	变冷	13~14 世纪	转暖
18~19 世纪	暖湿	18~19 世纪	转暖	15 世纪	干热
19 世纪	转冷	19 世纪	转冷	17~20 世纪	温暖

资料来源：根据以下资料编制。黑龙江省志编纂委员会：《黑龙江省志》，气象志，黑龙江人民出版社，1983，第111~114 页。吉林省志编纂委员会：《吉林省志》，气象志，吉林人民出版社，1996 年，第317~320 页。辽宁省志编纂委员会：《辽宁省志》，气象志，辽宁民族出版社，2002，第14~15 页。

通过对东北地区历史时期气候变迁的统计研究来看，历史时期东北地区的气候是冷暖波动的：距今约 1 万年以内，进入冰期后，气候转暖，但冷暖干湿交替，呈波浪式起伏；距今 8000~3000 年前，气候转暖；2~3 世纪是第一个温暖期；5~6 世纪是第一个寒冷期；7~10 世纪是第二个温暖期；10~13 世纪是第二个寒冷期；13~14 世纪是第三个温暖期；15 世纪干热；17 世纪是第三个寒冷期；18 世纪是第四个温暖期；19 世纪是第四个寒冷期（南部偏暖）。总的来说，冷中有暖，暖中有冷，冷暖交替。从地域上看，气温北低南高，由北向南逐渐变暖。这期间，出现四个寒冷期，即 5~6 世纪、10~13 世纪、17 世纪和 19 世纪，其中清代有两个，即 17 世纪和 19 世纪，17 世纪最冷，19 世纪次冷，清代两次大的气候波动正是发生在这两个阶段。

气候变化使降水量也呈现周期性波动，使多雨和少雨的年份交替出现，以吉林省为例来说明这一点（见表1-5）。

表1-5　历史时期吉林省雨量统计

多雨期			少雨期		
起年	止年	年数（年）	起年	止年	年数（年）
1485	1495	11	1496	1505	10
1506	1521	16	1522	1533	12
1534	1538	5	1539	1543	5
1544	1557	14	1558	1563	6
1564	1580	17	1581	1598	18
1599	1605	7	1606	1610	5
1611	1617	7	1618	1627	10
1628	1638	11	1639	1647	9
1648	1661	14	1662	1681	20
1682	1687	6	1688	1692	5
1693	1712	20	1713	1736	24
1737	1756	20	1757	1766	10
1767	1771	5	1772	1786	15
1787	1806	20	1807	1811	5
1812	1816	5	1817	1826	10
1827	1836	10	1837	1843	7
1844	1856	13	1857	1868	12
1869	1882	14	1883	1893	11
1894	1897	4	1898	1908	11
合计		219			205
平均		11.5			10.8

资料来源：吉林省志编纂委员会：《吉林省志》，气象志，吉林人民出版社，1996年，第320~321页。

表1-5统计的数据反映了历史时期吉林省降水的周期性变化。可以看到，吉林省近500年来多雨期和少雨期明显交替出现，多雨的年数大于少雨

的年数。其中，17 世纪和 19 世纪两个低温期，多雨量分别为 65 年和 46 年，呈现随气温降低降水量逐年上升的趋势。这种气候变化加速了陆地降水量的增加，直接导致各种水旱灾害的发生。所以，在这些低温期内，东北地区水旱灾害频频发生。如东北北部的黑龙江省自康熙初年到宣统末年，共出现 69 个水灾年，其中康熙朝有 3 个水灾年，雍正朝有 2 个水灾年，乾隆朝有 18 年个水灾年，嘉庆朝有 8 个水灾年，道光朝有 15 个水灾年，咸丰朝有 4 个水灾年，同治朝有 3 个水灾年，光绪朝有 13 个水灾年，宣统朝有 3 个水灾年。[①] 仅 1837~1873 年的 37 年中，就有 20 年多雨偏涝。[②] 吉林省在 1801~1900 年的 100 年中出现水灾 53 次，占 53%，其中旱涝并发 14 年，占水灾年数的 26%，平均 7.1 年就出现 1 次旱涝并发。[③]

由以上分析可以看出，气候条件和气候变迁与自然灾害的发生有着密切的关系，清代两个寒冷期，是清代东北地区自然灾害，尤其是重大洪涝灾害频发的主要原因。所以，朱凤祥先生把这两个寒冷期称作"两个宇宙期"。[④]

（二）地理环境

地理环境是地形与地质的总称，地形与地质对水灾的发生有极大影响。[⑤]

清代东北疆域辽阔，超过了以往任何朝代。"在东北疆域领土上，清王朝是辽金元明东北疆域的合法继承者。"[⑥] 清朝在东北地区设置奉天、吉林、黑龙江三个将军辖区，地理范围北起黑龙江，南抵辽东半岛，纵括 14.8 个纬度，长约 1600 公里；东自乌苏里江，西至蒙古国，横跨 19.7 个经度，宽约 1400 公里。东北地区西、北、东三面环列大兴安岭山地、小兴安岭山地和长白山山地，中间向南为广阔的东北大平原，形成一个辽阔完整的自然

---

① 黑龙江省志编纂委员会：《黑龙江省志》，水利志，黑龙江人民出版社，1983，第 88 页。
② 黑龙江省志编纂委员会：《黑龙江省志》，气象志，黑龙江人民出版社，1983，第 111~114 页。
③ 水利部松辽委员会：《松花江志》，第 1 卷，吉林人民出版社，2000，第 324 页。
④ 朱凤祥：《中国灾害通史》，清代卷，郑州大学出版社，2009，第 270 页。
⑤ 邓云特：《中国救荒史》，上海书店出版社，1984 年影印版，第 73 页。
⑥ 张碧波：《中国东北疆域研究》，黑龙江人民出版社，2004，第 199 页。

地理区域。① 辽阔的疆域客观上扩大了自然灾害的承载范围。因此，清代东北地区自然灾害发生的次数和受灾区域都超过了前代。

地形也称地貌，是地球表面的形态。"复杂的自然地貌加上气候因素的影响，可以形成多种多样不同的自然生态环境，并在一定程度上影响局部社会环境，进而使自然灾害发生的因素变得复杂、灾害的类型增多。"② 清代东北地区的地形十分复杂，河流、平原、山地、丘陵等各种地形齐备。东北地区的地表结构分三个部分：一是大江大河流域，包括辽河、松花江、黑龙江、乌苏里江、兴凯湖、图们江、绥芬河和鸭绿江等流域地带；二是山地、丘陵地，包括西侧的大兴安岭山地、北西向的小兴安岭山地和东侧的长白山山地等；三是广阔的平原，被包围在山地丘陵以内，形成马蹄形的东北平原，也叫松辽平原，松辽平原又包括三部分，东北部是由黑龙江、松花江和乌苏里江冲积成的三江平原，中部是由松花江、嫩江冲积成的松嫩平原，南部是由辽河冲积成的辽河平原。

复杂多样的地形，形成不同的气候和降水量，导致各种类型的水灾频发。如平原地带，东北平原是中国最大的平原，位于东北中部，南北长1000多公里，东西宽300~400公里，总面积约35万平方公里。平原的北、东、西三侧分别为长白山山地、小兴安岭山地和大兴安岭山地，南端濒辽东湾。其地质构造为，由于地壳升降运动引起山地隆起，形成华夏系沉降带，逐渐沉积为深厚的白垩系、第三系和第四系地层，平原四周为山麓洪积冲积平原和台地，海拔200米左右。这种地形处于温带和暖温带范围，气候呈大陆性和季风型气候特征，夏季短促而温暖多雨，冬季漫长而寒冷少雪，冬夏之间季风交替，气温由南向北递减，降水量由东南向西北递减，降水量的85%~90%集中于暖季，雨量高峰在7~9三个月。因此，平原地带，尤其是平原洼地极易形成水灾；山地、丘陵地带则由于地壳长期运动，地质构造发生变化，山地隆起，形成高差大、坡度陡的坡谷地形，一旦发生暴雨、江河决堤或冰雪融化，很容易引起山体崩溃、滑坡、岩层剥落或水土流失，暴发山洪或泥石流；东北地区发生水灾最多的区域是江河

① 吴正方：《东北地区植被-气候关系研究——及全球气候变化影响评价》，东北师范大学出版社，2003，第25页。
② 朱凤祥：《中国灾害通史》，清代卷，郑州大学出版社，2009，第266页。

两岸，而辽河、松花江、黑龙江、乌苏里江等大江大河是其致灾的主要源头。之所以如此，除了降雨量因素以外，这些河流的地形地质特点也是招致灾害的重要因素。"河流之所以易于泛滥，与其坡度大小有密切关系，坡度愈小，泛滥性亦愈小；坡度愈大，则其泛滥性愈大。"① 辽河、松花江、黑龙江、乌苏里江等都是坡度较大的河流，如松花江上游发源于东北屋脊长白山主峰——白头山天池，下游发源于大兴安岭伊勒呼里盟，全长 1900 公里，流域面积为 54.56 万平方公里。其上游地势颇高，海拔 2744 米，号称"天河"，下游海拔 1030 米。由于河床固定，水势湍急，加之其流域范围内皆山岭沟谷，流经大兴安岭、小兴安岭、张广才岭、老爷岭、长白山等，故其水流在上游及山岭地带颇急，进入平原地带较为平缓。由于坡度突然变大，水流速度骤减，于是从上游挟带的泥沙淤积河底，每当大雨，水势急流直下，所挟带泥沙流入平原水道中的更多，日积月累，河床逐渐变浅。一旦发生暴雨或长时间大雨，河水上涨，溢出河床，泛滥成灾。再如辽河，辽河上游发源于七老图山脉，海拔 1729 米，下游发源于哈达岭西北麓，流域总面积为 21.9 万平方公里，河长 1390 公里，干流自然落差为1200 米。流域地势自北向南、自东西两侧向中间倾斜。由于流经地区多为干旱的荒漠山地丘陵，水位波动大，多年来辽河平均流量约为 400 立方米/秒，平均输沙量为 2098 万吨，水土流失严重，河床淤浅，天旱时干涸，暴雨时溢槽。据《奉化县志》记载，"辽河发源吉林围场南四甲山，初可滥觞纡曲二百余里，经东壁山，势渐洪阔，由赫尔苏边门入县境，距县志七十里，北流经大榆树、三间房、刘家屯、双马架子、新发堡等村为入怀德要津，过西北土龙孙、六屋、八屋，西流至郑家屯、康平界，再过小塔子新民万界南趋入于海。夏秋多雨辄满溢为害，沿河居民苦之"。② 辽河的最大支流柳河坡陡流急，多迁徙改道。自光绪时起屡次成灾，宣统中连续三年淹入新民县城内。据《新民县志》记载，"查此河源出自蒙古，由热河经由彰武入本境，发源之处未睹穷源，不敢忘述，但发源之处必系暖泉，盖因其水冬夏不绝，苦旱无断，以此推而可知。兹就所及见者言之由小库伦之

---

① 邓云特：《中国救荒史》，上海书店出版社，1984 年影印版，第 73 页。
② 《奉化县志》，地理（上），卷 2，第 6 页，转引自穆恒洲《吉林省旧志资料类编》（自然灾害篇），吉林文史出版社，1985，第 3 页。

扣河起，彰武县大庙地方转而南流，谓之柳河；由新民至小库伦二百余里所经过之地均系沙漠，而西北上游之地势极高，东南下游之地势极低。曾经测量县西南北二十里内，高低相差四百余丈有奇，更北则遂见加高，以此推算于二百里外则不知其高几矣。故其水流至急，如由上倾下，每逢水涨朝发夕过，水头高起数丈，尘立声雄，波涛怪恶，如有物横见者而不知为坡度关系使然……，又因其流急势猛，水力直射之处往往趋高弃低得免，高处被冲，居民视为奇异，而不知水力过猛不容寻下就低，所以有弃低就高……。再查彰武前为游牧之地，在未开垦设县以前，向无居民，有之皆为蒙古牧人，所居几十里内或又一村，其地概系沙漠，全河流域由此而来，故一经水涨夹砂而下，其浑如酱，砂水兼半，势稍缓即澄清而淤，每遇大水一次淤高及丈……。又每逢新涨之后渡者常将车马陷入泥中，逾憾逾沉竟将车马陷没无存，殊不知浮沙新淤尚未沉实，屡其上岂有不然此……。又在隆冬大寒之际，冰裂水出九天发河而不知上高下地之河，而上结冰底下有滔滔不绝之水，水涨冰裂，涌而之，本无足异……。更有当河之冲被水周围居中之人家于隆冬之时，由灶下出水不已，而不知地被水浸屋外皆冻，独灶下得暖，水由此出何可异？……考其实在为患之，缘因由于上游坡度过高故水流至急，来源出自沙漠由上夹砂而下不仅水患沙患亦甚，由北至南节节为患，至于县街明者察之或谓确论耳"。[1] 黑龙江，上游发源于大兴安岭余脉，中游流入结雅河－布列亚河盆地，河谷右坡穿越小兴安岭，深度和速度剧增，下游是一片沼泽地，因此易于成灾。另外，还有其他一些因素，如水量增减期的变化，"春日冰雪融化，江河水量陡增，自后逐减。自六、七、八月三月，雨水较多，水量再增，往往泛滥汪洋，浸没沿河沿江禾稼，九月水量再减，继则封冻"。[2] 某些河段狭窄导致泄洪不畅，如"二道河……因河身极狭，沿河一带良田一遇夏雨连绵，顿变泽国，被害甚巨"。[3] "伊通河，又名一统河流域，河幅约三十五米，水量甚小，河底甚浅，夏季河水泛滥，田禾淹没。"[4] "新开河发源于伊通县西北，

① 王宝善修、张博惠辑：《新民县志》，民国十五年，（台北）成文出版有限公司，1975，第704页。
② 穆恒洲：《吉林省旧志资料类编》，自然灾害篇，吉林文史出版社，1985，第1页。
③ 穆恒洲：《吉林省旧志资料类编》，自然灾害篇，吉林文史出版社，1985，第3页。
④ 穆恒洲：《吉林省旧志资料类编》，自然灾害篇，吉林文史出版社，1985，第2页。

经店房草甸入怀德境，北流至县属大屯保十二马架村始入境，再北流经过龙王庙，东西对龙山，华家桥至两仪门而汇入伊通河。……凡二百余里，上游宽丈许，下游宽五、六丈。平时水深四、五尺，夏季霪雨每易涨溢，两岸数里内之田禾时遭淹涝之灾。"①

地形的不同使各地区易发水灾类型也多有不同。大江大河流域易发暴雨、江河洪水、凌汛，如"光绪十四年（1834），……吉林地方自五月中旬松花江上游连日阴云密布有特大雨……。光绪十五年（1835）九月，吉林霪雨灾"。②"乾隆五十四年，松花江、舒兰河水溢为灾。"③"嘉庆十五年七月，吉林江水陡发，漫溢两岸。"④"道光二十六年夏闰五月，三姓、松花江、胡尔哈河、窝坑河水溢。"⑤"咸丰六年六、七两月间，霪雨。松花江水溢，温德亨河决口，水浸省城，北极、致和、德胜三门外尽成泽国，淹没田庐无算。"⑥"光绪十二年夏，辽河水溢，深至七八尺。"⑦"光绪十年（1884年）四月初二日，富田河地方天降大雨，江水突解，冰牌涌急，兵丁人等赶将各船锚绳牵拉近岸，冀图保护。不期疾风暴雨冰牌随风奔腾，人力难施，顷刻之间将船缆撞断，船身无守，随被冲击。"⑧山地、丘陵地带容易山洪暴发，如延吉县"……惟以境多山岭，每当夏令雨水连绵之际，山洪暴发，道路迭被冲毁"。⑨梨树县"本境各区冈陵起伏之地带，每际夏秋雨集行潦，往往奔流就下，淹毁田苗，冲刷成沟"。⑩吉林省东南部众山环绕，四周高中间低，山水暴发，极易成灾。1909年，吉林省发生清代一百多年来所未有的特大水灾。"此次发水之源，以省之东南环绕皆山，于六月初八九等日雨势甚骤，群山爆裂，顷刻之间，平地水如壁立，旋由蛟河、

---

① 穆恒洲：《吉林省旧志资料类编》，自然灾害篇，吉林文史出版社，1985，第2页。
② 温克刚：《中国气象灾害大典》，吉林卷，气象出版社，2008，第23页。
③ 徐鼐霖：《永吉县志》，大事表，卷2，吉林文史出版社，1988，第32页。
④ （清）长顺修、李桂林纂：《吉林通志》，卷32，吉林文史出版社，1986，第2页。
⑤ 王先谦：《东华续录》，道光朝，卷10，第86页。
⑥ 徐鼐霖：《永吉县志》，大事表，卷2，吉林文史出版社，1988，第36页。
⑦ 佚名：《梨树县志》，大事记，卷4，民国三年。
⑧ 水利电力部水管司科技司、水利水电科学研究院：《清代辽河、松花江、黑龙江流域洪涝档案史料 清代浙闽台地区诸流域洪涝档案史料》，清代江河洪涝档案史料丛书，中华书局，1998，第104页。
⑨ 穆恒洲：《吉林省旧志资料类编》，自然灾害篇，吉林文史出版社，1985，第6页。
⑩ 穆恒洲：《吉林省旧志资料类编》，自然灾害篇，吉林文史出版社，1985，第5页。

漂河暨新开、牤牛各河汇流入江。复由江道冲击而下，凡在吉林府境南北三百里。东西二百数十里，其中依山近河各村屯悉数冲毁。波及与毗连之境者，南则桦甸县，东则敦化县，西北则长春府悉皆受灾，轻重不一。而江之下游，滨江厅境直至六月下旬尚复江水漫溢。"[①] 平原地带易发涝灾，如"长岭县平原无河流，县北有十三泡，为积水之地，古大今小。其南有小沙漠横亘，亦古之泡子水竭者也。无沟渠泄，水雨泽偶多，又容易成水灾"。[②] "辽源县属三江口，位于辽河右岸约三里，距县治东南四十余里。地当东西两辽河及小清河汇合处，故有三江口之称。……因地势当三江口要冲，频年易遭洪水。"[③] 东南部沿海地带易发台风、海潮，如"光绪二十二年（1896 年）七月二十四日台风袭击辽东半岛。安东大雨滂沱，江水暴涨，海水侵入街市。大东沟等地方海潮漫溢成灾。是年八月十三四日，大雨滂沱，海水暴涨，以致安东县大东沟等处居民房屋冲塌，压毙人口"。[④]

总之，清代东部疆域、地形地貌、地质的差异，是影响水灾害发生概率、受灾范围和水灾类型差异的重要因素。

二　人为因素

灾害的人为因素，即社会因素，是指人类社会中各种人类活动对自然灾害的发生及其危害程度所带来的影响。[⑤] 灾害虽起因于自然，但灾害的危害程度与社会因素有一定联系。邓云特先生认为，"自然地理环境与气候变迁固无时无地不有招致灾害之可能，然之所以能称其为灾害且达于严重之境地者，实由于社会内部经济结构条件方能发生影响"。[⑥] 战争、内乱、苛政、腐败、生态环境破坏等，亦可引发或加重灾害，诸如水灾，除暴雨、连阴雨成灾外，很大一部分是由河堤溃决造成的。水利失修，河防废弛，

---

① 水利电力部水管司科技司、水利水电科学研究院：《清代辽河、松花江、黑龙江流域洪涝档案史料　清代浙闽台地区诸流域洪涝档案史料》，清代江河洪涝档案史料丛书，中华书局，1998，第 159 页。

② 穆恒洲：《吉林省旧志资料类编》，自然灾害篇，吉林文史出版社，1985，第 5 页。

③ 穆恒洲：《吉林省旧志资料类编》，自然灾害篇，吉林文史出版社，1985，第 3 页。

④ 温克刚：《中国气象灾害大典》，吉林卷，气象出版社，2008，第 31 页。

⑤ 朱凤祥：《中国灾害通史》，清代卷，郑州大学出版社，2009，第 271 页。

⑥ 邓云特：《中国救荒史》，上海书店出版社，1984 年影印版，第 81 页。

也是成灾的重要因素。① 清代东北地区水灾成灾的社会因素主要有人口增长、土地垦殖、森林砍伐、水利废弛、苛政、战争等几个方面。

（一）人口增长

清统一后，出于开发东北的目的，清政府曾于顺治十年（1653 年）颁布《辽东移民开垦例》，鼓励北方人民移居东北，加之山东、直隶等地方的人民不堪忍受苛重的封建剥削和频发的自然灾害，在走投无路的情况下，纷纷流入东北，致使东北人口数量逐渐增加。据统计，乾隆六年，盛京将军境内的民户人口为 359522 人，到乾隆四十六年增加到 789093 人。② 乾隆三十六年至乾隆四十六年，吉林将军境内的民人数量由 12977 人增加到 135827 人；黑龙江将军境内的民人数量由 20508 人增加到 36408 人。乾隆时期，东北全境共有民人 164872 户、961328 人，其中盛京境内 115194 户、7890 人，吉林境内 27432 户、135827 人，黑龙江境内 22246 户、36408 人，与雍正朝相比增加 3 倍左右。③ 嘉庆十七年（1812 年），盛京地方民人有 9421003 人，较乾隆朝增加 152910 人，道光二十年（1840 年）增加到 2213000 人；嘉庆十六年（1811 年），吉林地方民人有 33025 户、307781 人，较乾隆朝增加 1.5 倍。道光十一年（1831 年）至十九年（1839 年），吉林地方民人增加到 3221900 人；嘉庆十三年（1808 年），黑龙江地方民人有 26267 户、136328 人④，比乾隆朝增加 99820 人，是雍正朝的 16.7 倍。⑤

鸦片战争后，清政府为增加财政收入，抵御沙俄侵略，逐渐放松了对东北地区的封禁，采取"移民实边"，使东北地区的人口数量迅速增加。关于清代东北地区的人口增长情况见表 1-6。

表 1-6　1840~1910 年东北地区人口增长情况

指标	1840~1850 年	1850~1910 年
前期人数（人）	2537000	2898000

---

① 李向军：《清代荒政研究》，中国农业出版社，1995，第 19 页。
② 孔经纬：《清代东北地区经济史》，黑龙江人民出版社，1990，第 154 页。
③ 孔经纬：《清代东北地区经济史》，黑龙江人民出版社，1990，第 156 页。
④ （清）西清：《黑龙江外记》，卷 8，光绪二十年刻本。
⑤ 孔经纬：《清代东北地区经济史》，黑龙江人民出版社，1990，第 157 页。

续表

指标	1840～1850 年	1850～1910 年
本期人数（人）	2898000	21582000
增长数（人）	361000	18684000
年数（年）	10	60
指数	114	850
年均增长率（%）	1.34	3.40

资料来源：许道夫：《中国近代农业生产及贸易统计资料》，上海人民出版社，1983，第 4 页。

　　由表 1－6 可知，1840～1850 年，东北地区人口由 2537000 人增长到 2898000 人，10 年间净增 361000 人，年均增长 1.34%；1850～1910 年，东北地区人口由 2898000 人增长到 21582000 人，60 年间净增 18684000 人，年均增长 3.40%，平均每年增长 30 余万人。由此可见，清代东北地区人口一直在高速增长，尤其是鸦片战争以后的晚清，人口在增长速度和绝对数量方面都超过了以往任何朝代。人口的迅速增长使地广人稀的东北旷野发生巨大变化，土地、森林、矿产等自然资源得到开发，加速了经济社会的发展。但是，由于人口的速猛增长超过了当时的生产力发展水平和土地资源的承载能力，人均耕地面积大幅度下降，人口与耕地、环境容量之间的落差越来越大，致使人地矛盾十分突出。就人口密集的东北南部而言，随着人口的增长，人满为患，人均耕地面积越来越小，生存空间也越来越小，加之精耕细作的传统农业技术没有大的突破，因此依靠土地生存的农民为了寻找生存空间，便向地广人稀的东北北部进军，或进入深山老林，去垦殖、伐木、采矿、刨参，而政府为了缓解巨大的人口压力和日渐突出的人地矛盾，采取了多种办法，或免税，或奖励，鼓励民人到北部地区开荒垦伐。因此，自清中叶以来，东北地区掀起了一场大规模的移民垦殖运动，其结果是盲目的、不合理的。垦殖活动造成植被破坏，使自然界的协调能力降低，特别是生态条件脆弱的地区，土地盐碱化、沙漠化、水土流失严重，进而引发各种自然灾害。因此，有人认为，"洪灾的根本原因是人口过剩，这在一定程度上反映了人口对水灾影响的严重性"。[①]

---

　　① 张伟兵、黎沛虹：《历史时期人口与水灾关系探讨》，《人口研究》1999 年第 5 期。

（二）土地垦殖

中国的农民自古就有安土重迁的观念，迁入东北地区的移民又以农业移民为主，所以他们来到东北地区以后，垦辟土地，广种五谷。"咸丰以后，直隶、山东游民出关谋生者，日以众多。而呼兰官屯各庄，时加开辟，利其工勤值贱，收为赁佣，浸假而私售以地，岁课其租，该管官若有伺察，略予规利，亦遂不加诘禁。又其地脉厚土腴，得支河长流足资灌溉，岁收所入，较内省事半功倍。闻风景附，益至蚁聚蜂屯，势难禁遏。"① 随着人口的急剧增加，东北地区的耕地面积也急剧增加。嘉庆十七年（1812 年），盛京将军境内已有民地 21300960 亩，吉林将军境内已有民地 4382500 亩，较乾隆朝增长 22.6 倍。道光三年（1823 年），已有陈民地 864148 亩，续报陈民地 572968 亩。② 耕地面积增加固然带来粮食产量的提高，给东北地区农业生产和人民生活提供了必要前提。但是，关内移民初到东北地区时，处境十分艰难，一贫如洗，缺乏必要的生产资料，如资金、生产工具、耕牛等，加之东北地区的黑土地肥沃，不需要投入太多劳动即可获得较好收成，所以对土地的耕种，也只是极为简单的粗放经营。如奉天"种植之力，向称薄弱，未旦之地十居二、三，已治之地，亦或溉粪无术、择种未良，货弃于地而不收，力放于人而不举，收获丰欠，悉委诸天运之自然，而绝无考究"。③ 吉林也是"耕种之法泥守旧制，耒耜摄锄朴拙已甚，粪土肥料没无讲求，故田畴每多遗利"。④ 黑龙江的农业更为粗放，"江省土脉上腴，无粪土耕耨一切工费"。⑤ 就农业比较发达的呼兰地区而言，"无沟洫，无堤坊，无阡陌，有耕无耘，有苗不粪，水旱丰歉，一听诸天，鹜广而无故，其效未大著"。⑥在宁古塔地区，"风俗以耕牧为本，地广而民稀，开荒任地则获殖且倍，数

---

① 徐宗亮：《黑龙江述略》，卷 4，贡赋，黑龙江人民出版社，1985，第 56 页。
② 孔经纬：《清代东北地区经济史》，黑龙江人民出版社，1990，第 161 页。
③ 徐世昌：《东三省政略》，实业，奉天省，农业篇。
④ 徐世昌：《东三省政略》，实业，吉林省，农业篇。
⑤ （清）徐宗亮纂，李兴盛、张杰点校：《黑龙江述略》，卷 6，光绪十七年，黑龙江人民出版社，1985，第 90 页。
⑥ 黄维翰纂、李兴盛点校：《呼兰府志》，卷 11，物产略，民国四年，黑龙江人民出版社，2003，第 780 页。

年后地力已尽，则弃之，不以粪"。① 在耕种方法上也极为简单，"播种漫之，苗苗后合犁而为陇，恶草满畦，亦不芟薙，土田肥饶不恒上粪，草灰、人粪、猪牛骨之属南方以为肥田上品者，均抛弃之不加爱惜，其粪以马通为上，地无阡陌"。② 这种只种不养的粗放经营方式，使清代东北的农业生产环境遭到很大程度的破坏，地力耗减严重，土壤肥力下降，"常年连续下来，逐渐带来了地力耗损，导致生产力下降"。③ 所以，尽管东北地区原是土地比较肥沃的地区，但经过长期的"无偿榨取"、掠夺式经营和过度开垦，土地肥力下降和农作物产量大幅度降低是必然的。④

"人类的开垦种植活动对耕种土壤的形成具有重要影响。"⑤ 合理的开发会加速土壤的熟化过程，提高土壤肥力；反之，不合理的开发会加剧土壤的恶化，降低土壤肥力。由于清代东北地区长期进行着以牺牲黑土地的肥力为代价的盲目、过度、不合理的耕垦，所以到清末，东北地区的生态环境逐步恶化，不仅天然植被遭到严重破坏（植被在农业上具有固土护沙、保持水源、调节气候等多种功用），森林、草地面积迅速减少，天然植被的覆盖面积缩小，而且土壤侵蚀、盐碱化、荒漠化、水土流失现象十分严重，加剧了洪涝灾害的发生。洪涝灾害又可引起耕地面积缩小，土地退化。如扶余县"管内之地质，东部及北部概为黑土，颇称良好。西部及南部，富于沙地，并无水气维持之力。黑土虽深，不过二尺，常干燥，低地含有碱分，多不适耕作之处，地质一般为不良。西南部之河地，于播种期屡起大风，吹散种子，有害收获。又管内之南西北三方，因松花江围绕，夏季沿江地，蒙水灾者，极其广大，……为二万六千六百五十九垧。对于此等灾难之地，倘不加以特种之设施，则耕地之增加问题颇难，将来不无减少之虞。……据一九一一年，本县之耕地面积为三十六万垧，至一九一四年时，

① （清）张晋彦纂、李兴盛点校：《宁古塔山水记》，黑龙江人民出版社，1984，第8页。
② 黄维翰纂、李兴盛点校：《呼兰府志》，卷11，物产略，民国四年，黑龙江人民出版社，2003，第780页。
③ 〔日〕满史会：《满洲开发四十年史》，上卷，东北沦陷十四年史辽宁编译组，内部资料，1988，第525页。
④ 王燕：《清末松花江流域农业开发与自然灾害研究》，东北师范大学硕士学位论文，2008，第13页。
⑤ 衣保中：《近代以来中国东北区域开发与生态环境变迁》，吉林大学出版社，2004，第125页。

只剩三十三万垧，亦足以证明矣"。① 光绪七年，伯都讷"民户……原种纳粮地八十三亩，均靠江岸，沙多土少，上年夏间被水冲坍入江。民户……原种纳料地六亩系靠江沙冈，致被风掏成坑，均实不堪耕种"。② 光绪二十三年，三岔口招垦局所属穆棱河、抬马沟等处"永远不堪耕种地亩，缘各处开垦荒地不尽平原，多有山坡陡崖错出期间，……迨经此次水灾，将山面积土冲刷净尽，露出石块，凹凸起伏甚于石田，实难再施人力。其濒河地亩，自经大雨之后，河流涨溢，致将地段均行滚入河身且山中无名河汊尤难数计……即至晴霁日久河流顺轨，而滚出之地已均成浮沙，积深数尺，虽有镪基无能耕耨，以致佃户早皆逃亡……"。③

（三）森林砍伐

清代的东北，森林资源十分丰富，号称"林海"，在人烟稀少的广袤大地上，大部分被茂密的森林覆盖着。早在开禁之前就已开始采伐。开禁后，随着流民的日益增加以及开垦土地的需要，木材在生产、生活中的应用范围越来越广，故森林采伐规模不断扩大。"吉林为产木之区，家家柴薪堆积成垛，不但盖房所用梁、柱、椽、檩、炕沿、窗棂一切大小木植，即街道围墙，无不悉资板片。近来生齿日繁，庶民云集产木山场，愈伐愈远。"④ "江省西北东南数千里，群山绵亘，森林蓊蔚，旗民入山伐木，运往各处售卖，倚为生活者不下数万人。"⑤ 19世纪末沙俄修筑中东铁路时，所用枕木、车站、城镇建筑，以及俄轮蒸汽机燃料，皆取之于森林，"江省西北东南数千里，群山绵亘，森林蓊蔚，……自铁路兴工，莫不取材于此"。⑥ "舟行混同江，辄见我境南岸木桴如山，……连续不断，悉以供俄国汽船之用，皆领票砍伐者也。……闻东清铁路需用更增十倍，诚恐我北满自古留遗之良

---

① 穆恒洲：《吉林省旧志资料类编》，自然灾害篇，吉林文史出版社，1985，第4页。
② 水利电力部水管司科技司、水利水电科学研究院：《清代辽河、松花江、黑龙江流域洪涝档案史料 清代浙闽台地区诸流域洪涝档案史料》，清代江河洪涝档案史料丛书，中华书局，1998，第101页。
③ 水利电力部水管司科技司、水利水电科学研究院：《清代辽河、松花江、黑龙江流域洪涝档案史料 清代浙闽台地区诸流域洪涝档案史料》，清代江河洪涝档案史料丛书，中华书局，1998，第145页。
④ （清）萨英额纂：《吉林外记》，卷8，采木，（台北）文海出版社，1981，第279页。
⑤ 程德全：《程将军（雪楼）守江奏稿》，第620页。
⑥ 程德全：《程将军（雪楼）守江奏稿》，第620页。

产，不及数年，欲寻所谓'窝集'之胜，概渺难再见。"①

森林是陆地上最庞大、最复杂的生态系统，对区域环境有着较大、较深的影响。② 森林资源的过度砍伐和滥砍滥伐，造成森林资源的大规模破坏，使东北地区的生态环境发生巨大变化，其最直接的后果就是森林资源逐渐消损乃至枯竭。如同治年间，"辽东森林，伐除殆半矣"。③ "庚子后日俄侵入，人口剧增，交通机关已渐发达，木材之需用输出日以增加，斧斤丁丁时闻幽谷，昔时之茂郁者，今则秃裸矣。"④ "吉省森林素称极盛，……惟数十年来，户口渐多，农田日辟，铁路交通工商日盛，木植之为用多，销路广，因之森林砍伐殆尽。"⑤ "且从来樵采者，必先就森林面积极广处，及交通便利之地，择良材而伐之，材尽则更徙，农民即其地而开垦。亦有不待采樵，竟焚之而开垦者。甚至烧毁全山，一木不留。如长春、濛江、五常等处，无不皆然，毁害森林，莫此为甚。若不从速讲求保护，则此后土瘠河枯，蒙古之平原不难见于此矣。"⑥ 森林资源的退减进而引起水土流失加剧，洪涝灾害频发。森林的存在具有重要的生态意义，它是一种强大的气候、水文和生物因素。⑦ 一方面，森林具有涵养水源、防风固沙的功能。林冠可以截留降雨量的15%～40%，减少暴雨对地面的直接打击，削弱雨滴对土壤的溅蚀和径流水对土壤的冲刷；森林中的枯枝落叶层可以吸收降雨量的50%～80%，保护地表免受雨滴和径流水的侵蚀；森林内丰富的植被及根系活动，还可以提高土壤的透水性能和蓄水性能，从而更好地涵养水源和保持水土。另一方面，森林对温度、湿度、降水量也都有重要影响。森林覆盖率较高时，可以提高环境内的气温，促进积雪融化，使水分渗入土壤，同时由于植被遍布地表，水分蒸发量少，地表径流少，土壤孔隙大，使土壤含水量大，因此环境内气候湿润，降雨次数多。而森林一

---

① 魏声和纂、李澍田主编《鸡林旧闻录》，吉林文史出版社，1986，第38页。
② 衣保中：《近代以来中国东北区域开发和生态环境变迁》，吉林大学出版社，2004，第171页。
③ 《奉天通志》，卷118。
④ 《吉林行省档案》，1（6-1）-321。
⑤ 《吉林行省档案》，1（6-1）-321。
⑥ 林传甲纂、李澍田主编《大中华吉林省地理志》，吉林文史出版社，1993，第380页。
⑦ 王燕：《清末松花江流域农业开发与自然灾害研究》，东北师范大学硕士学位论文，2006，第20页。

且遭到破坏，区域内气候、水文、植被、地貌之间的平衡便被打破，生物圈内的物质循环就会发生改变，从而引发水旱灾害。清末东北地区随着移民的大量涌入、大规模的垦殖，区域内的林木遭到过度采伐，尤其是沙俄对天然林木的乱砍滥伐，使森林覆盖率大大降低，地表植被遭到严重破坏，降低了森林土壤涵养水源的功效，引起水土流失，"水土流失造成土壤肥力降低，水、旱灾害不断发生"。① 水土流失加剧又可引起土壤退化，特别是沙漠化，泥沙一旦顺水进入河湖便造成河道淤积，河道变窄，河底变浅，河床抬高，行洪能力降低，流域内便洪水泛滥。如"安东地处鸭绿江下游，……曩年沿江上游森林甚多，尚能吸收水量，近岁采伐殆尽以致两岸之水直泄而下，安埠地势洼下，形如釜底，历年每届秋汛，江流澎湃，海潮汹涌，直上全埠，商民靡不各怀其鱼之叹"。② 再如 1881 年八月二十日黑龙江驻防大臣定安等奏："黑龙江省城营垒所需木植甚多，令布特哈总管发价入山砍伐，讵五月间据报，该处山水陡发，冲损木牌不齐，复行入山添砍，加以江水屡加暴发，故迟至八月始陆续送到。"③ 由此可见，非科学的盲目开发必将导致自然资源的破坏和自然灾害的发生。④ 所以，洪涝灾害发生的人为因素在清末显得更加突出。

（四）水利废弛

清代东北地区的水利事业不甚发达。由于清代东北地区是新垦区，农业生产极为粗放，一向是"无沟洫，无堤坊，无阡陌，有耕无耘，有苗不粪，水旱丰歉，一听诸天"。⑤ 特别是缺乏应有的水利设施，"不治沟洫，旱干水溢听之天命"。⑥ 因此，一旦发生水旱灾害，便无可应对。随着封禁渐

---

① 刘逸浓、杨居荣、马太和编《农业与环境》，化学工业出版社，1988，第 42～43 页。
② 王介公修、于云峰纂：《安东县志》，民国二十年，（台北）成文出版有限公司，1975，第 60 页。
③ 水利电力部水管司科技司、水利水电科学研究院：《清代辽河、松花江、黑龙江流域洪涝档案史料 清代浙闽台地区诸流域洪涝档案史料》，清代江河洪涝档案史料丛书，中华书局，1998，第 101 页。
④ 曲立超：《近代吉林林业开发》，吉林师范大学硕士学位论文，2010，第 58 页。
⑤ 黄维翰纂、李兴盛点校：《呼兰府志》，卷 11，物产略，民国四年，黑龙江人民出版社，2003，第 760 页。
⑥ 黄维翰纂、李兴盛点校：《呼兰府志》，卷 10，礼俗略，民国四年，黑龙江人民出版社，2003，第 762 页。

弛和沿江河两岸土地的开垦，为预防水患、发展农业，达到"开辟地利，灌输利源和实边固图"① 的目的，东北地区地方官府和民间在辽河、松花江、嫩江、黑龙江等江河沿岸修建堤防，疏浚河道，开沟挖渠。如辽河流域，同治至光绪年间，在辽河干流修建了黑陀子至常家窝堡段、台安县靰鞡口子至海城县三岔河段、新民县鲫鱼泡村至台安县冷家口段、黑坨子至冷岭后壕段、台安县东盘山县邢家堡至孤家子段堤防。② 在辽河支流建有浑河堤防（道光三十年）、太子河堤防（康熙七年）、绕阳河堤防（乾隆四十二年）、鸭绿江堤防（光绪二十二年）、大洋河堤防（光绪十六年）、小凌河左岸堤防（乾隆八年）。③ 在松花江流域，乾隆六十年，在齐齐哈尔城南大民屯和昂昂溪附近额尔苏修筑两段嫩江江堤；嘉庆十三年，在齐齐哈尔城南三家子修筑嫩江堤防；嘉庆二十年，修筑呼兰堤防；光绪年间，修筑嫩江齐齐哈尔城南船套子、齐齐哈尔以北齐富、昂昂溪北部龙坑和松花江哈尔滨埠头区等堤防；宣统年间，修筑松花江依兰县城和哈尔滨道外区堤防。④ 另外，还疏浚了辽河河道，开挖了沟渠。

但是，清代东北地区修建的水利工程大部分是由当地民众按地均摊筹款自修，或当地官、绅、商集资修建，资金十分有限，加之水利技术落后，只靠简单的挖沟排涝、开渠引水灌溉、培土修筑土堤，缺乏水文依据和勘测设计、施工等技术，修建的水利工程缺乏统一规划，工程分散，标准低、质量差，每遇大水年，多数被冲毁，因此处处存在水利废弛的现象。如同治九年八月初六日都兴阿等奏："查得此次草仓河委因雨水山水陡发，……致将新修草仓河由东下马牌以东上游南岸冲开水口，南北长三十八丈，东西宽七丈五六尺，深三四尺不等。河身间有淤垫，约长五十七丈。两堤桩笆冲膮二十余处，宽三四尺至八九尺不等。又中间南岸冲开水口宽八九尺，护堤树株冲倒十余棵，增修月牙堤二百五十七丈，委因苏子河水涌北浸，致将堤坝冲淘二百三十六丈，内存有桩囤者九十八丈，以西有桩无囤四十

① 徐世昌：《东三省政略》，实业，吉林省，实业篇。
② 辽宁省地方志编纂委员会：《辽宁省志》，水利志，辽宁民族出版社，2001，第222页。
③ 辽宁省地方志编纂委员会：《辽宁省志》，水利志，辽宁民族出版社，2001，第225～229页。
④ 黑龙江省志编纂委员会：《黑龙江省志》，水利志，黑龙江人民出版社，1993，第121～122页。

二丈，其余俱被沙石淤垫。"① 光绪三十三年三月二十七日赵尔巽奏："惟履勘已午二方未经据报之泊岸桩笆年久未修俱经槽朽倒落石子颓露，复将已午二方两岸已报未报之桩笆各工并勘已方南北泊岸桩笆计共长六十六丈，午方南北泊岸桩笆计共长九十六丈，均宽四五尺，深三四尺不等。又查因已午二方泊岸决口水流南溢由车道冲开顺水坝一段中间车道被冲长六十丈，宽四丈余，深四五尺不等，此工附近河堤愈刷愈宽与堤工大有关碍，似应一并估修以期完善。"② 再如，"太子河堤始建于清康熙七年，至光绪末年沿岸虽有民堤，但纯系零星的防水堤，断续不整，高低不均，每遇洪水，便决口受淹"。③ "柳河坡陡流急，多迁徙改道。自清光绪时起屡次成灾，宣统中连续三年淹入新民县城内。当时只修筑土堤、植柳停淤。"④ "光绪三十二年至三十三年，洮南县由官、绅、商集银四千两，从右岸瓦盆窑至安广县交界的哈拉查干修堤 26.50 公里。"⑤ "于宣统元年水灾中溃决，又于宣统二年集银五千两复堤堵口。宣统三年、民国元年水灾中复垮复堵。"⑥

另外，政府疏于防范、工程款不到位、河政腐败、官吏贪污的现象也比比皆是，特别是河官"夸大河防险情，多请公款，籍以饱中私囊，致使河防工程每况愈下"⑦，严重影响了水利工程的修建和抵御自然灾害的能力。如宣统元年，营口工程局广驰塘工，"营埠原有储水之东西两塘为全埠商民饮用之需，历年修挖经费向由商会筹拨每于夏秋之交，必重行挖深塘底去其污淤之泥，以便储水。而益卫生自归营口工程局接办包修后，商会仍按年筹拨此项经费，不料该局与去年夏秋间并未挖修，将此项经费亦不知消用何地，以致今春解冰后塘水现青黄色而储水亦浅，商民遂颇滋不悦云"。⑧

---

① 水利电力部水管司科技司、水利水电科学研究院：《清代辽河、松花江、黑龙江流域洪涝档案史料 清代浙闽台地区诸流域洪涝档案史料》，清代江河洪涝档案史料丛书，中华书局，1998，第 90 页。

② 水利电力部水管司科技司、水利水电科学研究院：《清代辽河、松花江、黑龙江流域洪涝档案史料 清代浙闽台地区诸流域洪涝档案史料》，清代江河洪涝档案史料丛书，中华书局，1998，第 155 页。

③ 辽宁省地方志编纂委员会：《辽宁省志》，水利志，辽宁民族出版社，2001，第 226 页。

④ 《松辽水利史》，水利部珠江水利委员会网站，2007 年 7 月 2 日，http：//www. pearlwater. gov. cn。

⑤ 伪满洲国调查资料：《洮南县事情》，1935，第 121 页。

⑥ 吉林省志编纂委员会：《吉林省志》，水利志，吉林人民出版社，1996，第 361 页。

⑦ 王振忠：《河政与清代社会》，《湖北大学学报》1994 年第 2 期。

⑧ 《工程局广驰塘工》，《盛京时报》，宣统元年（1909 年）闰二月二十日。

　　此外，清政府的苛政和战乱也是导致东北地区水灾泛发的重要因素。"政治腐败，贪污成风，徭役繁重，不仅降低了人们的抗灾能力，还加重了灾害的程度。在东北，小农抗灾能力差，固然与生产力水平有关，但官府各种租赋、差役，不可胜数。一遇水旱灾害，生活很难维持。民无积蓄，便难以抵御灾害。""从清末开始，东北地区的战事不断。诸如 1894 年甲午战争，1900 年俄国十几万军队侵占东北；4 年日俄战争，日本俄国制造的一系列的独立及血腥惨案。除战争的破坏性外，巨额军费开支、驻军等都是加诸在人民身上沉重的枷锁，加重了饥荒的形成。"[1] 著名灾荒史专家康沛竹认为，"政治腐败、战乱频仍大大降低了政府和人民的防灾、抗灾能力，从而提高了灾荒发生的频率"。[2] 因此，政治原因是清代东北地区灾荒频发的不可忽视的重要因素。

　　综上所述，清代东北地区水灾的发生，既有自然因素，也有人为因素，是二者综合作用的结果，而晚清人为因素的作用更大，产生的后果也更加严重。因此，有人得出结论："晚清灾害就其成因而论，一是生态环境的破坏，二是政治腐败与战祸频繁，三是御灾条件不足。论及影响，则一是经济衰退，二是政治腐败，三是社会动荡，四是抗外乏力。"[3]

---

①　焦润明：《近代东北灾荒史论略》，《辽宁大学学报》（哲学社会科学版）2010 年第 6 期。
②　康沛竹：《晚清灾荒频发的政治原因》，《社会科学战线》1999 年第 3 期。
③　苏全有：《论晚清灾荒的成因及其影响》，《甘肃教育学院学报》2002 年第 3 期。

第二章 水灾与小农经济

"灾害问题的实质是经济问题。"[①] 清代东北是一个以农为主的小农经济社会，"国民经济的主体是农业，并且是个体经济的小农业"。[②] 由于农业是灾害的主要受害体，小农社会的防灾、抗灾、减灾能力又薄弱，所以一旦发生水旱灾害，就会对农业造成破坏，尤其是突发性的大水灾对农业的危害更大、破坏性更强，它不仅吞噬无数的人畜，造成农业劳动力资源短缺，而且淹没农田，毁坏庄稼，造成土地荒芜，农作物减产，粮食歉收。所以，"自然灾害对农业生产造成的影响是极其严重的，使农村生产资料和劳动力遭到了极度破坏和挫伤，大片农田废弃，人们失去了赖以生存的经济基础，无法从事生产，被迫流落他乡，给农业生产造成了巨大的损失，严重影响了农村经济的发展"[③]，进而引起粮价上涨、商业萧条、税收锐减，给国民经济造成严重损失。

第一节 劳动力资源被破坏

劳动力是生产力中能动的决定性因素，是农业生产的主体和根本动力，是农业生产最主要的生产力。劳动力对农业生产的发展起着极为重要的作用。每次特大水灾都会造成人畜大量死亡，使农业劳动力资源缺失，给农业生产带来严重损失。

---

① 郑功成：《灾害经济学》，湖南人民出版社，1998，第 10 页。
② 陈振汉：《清实录经济史资料》，第 1 辑，农业编，第 1 分册，北京大学出版社，1989，第 5 页。
③ 王虹波：《论民国时期自然灾害对乡村经济的影响》，《通化师范学院学报》2007 年第 1 期。

一 人力资源锐减

"灾害危害人类生命，对人类社会的影响最严重。一般来说，绝大多数灾害发生时都会造成生命伤亡。"① 由于水灾，尤其是特大水灾发生在仓促之间，来不及防范，所以破坏性极强，对人类生命的危害更大。法国学者魏丕信指出："洪水的显著特点是其爆发的突然性与巨大的破坏性。"② 洪水常常在人们还没有觉察之前，就已呈席卷之势。在传统农业时代，生产力水平低下，科技不发达，社会贫困，防御、抵抗灾害的能力较弱，遇有突发性水灾，猝不及防，造成人口大量伤亡，损失惨重。清代东北地区的洪涝灾害频繁，波及范围广，破坏力强，几乎每一次洪涝灾害都会对民众的生命财产造成损失，冲毁房屋、淹毙人口，致使人口锐减。

水灾造成的人口减少，一是大水直接吞没人口。如光绪十四年（1888年），奉天省发生特大水灾，"浑河暴涨，贯注五里河，泛滥出槽，顿高二三丈，宽约数里。两岸田禾、庐舍俱被冲淹。居民未经漂没者揉升屋顶木抄，呼号之声，惨不忍闻。人口、牲畜、木植、器皿顺流漂下，不计其数"③，"全省灾民85万人，淹死785人"。④ 1911年东北三省发生特大水灾，其中黑龙江省"淹毙人口二百数十名，灾民一十五万余口"。⑤

关于水灾造成的人口伤亡及受灾人口数据统计，由于清代文献中的资料过于零散，无法统计出完整的数据，因此这里就不同资料予以不同说明。《清代辽河、松花江、黑龙江洪涝档案史料》中摘录了乾隆十六年（1751年）至宣统三年（1911年）各年次水灾造成的人口伤亡及受灾人口情况

① 马宗晋、郑功成：《灾害历史学》，湖南人民出版社，1997，第133页。
② 〔法〕魏丕信：《18世纪中国的官僚制度与荒政》，徐建青译，江苏人民出版社，2003，第18页。
③ 水利电力部水管司科技司、水利水电科学研究院：《清代辽河、松花江、黑龙江流域洪涝档案史料 清代浙闽台地区诸流域洪涝档案史料》，清代江河洪涝档案史料丛书，中华书局，1998，第114页。
④ 《历史上的水旱灾害》，葫芦岛市水利局网站，2007年7月16日，http：//ln.hld.gov.cn。
⑤ 水利电力部水管司科技司、水利水电科学研究院：《清代辽河、松花江、黑龙江流域洪涝档案史料 清代浙闽台地区诸流域洪涝档案史料》，清代江河洪涝档案史料丛书，中华书局，1998，第167页。

（见表 2 - 1）。

表 2 - 1　乾隆十六年至宣统三年东北地区水灾造成的人口伤亡及受灾人口情况统计

时间	地点	伤亡人数	灾民人数
乾隆十六年 （1751 年）	乌拉	四十九人	四百九十二户
乾隆五十六年 （1791 年）	锦州	三十二名口	二千余名口
嘉庆九年 （1804 年）	吉林		八千一百二十四名口
嘉庆十六年 （1811 年）	乌拉		大口九千八百四十八口，小口三千六百一十口
	官庄		大口七百一十口，小口二百零三口
	永智社旧站		大口一千八百五十六口，小口九百四十六口
嘉庆十七年 （1812 年）	吉林		大、小口共九千四百四十三口
嘉庆十九年 （1814 年）	官庄		大口二千一百六十二名口，小口一千五百九十名口
嘉庆二十三年 （1818 年）	锦州大凌河	十余人	
	广宁	四十九名	
	息牧河、鹨鹰河、扣肯河		四十九名口
	松宁、盖平县	二十名口	
道光七年 （1827 年）	广宁、义州	一百四名口	
	同城	二百二十八名口	
	义州	五十五名口	
道光十一年 （1831 年）	宁古塔城西黑瞎子沟		二十二户
道光十四年 （1834 年）	盖州	二十六名口	

续表

时间	地点	伤亡人数	灾民人数
道光五十年 （1870 年）	辽阳	三名口	
道光五十二年 （1872 年）	锦州小凌河、 苏子河	十八名口	
光绪三年 （1877 年）	桦树川		闲散大口七千五百三十九名口，小口一 千八百零一名口，官庄壮丁大口四千九 百七十六名口
光绪四年 （1878 年）	岫岩州夹皮沟	五十二名口	
光绪五年 （1879 年）	岫岩	七名口	
	盖州	十三名口	
	岫岩州属六角牌	二十四名口	
	盖平县	六十二名口	
	海城县	五名口	
光绪六年 （1880 年）	海龙城及山城子、 朝阳镇等	二百三十四名口	
光绪二十三年 （1897 年）	安东县	二十余人	九百余人
	牛庄、海城		十九万二千五百三十名口
	松花、牡丹各江		二万二千二百六十名口
	奉天滨海近河各区		二十万六千八百二十六名口
光绪二十四年 （1898 年）	奉天安东县 呼兰	四名口	大口一万八千九百二十四口，小口一万 一千零二十三口
宣统元年 （1909 年）	肇州厅境属 和平安乐四牌		七十六户
	巴彦州		一千一百零二户
宣统二年 （1910 年）	柳河		一万五千余名

时间	地点	伤亡人数	灾民人数
宣统三年 （1911 年）	海伦、绥化	二百数十名	一十五万余口

资料来源：水利电力部水管司科技司、水利水电科学研究院：《清代辽河、松花江、黑龙江流域洪涝档案史料　清代浙闽台地区诸流域洪涝档案史料》，清代江河洪涝档案史料丛书，中华书局，1998，第 43、45、47、56、57、58、61、63、65、66、71、77、79、91、92、96、98、99、100、138、139、146、149、160、163 页。

据《中国气象灾害大典》记载："康熙五十七年（1718 年），索伦山水灾害，冲没人口、土地等。"[①] "嘉庆二十五年（1820 年），嫩江流域洪水，黑龙江城、齐齐哈尔、墨尔根、布特哈、茂兴等地被水成灾。受灾人口一万一千六百零三户，大口五万三千零五十四口，小口一万五千五百六十九口。齐齐哈尔、布特哈处淹死二十人。"[②] "道光七年（1827 年）秋七月，锦州、义州、广宁三地区因大雨陡发，共淹死二百一十五人。"[③] "道光十二年（1832 年）夏，开原水，城西南隅墙塌数丈，压死者十余人。"[④] "道光十四年（1834 年）秋九月，盛京地方山水陡发。安东县水灾淹死四百一十五人。"[⑤] "道光二十一年（1841 年），承德、辽阳、海城、盖平、广宁、岫岩、新民、锦县、宁远等州厅县和昭陵等处被水灾。被灾旗民大口四十七万七千九百人，小口一十九万七千四百人。"[⑥] "同治十二年（1873 年），盛京、旧边、巨流河、白旗堡、二道境、小黑山、广宁、高桥、十里河等九驿被灾。辽阳、海城、盖平、复州、金州、岫岩、新民田禾被水成灾。辽阳界内三十五座庄头被灾。以上各灾被灾旗人大口一万四千八百口，小口一千三百六十四口，被灾民人大口五十六万九千七百口，小口一十六万六千九百口。"[⑦] "光绪元年（1875 年）土城子：水。农安：秋八月间长春农

---

① 温克刚：《中国气象灾害大典》，黑龙江卷，气象出版社，2007，第 38 页。
② 温克刚：《中国气象灾害大典》，黑龙江卷，气象出版社，2007，第 40 页。
③ 温克刚：《中国气象灾害大典》，辽宁卷，气象出版社，2005，第 24 页。
④ 温克刚：《中国气象灾害大典》，辽宁卷，气象出版社，2005，第 24 页。
⑤ 温克刚：《中国气象灾害大典》，辽宁卷，气象出版社，2005，第 24 页。
⑥ 温克刚：《中国气象灾害大典》，辽宁卷，气象出版社，2005，第 24 页。
⑦ 温克刚：《中国气象灾害大典》，辽宁卷，气象出版社，2005，第 26 页。

安，松花江水位上涨。居人庐舍均被淹没，伤人无数。"① "光绪三年（1877年），呼兰秋大水，受灾人口四万四千零九十五人。"② "光绪四年（1878年）秋间，奉天、新民、广宁、凤凰城、岫岩、昌图、牛庄、盖平、开原、复县、海城、安东等地田禾被淹，奉天冲倒民房六千余间，淹死人七千余名。"③ "光绪五年（1879年），新民、岫岩、盖平、复州、海城大水，淹死人口，冲倒房屋。"④ "光绪十年（1884年）四月，凤凰城界连降大雨，河水涨发，被灾旗人大口一万四千五百口，小口五百八十三口。"⑤ "光绪十一年（1885年），广宁、岫岩、凤凰城各旗界东边所属宽甸县被水成灾。旗人被灾大口三十四万八千六百口，小口五万二千四百口，民人被灾大口八千九百八十七口，小口五千二百三十五口。"⑥ "光绪十四年（1888年），伊通河水泛涨，南山洪水穿城而过，致东门以北和北门以东以西城垣均被冲倒，城下所设更房被冲没无存，居民溺死者数人，民房坍塌甚多。"⑦ "光绪十六年（1890年），广宁、开原大水，没田苗，坏庐舍，人漂死。"⑧ "光绪二十二年（1896年）八月，大东沟、小寺等地发生风暴海啸，海水侵溢，淹毙人民、倒塌房屋无数。"⑨ "八月十八日，珲春县连降暴雨，江河水猛涨，珲春城附近村屯及甩湾子以西密江、凉水及汪清、南岗一带受灾民众一千八百一十户，冲毁房屋二千零六十五间，三百二十五人被淹死。"⑩ "光绪二十六年（1900年）七月，苇子沟河水溢出，冲泡倒沿岸房屋数出，淹死二十余人。"⑪ "宣统二年（1910年）松花江水暴涨，淹没沿江农田，灾民十五万余口，淹毙三百余人。"⑫ "宣统三年（1911年）六月，靖安县自入夏以来，雨水过多，洮儿河水暴涨一丈有余，村屯、房屋、人畜多被淹没，居

① 温克刚：《中国气象灾害大典》，吉林卷，气象出版社，2008，第23页。
② 温克刚：《中国气象灾害大典》，黑龙江卷，气象出版社，2007，第42页。
③ 温克刚：《中国气象灾害大典》，辽宁卷，气象出版社，2005，第26页。
④ 温克刚：《中国气象灾害大典》，辽宁卷，气象出版社，2005，第27页。
⑤ 温克刚：《中国气象灾害大典》，辽宁卷，气象出版社，2005，第27页。
⑥ 温克刚：《中国气象灾害大典》，辽宁卷，气象出版社，2005，第27页。
⑦ 温克刚：《中国气象灾害大典》，吉林卷，气象出版社，2008，第28页。
⑧ 温克刚：《中国气象灾害大典》，辽宁卷，气象出版社，2005，第28页。
⑨ 温克刚：《中国气象灾害大典》，辽宁卷，气象出版社，2005，第29页。
⑩ 温克刚：《中国气象灾害大典》，吉林卷，气象出版社，2008，第30页。
⑪ 温克刚：《中国气象灾害大典》，黑龙江卷，气象出版社，2007，第46页。
⑫ 温克刚：《中国气象灾害大典》，黑龙江卷，气象出版社，2007，第47页。

民流离失所。七八月，洮南连日阴雨，第三、五、六区被淹，受灾一百八十四屯，二千六百零一户、二点八万多口人受灾，倒塌房屋四百一十一间。据查长春各区被灾正副共二千七百七十九户，男女共计三万零四百八十九口。开通县一、三、四区水灾较重，受灾五十各村屯，一百零七户。"① "辽河中下游及其支流——清河、柴河、柳河，大雨倾盆，冲毁河堤，尤以巨流河一带最严重，京奉铁路停运，受灾人口四十二万人。"②

各地县志中也多有记载。据《呼兰府志》记载："乾隆十五年八月，松花江水泛滥，呼兰城被灾一百三十六户。"③《吉林通志》记载："光绪元年七月丁西，按春水溢，坏庐舍，民多溺死。"④《盛京通志》记载："大德七年六月，辽阳、大宁、开元等路大雨，水坏田庐，男女死者百十有九人。"⑤ "嘉庆十五年七月吉林江水陡发，漫溢两岸，被淹旗地一万八千二百五十一垧，义仓官庄地六千一百七十垧，坏旗民房屋一千一百二十一间，赈旗民大小口一万三千四百五十八名口。官庄壮丁暨站丁大小口五千九百四十九名口。"⑥《农安县志》记载："道光六年八月，江水溢至南山坎，水深一丈。居人庐舍均被淹没，伤人无数。"⑦《海龙县志》记载："光绪十三年五月十二日，龙口地方起蛟，水深数尺，伤损颇巨。"⑧《梨树县志》记载："光绪十七年发次辛卯七月二十五日未刻，雷声隆隆，大雨暴注。西刻河水骤涨，上游自东黑嘴子汇群流而下，流近大泉眼，水势将向西北折，溢出北岸，平地水深丈许。临河有一赵姓者，一家淹毙十八口。自是而西流，直抵啦吗甸东南，长约八九十里，沿岸庐舍多被淹没。翌晨寅刻水始渐退。淹毙人数计百有十口……。"⑨ "光绪二十二年四月耀州庙会会日风雨大作，

① 温克刚：《中国气象灾害大典》，吉林卷，气象出版社，2008，第35页。
② 温克刚：《中国气象灾害大典》，辽宁卷，气象出版社，2005，第30页。
③ 黄维翰：《呼兰府志》，民国四年，（台北）成文出版社有限公司，1975，第287页。
④ （清）长顺修、李桂林纂、李澍田校：《吉林通志》，卷9，光绪十七年，吉林文史出版社，1986，第22页。
⑤ （清）董秉忠等修：《盛京通志》，详异，卷11，康熙五十年。
⑥ （清）长顺修、李桂林纂、李澍田校：《吉林通志》，卷32，光绪十七年，吉林文史出版社，1986，第2页。
⑦ 郑士纯修、李澍田校：《农安县志》，卷1，民国十六年，吉林文史出版社，1991，第52页。
⑧ 白永贞纂修：《海龙县志》，卷20，民国二年，吉林省图书馆内部资料，1960，第1页。
⑨ 佚名：《梨树县志》，乙编，民国三年，吉林省图书馆内部资料，第35~36页。

非常寒冷，冻毙七八十口。"①《黑龙江通志纲要》记载："宣统二年五月大雨，江水暴涨为灾，毙二百数十口，灾民十五万余口。"②《安东县志》记载："光绪十一年乙酉秋，风雨大作，江水汜滥。旧安东县署及巡检署房屋多被冲毁。……商民被难者甚多。"③

二是水灾带来的饥饿和瘟疫直接降低了劳动力素质，使很多人饿死、冻死、病死，导致人口急剧减少。后文再述。

三是水灾后，灾民流离失所，大批逃亡，造成人口减少。后文再述。

水灾造成人口大量死亡，必然导致劳动力资源锐减。"因为在小农经济条件下，人口对社会经济的发展起着至关重要的作用，人口的多寡是经济起伏、国力盛衰的重要标尺。"④ 因此，人口大量死亡，损失了大量的农业劳动力，导致农业生产力水平下降。同时，劳动力资源的锐减又进一步引起耕地大量抛荒，"比年以来，饥馑荐臻，民户远徙，地多撂荒"⑤，进而导致土地荒芜，"灾后农村人口锐减，劳力缺乏，人力不足而至土地荒芜"。⑥严重影响了农业生产的恢复和发展，进而导致局部地区小农经济陷于停滞。

二　畜力资源缺失

畜力资源是指用于农耕和运输以及农民家养的各种牲畜，如牛、马、骡、猪、羊、狗等。在清代小农经济社会里，农业生产的基本方式是牛耕，即以牛牵犁，人扶犁而作，人力和耕牛是最主要的生产动力。即使到了晚清，随着东北地域的开发，人口大幅度增加，耕牛在农业生产中的作用逐渐减弱，而且有淡出耕作的趋势，但农民依然普遍饲养这些家畜作为家中财产，用于维持家庭生活。而每次重大水灾不仅无情地吞噬大量生命，而且严重地戕害大量牲畜，对小农经济造成严重威胁。择举其例。

---

① 石秀峰修、王郁云纂：《盖平县志》，民国十九年，（台北）成文出版有限公司，1975，第64页。
② 金梁纂：《黑龙江通志纲要》，民国十四年，（台北）成文出版有限公司，1975，第58页。
③ 王介公修、于云峰纂：《安东县志》，民国二十年，（台北）成文出版社有限公司，1975，第1092页。
④ 朱凤祥：《中国灾害通史》，清代卷，郑州大学出版社，2009，第349页。
⑤ 《双山县乡土志》，土地人口，第2页，转引自穆恒州《吉林旧志资料类编》，自然灾害篇，吉林文史出版社，1986，第108页。
⑥ 邓拓：《中国救荒史》，商务印书馆，1937，第171页。

据《中国气象灾害大典》记载："康熙五十七年（1718年），六月初九日夜间，索伦河地方山水突发，冲没人口、牲畜及房屋、田亩。"①"光绪三年（1877年），齐齐哈尔地方江河涨水，禾稼全行扶倒在地，城乡居民住房倒塌甚多，牛马、牲畜竟有冻毙者，灾情甚重。"②"光绪十四年七月初旬连日霪雨河水涨发，漂没民房，冲倒衙署房屋墙壁，河水涨至初七晨，陡然暴涨冲及街市，数里汪洋一望无际，平地水深五六尺不等，淹没民房粮货牲畜无数。柳河七月大水，冲淹街市，溺倒房屋，一统河水泛滥，淹没人畜甚多。"③"光绪十五年七月十九日，柳河县阴雨连绵，并降暴雨，一统河水猛涨，柳河镇市街平地水深五六尺，一片汪洋，漂没民房、粮食、衣物和牲畜无数。"④"光绪十七年（1891年），辽河流域七月十五日城北昭苏河溢，大水淹没人畜、庐舍、器物无数。光绪十七年，三姓、扶余：水。河溢，大水淹没人畜、庐舍、器物无数。梨树大雨岁歉。是年，秋，梨树县大雨，昭苏河泛滥成灾，平地水深数尺，淹没人畜、庐舍，牛家窝堡至刘家屯段河床改道七八里。淹毙人数计百有十口，牲畜、器物漂没无数。"⑤"胡家乡、莽卡乡一带，农历六月初七至初八午刻，天降大雨，河水涨发异常汹涌。顷刻之间高出平地七尺有余，冲去房屋二百余间，淹毙牛马牲畜不计其数，水经之处，荡然无存。"⑥"六月靖安县自入夏以来，雨水过多，洮儿河水暴涨一丈有余，村屯、房屋、人畜多被淹没。"⑦"咸丰五年（1855年），咸丰六年（1856年）六月长春夏大雨连绵，江河泛滥，淹没田庐，溺死人畜无数。六月，德惠县夏大雨连，江河溃溢，淹没田庐，溺死人畜无数。"⑧"咸丰六年夏六七月连日霪雨，优势大雨如注，吉林地方江河泛滥，淹没田庐，溺死人畜无数。"⑨"咸丰六年（1856年）夏，开原大雨，河水泛滥，平地水深尺余，冲没田禾，坏庐舍，人畜漂溺。"⑩"洪水铺天盖地，

---

① 温克刚：《中国气象灾害大典》，黑龙江卷，气象出版社，2007，第38页。
② 温克刚：《中国气象灾害大典》，黑龙江卷，气象出版社，2007，第43页。
③ 温克刚：《中国气象灾害大典》，吉林卷，气象出版社，2008，第28页。
④ 温克刚：《中国气象灾害大典》，吉林卷，气象出版社，2008，第28页。
⑤ 温克刚：《中国气象灾害大典》，吉林卷，气象出版社，2008，第30页。
⑥ 温克刚：《中国气象灾害大典》，吉林卷，气象出版社，2008，第32页。
⑦ 温克刚：《中国气象灾害大典》，吉林卷，气象出版社，2008，第35页。
⑧ 温克刚：《中国气象灾害大典》，吉林卷，气象出版社，2008，第24页。
⑨ 温克刚：《中国气象灾害大典》，吉林卷，气象出版社，2008，第25页。
⑩ 温克刚：《中国气象灾害大典》，辽宁卷，气象出版社，2005，第25页。

横流千里，都成泽国；禾稼颗粒无存，房屋墙壁、上盖均无存，人畜房器漂没无计，为百年所未的巨灾。"[①] "咸丰六年夏六七月连日霪雨，优势大雨如注，吉林地方江河泛滥，淹没田庐，溺死人畜无数。"[②] "宣统三年（1911年）六月，靖安县自入夏以来，雨水过多，洮儿河水暴涨一丈有余，村屯、房屋、人畜多被淹没。"[③] "七月末到八月初，呼兰河、汤旺河中上游地区普降大暴雨，形成山洪暴发，造成极涝。致使绥化、呼兰、海伦、青冈、兰西、铁力、余庆、汤原、桦川、龙江、大赉、东西布特哈、肇州、宾州、五常、安达、方正、延寿等县均收水涝灾害。据不完全统计，其淹没耕地五百四十七万亩，十四万余人受灾，死亡一百八十多人，冲毁房舍万余间，损失粮食、牲畜等不计其数。"[④]

县志中也多有记载。如《梨树县志》记载："光绪十七年发次辛卯七月二十五日未刻，雷声隆隆，大雨暴注。酉刻河水骤涨，上游自东黑嘴子汇群流而下，流近大泉眼，水势将向西北折，溢出北岸，平地水深丈许。临河有一赵姓者，一家淹毙十八口。自是而西流，直抵啦吗甸东南，长约八九十里，沿岸庐舍多被淹没。翌晨寅刻水始渐退。淹毙人数计百有十口，牲畜、器物漂没无算。"[⑤] "光绪十七年秋，大雨，发荒欠。七月二十五日，城北昭苏河溢，大水淹没人畜、庐舍、器物无算。"[⑥] 《盖平县志》记载："光绪十四年七月大水冲坏田庐，人畜漂没甚多。"[⑦] "光绪二十九年五月雨雹鹤阳山前后及青石岭北，有击毙牲畜者。"[⑧] "光绪二十二年四月耀州庙会会日风雨大作，非常寒冷，冻毙七八十口。"[⑨] 《黑龙江通志纲要》记载："康熙五十七年夏，索伦地方山，山水灾发，冲没人口牲畜及房屋地亩。"[⑩]

① 温克刚：《中国气象灾害大典》，辽宁卷，气象出版社，2005，第27页。
② 温克刚：《中国气象灾害大典》，吉林卷，气象出版社，2008，第25页。
③ 温克刚：《中国气象灾害大典》，吉林卷，气象出版社，2008，第35页。
④ 温克刚：《中国气象灾害大典》，黑龙江卷，气象出版社，2007，第48页。
⑤ 佚名：《梨树县志》，乙编，民国三年，吉林省图书馆内部资料，1960，第35~36页。
⑥ 佚名：《梨树县志》，大事记，民国三年，吉林省图书馆内部资料，1960，第5页。
⑦ 石秀峰修、王郁云纂：《盖平县志》，民国十九年，（台北）成文出版有限公司，1975，第63页。
⑧ 石秀峰修、王郁云纂：《盖平县志》，民国十九年，（台北）成文出版有限公司，1975，第64页。
⑨ 石秀峰修、王郁云纂：《盖平县志》，民国十九年，（台北）成文出版有限公司，1975，第64页。
⑩ 金梁纂：《黑龙江通志纲要》，民国十四年，（台北）成文出版有限公司，1975，第57页。

《锦县志》记载："道光二十九年己酉，小凌河暴涨为灾，庐舍漂没，人畜多溺。"① 《开原县志》记载："咸丰六年夏大雨，河水泛涨，平地深尺余，冲没田禾，坏庐舍，人畜漂溺。"②

畜力资源的破坏严重影响了农业生产的正常运转。如道光二十六年（1846年），吉林驻防大臣经额布等奏："三姓地方上年水灾较重，积蓄淹没无存，且牛犁器具亦多冲失，今春水涸播种较迟。"③ 同治九年（1870年），黑龙江驻防大臣德英等奏："去岁雨水连绵，江河泛涨，继复雪深数尺。时届三春已尽，正当东作之际，所有各屯低洼田地均被浸淹，不能耕种。又于二三月间雨雪交加，忽起瘟疫之灾，旗丁畜养牲畜牛马羊只，倒毙伤损者不可胜数，是于耕作更形窒碍。齐齐哈尔城属八旗营站官屯，现在低洼田地均被水浸，今春又值雨雪疫灾，马牛倒毙伤损无数，农户无力耕作，困苦危急。"④ 光绪三年（1877年），铭安等奏："三姓突于九月初二日忽起风暴，冰雹、雨雪连绵，直至初七日方止。建行水陡涨两丈余，沟河漫溢，平地水深数尺，禾稼全行扑倒，为水淹浸。城乡旗民住房倒塌颇多，牛马牲畜竟有冻毙者，被灾情形甚重。"⑤

第二节　农业生产凋敝

"我国是长期以农业为主导的国家，水旱灾害，尤其是重大水旱灾害一经发生，必然使以粮食为主的农产品大量减少，造成用于维持劳动力再生产的生活资料匮乏，难免给社会消费系统带来巨大震动。这就意味着在农

① 王文藻修、陆善格纂：《锦县志》，民国九年，（台北）成文出版有限公司，1975，第1233页。

② 李毅修纂：《开原县志》，民国十九年，（台北）成文出版有限公司，1975，第882页。

③ 水利电力部水管司科技司、水利水电科学研究院：《清代辽河、松花江、黑龙江流域洪涝档案史料　清代浙闽台地区诸流域洪涝档案史料》，清代江河洪涝档案史料丛书，中华书局，1998，第86页。

④ 水利电力部水管司科技司、水利水电科学研究院：《清代辽河、松花江、黑龙江流域洪涝档案史料　清代浙闽台地区诸流域洪涝档案史料》，清代江河洪涝档案史料丛书，中华书局，1998，第89页。

⑤ 水利电力部水管司科技司、水利水电科学研究院：《清代辽河、松花江、黑龙江流域洪涝档案史料　清代浙闽台地区诸流域洪涝档案史料》，清代江河洪涝档案史料丛书，中华书局，1998，第96页。

业生产过程中物质基础失效和崩溃，从而严重影响了经济再生产过程，同时农业再生产主体结构也避免不了遭到自然灾害直接的损失和打击，使灾区的农业生产过程陷于瘫痪。"① 尤其是在清代东北小农社会里，重大水旱灾害对农业生产的危害更大、破坏性更强，"不仅造成土地荒芜，农业基础设施毁坏，而且毁损庄稼，危害农业生物体"②，严重破坏农业再生产过程，给农业生产带来巨大损失，农田被淹，土地荒芜，农作物减产，粮食歉收，甚至绝收，水利设施毁坏，农业生产凋敝。

一 农田被淹，土地荒芜

农田是农业生产的基本生产资料，是生产农产品的基础和主要因素。水灾对农田的破坏，主要是淹没农田，引起土地荒芜乃至荒废。如光绪十四年（1888年），奉天省特大水灾，"全省农田成灾面积360万亩"。③ 光绪二十七年（1901年），"呼兰厅所属巴彦苏苏北牌被灾地二万一千一百八十三余垧，东阿力罕段被灾地四万一千四百五十七余垧，东拉三太段被灾地六千二百一十九余垧"。④ 宣统元年（1909年），吉林大水，呼兰府属西乡各屯，因夏秋之间，河水泛溢，"淹没田禾四百余垧"。肇州厅"被淹地亩一千七百四十三垧"。巴彦州"水淹地一万六百九十七垧"。⑤ 宣统二年（1910年），"呼兰府夏秋之交大水，呼兰河、少棱河、大小木兰达河、松花江同时并涨，呼兰滨河滨江之地淹没六千余垧，巴彦滨江之地淹没三千余垧，滨河之地淹没七千余垧，兰西滨河之地亦多淹没"。⑥ "新民府治以北至后营子，南至南窑，东至大东地，西至大坝及小堡子，城乡周围四十余里全被水淹，计被淹地亩一万七千余亩。"⑦ "汤原县积洼之地均因积淹浸灌受

① 谢永刚：《水灾害经济学》，经济科学出版社，2003，第13页。
② 陈文科等：《农业灾害经济学原理》，山西经济出版社，2000，第77~78页。
③ 葫芦岛市水利局：《历史上的水旱灾害》，http://ln.hld.gov.cn，2007年7月16日。
④ 黄维翰：《呼兰府志》，民国四年，（台北）成文出版有限公司，1975，第291页。
⑤ 水利电力部水管司科技司、水利水电科学研究院：《清代辽河、松花江、黑龙江流域洪涝档案史料 清代浙闽台地区诸流域洪涝档案史料》，清代江河洪涝档案史料丛书，中华书局，1998，第160页。
⑥ 黄维翰：《呼兰府志》，民国四年，（台北）成文出版有限公司，1975，第293页。
⑦ 水利电力部水管司科技司、水利水电科学研究院：《清代辽河、松花江、黑龙江流域洪涝档案史料 清代浙闽台地区诸流域洪涝档案史料》，清代江河洪涝档案史料丛书，中华书局，1998，第160页。

灾。全省被淹没地亩四百五十余万亩。"① 宣统三年（1911 年），东北三省特大水灾，黑龙江省"田禾物产均各损伤，统计各属被淹地亩三十万余垧"。②

各地县志也多有记载。据《吉林通志》载："嘉庆十五年七月吉林江水陡发，漫溢两岸，被淹旗地一万八千二百五十一垧，义仓官庄地六千一百七十垧。"③《安东县志》中记载了安东县属汤池子铜矿岭两牌被灾情形："今夏五六月间霪雨连绵，伊等所管界内多系洼地，以致水溢遍野通连江河，禾稼具已被水，涝伤成灾，秋收无望。即山地亦难一半收成。……该两牌地亩高下统算约计被灾七分；汤池子一牌计被灾地二万六千四百三十七亩六分、铜矿岭一牌计被灾地一万五千七百零一亩八分，共计四万两千一百三十九亩四分。"④

农田被淹不仅引起农作物减产、粮食歉收甚至绝收，而且毁坏耕地，破坏耕地资源。在各种自然灾害中，水灾对耕地的破坏最严重。每当水灾发生时，农田或被淹没，或被冲刷，或被沙压，破坏了土质，降低了肥力，进而引起水土流失，毁坏耕地，使良田变成贫地，有的甚至长期不能耕种而沦为荒地，造成土地荒芜，严重破坏耕地资源。"洪水对土质的破坏，含沙泥水所过之处，地面尽为沙碛，寸草不生，如同沙漠，使得田地长期不能耕作。"⑤ 如"乾隆十六年（1751 年），呼兰等地水灾，不堪耕种"。⑥ 道光二十九年（1848 年），"拉林，因地处低洼，又靠松花江边，递年水溢沙淤，上秋尤甚。现成沙压并多水泡，实系不堪耕种。……现任拉林协领逐加查勘，实有水冲沙压及成水泡之地一千一百九十七垧。……报冲之地系在松花江南岸，地势本洼，水冲沙淤岁所不免，佃户佟士幅等四十六名原地共一千三百八十垧，逐段复勘纳，其淤成沙压，刷成池泡者实有一千一

① 温克刚：《中国气象灾害大典》，黑龙江卷，气象出版社，2007，第 47 页。
② 水利电力部水管司科技司、水利水电科学研究院：《清代辽河、松花江、黑龙江流域洪涝档案史料　清代浙闽台地区诸流域洪涝档案史料》，清代江河洪涝档案史料丛书，中华书局，1998，第 163 页。
③ （清）长顺修、李桂林纂、李澍田校：《吉林通志》，卷 32，光绪十七年，吉林文史出版社，1986 年，第 2 页。
④ 王介公修、于云峰纂：《安东县志》，民国二十年，（台北）成文出版社有限公司，1975，第 1095 页。
⑤ 邓拓：《中国救荒史》，商务印书馆，1937，第 172 页。
⑥ 温克刚：《中国气象灾害大典》，黑龙江卷，气象出版社，2007，第 38 页。

百九十七垧，委系不堪耕种"。[①] 光绪七年（1881 年），吉林驻防大臣铭安等奏："据伯都讷理事同知详报，据该属怀中社乡甲报称，民户原种纳粮地八十三亩，均靠江岸，沙多土少，上年夏间被水冲塌入江。民户原种纳科地刘亩系靠江沙冈，致被风淘成坑，均实不堪耕种。"[②] "光绪十一年乙酉秋，风雨大作，江水汜滥。县属矮河尖等牌升科地水冲沙压不堪耕种者一万余亩。"[③] 光绪十九年（1892 年），"伯都讷所管八旗旗人等俱在松花江东岸一带立屯联居，从前井泉阡陌已苦时被水漫。近年以来江水频涨，并时有风灾，致将沿江旗屯一千八百余户房院地亩，不为水冲即为沙压实难住种，现已大半避往亲友家暂居"。[④] 光绪二十三年（1896 年），"三岔口招垦局，本年七月初旬阴雨连绵，间有狂风暴雨一时并作，瑚布图河雨大绥芬河，两河之暴涨出岸，宽一二里十余里不等。临河一带平地水深四五尺，农民所种禾稼尽被水冲泥淤。珲春招垦局，本年七月初间，大雨倾盆，红溪河五道沟塔子沟汪清蛤蟆塘百草沟上下嘎雅河及沿江一带水势汹涌，平地水深数尺至丈余不等。致将垦民房屋田禾皆被水冲，地亦冲坏，淤积沙石不堪耕种"。[⑤] "上年吉林所属珲春三岔口招垦，和龙峪越垦等处佃民承种纳租地亩，因六七月间大雨连绵，河水暴涨，平地水深数尺至丈余不等，致将田禾均被水冲，甚有冲坏淤积沙石不堪耕种地亩。珲春招垦局所属各社及黑顶子地方被水冲淹，颗粒无收，被灾十分地一万零二十八垧九亩。又被水冲坏永远不堪耕种地二千一百二十六垧六亩一分。和龙峪越垦局所属四堡三十九社中，计被水淹没颗粒无收，被灾十分地一千四百八十五垧

---

① 水利电力部水管司科技司、水利水电科学研究院：《清代辽河、松花江、黑龙江流域洪涝档案史料　清代浙闽台地区诸流域洪涝档案史料》，清代江河洪涝档案史料丛书，中华书局，1998，第 87 页。

② 水利电力部水管司科技司、水利水电科学研究院：《清代辽河、松花江、黑龙江流域洪涝档案史料　清代浙闽台地区诸流域洪涝档案史料》，清代江河洪涝档案史料丛书，中华书局，1998，第 101 页。

③ 王介公修、于云峰纂：《安东县志》，民国二十年，（台北）成文出版社有限公司，1975，第 1092 页。

④ 水利电力部水管司科技司、水利水电科学研究院：《清代辽河、松花江、黑龙江流域洪涝档案史料　清代浙闽台地区诸流域洪涝档案史料》，清代江河洪涝档案史料丛书，中华书局，1998，第 126 页。

⑤ 水利电力部水管司科技司、水利水电科学研究院：《清代辽河、松花江、黑龙江流域洪涝档案史料　清代浙闽台地区诸流域洪涝档案史料》，清代江河洪涝档案史料丛书，中华书局，1998，第 141 页。

九亩二分。有被水冲塌入河不堪耕种地七百三十二垧五亩九分。三岔口招垦局所属穆棱河抬马沟等处被水淹没颗粒无收，被灾十分地二千九百三十五垧七亩六分。又被水冲坏不堪耕种地七百七十四垧八亩三分。又被灾稍轻之地二千五百八十六垧六亩四分各等情。据报永远不堪耕种地亩，缘各处开垦荒地不尽平原，多有山坡陡崖错出其间，其原领之户皆系无业贫民，勉强垦种，向来虽称丰收之年所获已属无几。迨经此次水灾，将山面积土冲刷净尽，致将地段均行滚入河身且山中无名河汊尤难数计，即至晴霁日久河流顺轨而滚出之地已均成浮沙，积深数尺，虽有磁基无能耕耘，以致佃户早皆逃亡。"①宣统元年（1909 年），吉林水灾，"受灾最重之区，非徒田庐、财物漂刷无遗，而地土为急水所冲，遍野沙砾，额赫穆、新开河、蛟河一带尤皆显露石骨，寸土不留"，"不特田庐、牲畜漂没无遗，而土为水冲，石骨显露，可耕之地尽变石田，哀此流亡永无生业之可望"。②

因此，"历来灾荒，不但使农地在灾时不能利用，而且每经一度巨灾之后，荒地面积势必增加，没有开垦的土地，固无开发的可能，就是已经耕种的熟地，也只得任其荒芜"③，进而造成土地生态环境恶化，降低了土地生产力和经济效益。因此，有人认为，"自然灾害是影响农业生产的最重要因素，也是造成土地生态环境变化的重要原因，给农业生产造成了巨大损失，降低了土地生产力，限制了土地产出及经济效益的提高"。④

二 农作物减产，粮食歉收

农业生产是以有生命的动植物为主要劳动对象的，而动植物的整个生命过程，从生长、发育到繁殖，都必须与外在环境相适应、相协调。因此，农业"受自然条件之影响最为深刻"。⑤ 由于农作物是农业生产的主要产品，

---

① 水利电力部水管司科技司、水利水电科学研究院：《清代辽河、松花江、黑龙江流域洪涝档案史料　清代浙闽台地区诸流域洪涝档案史料》，清代江河洪涝档案史料丛书，中华书局，1998，第 145 页。

② 水利电力部水管司科技司、水利水电科学研究院：《清代辽河、松花江、黑龙江流域洪涝档案史料　清代浙闽台地区诸流域洪涝档案史料》，清代江河洪涝档案史料丛书，中华书局，1998，第 159 页。

③ 邓拓：《中国救荒史》，商务印书馆，1937，第 172 页。

④ 雷国平：《黑龙江区域自然灾害对土地生产力的影响分析》，《东北农业大学学报》2003 年第 1 期。

⑤ 〔日〕森次勋：《中国农业之基础条件》，罗理译，《农村复兴委员会会报》1934 年第 9 期。

所以每次发生水灾，首先袭击的对象就是农作物。如开原，"道光二十九年大风雨连日不止，损稼大半"。[1] "咸丰六年夏大雨，河水泛涨，平地深尺余，冲没田禾。"[2] 梨树，"光绪六年，……夏，雨雹大如卵，淫雨，辽河水溢，田禾被潦。秋，黄雾四塞"。[3] 安东，"光绪十三年丁亥秋九月十六日，大雨雹，平地深逾半尺，畦塍间皆盈。是岁秋收较晚，禾稼未尽登场，栖亩未收者悉被毁伤……"。[4] "光绪二十三年丁酉囗月，江水泛滥，沿江田禾多被淹没，受灾甚巨。"[5] 黑龙江，"光绪三十四年秋，大雨，嫩江水灾，田禾庐舍多被淹没"。[6]

清代东北地区是重要的产粮区，每次大水灾爆发，沿江沿河地带的农作物都要大量减产甚至颗粒无收。据《中国气象灾害大典》记载，"嘉庆十六年（1811年），三姓地方雨水连绵，田禾受损，收成仅四分"。[7] "嘉庆十八年（1813年），三姓地方夏、秋雨水过多，禾稼受损，仅收三分。"[8] "嘉庆二十五年（1820年），嫩江流域洪水，沿城镇田禾多被水冲淹。黑龙江城、齐齐哈尔、墨尔根、布特哈、茂兴等地被水成灾。水冲田禾一万一千二百八十七垧，各收成三分。呼兰秋大水，收成六分。"[9] 另据《清代辽河、松花江、黑龙江洪涝档案史料　清代浙闽台地区诸流域洪涝档案史料》记载，道光八年（1828年），吉林驻防大臣博启图等奏："宁古塔，今岁夏秋之际，阴雨连绵，禾稼俱已受伤。又于七月初五日至二十日连日阴雨，以致河水涨溢，临河一带所种禾稼俱被冲淹。高阜之处虽未被淹，而禾稼已经受伤，收成仅止四分有余。下洼之地收成仅止三分有余，统计收成三分属实。三姓，夏秋之际，雨水过多，河水泛溢，下洼之地禾稼被淹不堪收

①　李毅修纂：《开原县志》，民国十九年，（台北）成文出版有限公司，1975，第882页。
②　李毅修纂：《开原县志》，民国十九年，（台北）成文出版有限公司，1975，第882页。
③　佚名：《梨树县志》，大事记，民国三年，吉林省图书馆内部资料，1960，第4页。
④　王介公修、于云峰纂：《安东县志》，民国二十年，（台北）成文出版社有限公司，1975，第1092页。
⑤　王介公修、于云峰纂：《安东县志》，民国二十年，（台北）成文出版社有限公司，1975，第1093页。
⑥　金梁纂：《黑龙江通志纲要》，民国十四年，（台北）成文出版有限公司，1975，第57页。
⑦　温克刚：《中国气象灾害大典》，黑龙江卷，气象出版社，2007，第40页。
⑧　温克刚：《中国气象灾害大典》，黑龙江卷，气象出版社，2007，第40页。
⑨　温克刚：《中国气象灾害大典》，黑龙江卷，气象出版社，2007，第40页。

获，即高阜之处收成易仅止一分余至三分不等，统计收成二分余属实。"①
道光十五年（1835 年），吉林驻防大臣祥康奏："宁古塔、三姓，各该处旗
民官庄壮丁所种禾稼正值锄耘之际，阴雨连绵，被涝荒芜，未能滋长，及
秀穗时雨水又复连绵，未得旸晒，收成一分至五分不等。奉委查勘官庄壮
丁等所种均系平洼之地，因雨水连绵禾稼被淹未能滋长，其未被淹浸之处，
禾稼虽有颗穗，籽粒未成，收成一分至三分不等属实。宁古塔所属各屯旗
民所种禾稼，因夏秋雨水连绵，地内坐水禾稼受伤，仅收成五分属实。"②
道光十七年（1837 年），黑龙江驻防大臣丰阿等奏："呼兰收成六分。黑龙
江城收成三分余、三分。摩尔根收成二分。齐齐哈尔、布特哈二处，于八
月十四日起至十七日止，连日狂风暴雨，各项田禾致被伤损，收成三分余。
茂兴、摩尔根等二十六站收成六分、四分、三分余、三分、二分不等。呼
兰城收成六分。"③ 光绪二年（1876 年），黑龙江驻防大臣丰绅等奏："齐齐
哈尔等处，春夏雨虽调匀，入秋阴涝连绵，穗多秀而不实，收成计有四分。
摩尔根、布特哈秋后雨多霜早，收成四分、三分余不等。茂兴、摩尔根等
二十七站内除被灾一站外，其余收成六分、五分、四分、三分余不等。惟
黑龙江城兼黑龙江站，春夏被旱、秋后江水涨发，田禾被淹，收成计一二
分不等。"④ 光绪三年（1877 年），"黑龙江城、齐齐哈尔秋涝。呼兰、五常
堡两处被淹。齐齐哈尔、宁古塔水灾。齐齐哈尔地方江河涨水，平地水深
数尺，禾稼全行扶倒在地。呼兰秋大水，收成约四分。七月，呼兰厅境内
沿江河地区大雨连绵，境内大小河处槽，沿江地全淹，受灾近万亩，减产
六成"。⑤ 光绪五年（1879 年），"齐齐哈尔、黑龙江、布特哈三处，夏间雨

---

① 水利电力部水管司科技司、水利水电科学研究院：《清代辽河、松花江、黑龙江流域洪涝
档案史料 清代浙闽台地区诸流域洪涝档案史料》，清代江河洪涝档案史料丛书，中华书
局，1998，第 72～73 页。
② 水利电力部水管司科技司、水利水电科学研究院：《清代辽河、松花江、黑龙江流域洪涝
档案史料 清代浙闽台地区诸流域洪涝档案史料》，清代江河洪涝档案史料丛书，中华书
局，1998，第 81 页。
③ 水利电力部水管司科技司、水利水电科学研究院：《清代辽河、松花江、黑龙江流域洪涝
档案史料 清代浙闽台地区诸流域洪涝档案史料》，清代江河洪涝档案史料丛书，中华书
局，1998，第 88 页。
④ 水利电力部水管司科技司、水利水电科学研究院：《清代辽河、松花江、黑龙江流域洪涝
档案史料 清代浙闽台地区诸流域洪涝档案史料》，清代江河洪涝档案史料丛书，中华书
局，1998，第 95 页。
⑤ 温克刚：《中国气象灾害大典》，黑龙江卷，气象出版社，2007，第 42 页。

水尚属应时。入秋以来雨水连绵，又兼嫩江、黑龙江暨各河水皆涨发，田禾被淹者多，亦于五六八月间声明咨报户部，嗣虽水势渐消，而下洼地仍被水占，其高阜之地田禾亦被秋雨所伤，仅收成三分余、三分、一分不等，茂兴、摩尔根等二十七站收成六分、五分、四分、三分余、三分不等"。①光绪八年（1882年），"吉林省惟珲春地方二麦正值秀穗之时，阴雨连绵，未得旸晒，籽粒泡秕，收成仅只三分"。②光绪十二年（1886年），"奉省地方自光绪十一年被灾后至十二年秋间大雨时行，各城旗民地亩复被水灾，惟各处田禾被水浸淹，秋收甚为减色，产粮无多"。③光绪十四（1888年），奉天省特大水灾，造成农业歉收，农作物收成减少，"本年旗圈官庄田禾，蒲家井等十六屯，春旱秋涝，加以河水涨发，均被浸淹，计收成将及三分查勘属实，其余收成将及六分"。④"齐齐哈尔、茂兴、墨尔根等二十七站，……入秋以后，霖雨仍复连绵，替安和被淹，轻重不一，通计齐齐哈尔收成仅只二分。其特木得黑等十站，收成亦只二分。黑龙江、墨尔根、布特哈三城，……入秋亦苦霖雨，江河泛涨，洼田间被水淹，……收成只有一分。"⑤宣统元年（1909年），"吉林省去岁六月间大雨倾盆，江河都涨，沿江上下被灾尤重，统计吉林全省大田收成五分余"。⑥"海伦、安达各府厅州县所属民田收成均有五分、六分、七分、八分不等，其余大赉厅所

① 水利电力部水管司科技司、水利水电科学研究院：《清代辽河、松花江、黑龙江流域洪涝档案史料　清代浙闽台地区诸流域洪涝档案史料》，清代江河洪涝档案史料丛书，中华书局，1998，第100页。
② 水利电力部水管司科技司、水利水电科学研究院：《清代辽河、松花江、黑龙江流域洪涝档案史料　清代浙闽台地区诸流域洪涝档案史料》，清代江河洪涝档案史料丛书，中华书局，1998，第102页。
③ 水利电力部水管司科技司、水利水电科学研究院：《清代辽河、松花江、黑龙江流域洪涝档案史料　清代浙闽台地区诸流域洪涝档案史料》，清代江河洪涝档案史料丛书，中华书局，1998，第106页。
④ 水利电力部水管司科技司、水利水电科学研究院：《清代辽河、松花江、黑龙江流域洪涝档案史料　清代浙闽台地区诸流域洪涝档案史料》，清代江河洪涝档案史料丛书，中华书局，1998，第117页。
⑤ 水利电力部水管司科技司、水利水电科学研究院：《清代辽河、松花江、黑龙江流域洪涝档案史料　清代浙闽台地区诸流域洪涝档案史料》，清代江河洪涝档案史料丛书，中华书局，1998，第118页。
⑥ 水利电力部水管司科技司、水利水电科学研究院：《清代辽河、松花江、黑龙江流域洪涝档案史料　清代浙闽台地区诸流域洪涝档案史料》，清代江河洪涝档案史料丛书，中华书局，1998，第158页。

属富庶等九牌民佃地亩，收成仅二分、三分。嫩江府属全境夏旱秋涝，收成仅三四分不等。"① 宣统二年（1910年），"吉林本年……所种二麦多被浸淹，核计收成分数仅及三四分不等。通省均约计六分有余"。②

经济作物的生产也受到影响，黄烟减产。如光绪十一年（1885年），吉林驻防大臣希元奏："省东五六道荒，水曲柳冈一带，并省南双河镇、烟筒山等处产烟地方，查得各该处栽种黄烟，委因春间天时亢旱，高阜之地苗多未出土，抵田烟苗又逢六月阴雨，致被水淹，兼有霜早天寒，冻伤过半，核计被灾实有七分。"③ 光绪十四年（1888年），"吉林上年黄烟自六月初旬至八月底连日阴雨，不得晴晒，致将烟叶斑乱。靠近江河烟地，又因水涨被淹，尽成泥淤。其沿江所运木植，又值江水暴涨，多被冲漂，手册很难过实形减色"。④ 光绪十七年（1891年），吉林"省东之敦化等处，省南之恒道河、磨盘山，省北之六道荒一带，又至拉法沟、蛟河、越罄岭而至漂河、马延河、横道河、马鞍山、大黑山各处查勘产烟，均因五月后阴雨连绵，烟叶业已减色。迨将收获，讵八月十四五等日，连降大霜，烟叶经霜后再被日晒立即损坏。其经霜稍轻之处尚有四分收成，其余均不及二分"。⑤ 光绪二十年（1894年），"吉林本年七月间，据经征税课委员禀称，各处所种黄烟，惟因仲夏霪雨连绵，小苗被涝半多萎败。迨至伏日栽补之候，又值天时稍旱未得滋生，出产既少，驰赴六道荒一带暨南山横道河等处，遍履产烟处所。查得该出本年所种黄烟均因五月下旬阴雨连绵，伏后天时又

---

① 水利电力部水管司科技司、水利水电科学研究院：《清代辽河、松花江、黑龙江流域洪涝档案史料　清代浙闽台地区诸流域洪涝档案史料》，清代江河洪涝档案史料丛书，中华书局，1998，第160页。

② 水利电力部水管司科技司、水利水电科学研究院：《清代辽河、松花江、黑龙江流域洪涝档案史料　清代浙闽台地区诸流域洪涝档案史料》，清代江河洪涝档案史料丛书，中华书局，1998，第163页。

③ 水利电力部水管司科技司、水利水电科学研究院：《清代辽河、松花江、黑龙江流域洪涝档案史料　清代浙闽台地区诸流域洪涝档案史料》，清代江河洪涝档案史料丛书，中华书局，1998，第105页。

④ 水利电力部水管司科技司、水利水电科学研究院：《清代辽河、松花江、黑龙江流域洪涝档案史料　清代浙闽台地区诸流域洪涝档案史料》，清代江河洪涝档案史料丛书，中华书局，1998，第117页。

⑤ 水利电力部水管司科技司、水利水电科学研究院：《清代辽河、松花江、黑龙江流域洪涝档案史料　清代浙闽台地区诸流域洪涝档案史料》，清代江河洪涝档案史料丛书，中华书局，1998，第120页。

旱。幸逢秋后天气温和，陨霜晚来，黄烟借以得养，所有高阜之地收成四五成，洼地有一二成收数不等"。① 光绪二十二年（1896 年），"本年产烟处所多被水冲，收成减色，驰赴江东之六道荒暨南山蛟河、越西南山、横道河子及马鞍山、双河镇一带产种黄烟之地，查得各该处多系山隘，平原甚少。本年夏秋之交阴雨连绵，地皆存水，无处消散，加以山河水涨，近河各地率被冲淹，黄烟未得晴晒，秋后天寒更难滋其长养，高地尚有一二成不等，洼地仅有一成，无如本年秋雨为灾，黄烟被浸。入冬以来烟车短少，烟价日昂"。② 宣统元年七月，铁岭葡萄歉收，"铁邑向产葡萄，惟今岁因罹虫灾收成大歉，刻以中秋节将近，正为葡萄畅销之期，故各梨行已在外城贩来葡萄甚多，预备中秋节之出售云"。③ 十月，铁岭青麻缺乏，"日来由东边运到之柳片烟甚多，而青麻甚少，殆因岁受歉薄之故，而各杂货商则需用麻绳麻哽甚急，供不应求，价之涨可计日俟"。④

　　农作物减产，造成粮食歉收。各地县志中多有记载。如奉化，"道光二十六年夏秋，淫雨害稼，岁欠收"。⑤ 梨树，"道光二十七年夏，淫雨，秋欠"。⑥ "同治十年，……夏，辽河水溢，岁欠。"⑦ "光绪十一年，伯都纳隆科城、珠尔山、五常厅、宁古塔、三姓等地方水灾欠收。"⑧ 梨树，"光绪十七年秋，大雨，发荒欠"。⑨ "光绪二十二年秋，大雨，岁欠。"⑩ 安东，"光绪三十一年乙巳夏，汤池子铜矿岭两牌，淫雨为灾，秋收欠薄"。⑪ 梨树，

① 水利电力部水管司科技司、水利水电科学研究院：《清代辽河、松花江、黑龙江流域洪涝档案史料　清代浙闽台地区诸流域洪涝档案史料》，清代江河洪涝档案史料丛书，中华书局，1998，第 135 页。
② 水利电力部水管司科技司、水利水电科学研究院：《清代辽河、松花江、黑龙江流域洪涝档案史料　清代浙闽台地区诸流域洪涝档案史料》，清代江河洪涝档案史料丛书，中华书局，1998，第 142 页。
③ 《葡萄歉收》，《盛京时报》，宣统元年（1909 年）七月二十七日。
④ 《青麻缺乏》，《盛京时报》，宣统元年（1909 年）十月二十一日。
⑤ 钱开震修、陈文焯纂：《奉化县志》，天时，卷 1，光绪十一年，吉林省图书馆内部资料，1960，第 315 页。
⑥ 佚名：《梨树县志》，大事记，民国三年，吉林省图书馆内部资料，1960，第 1 页。
⑦ 佚名：《梨树县志》，大事记，民国三年，吉林省图书馆内部资料，1960，第 9 页。
⑧ 长顺修、李桂林纂：《吉林通志》，卷 32，光绪十七年，吉林文史出版社，1986，第 8 页。
⑨ 佚名：《梨树县志》，大事记，民国三年，吉林省图书馆内部资料，1960，第 5 页。
⑩ 佚名：《梨树县志》，大事记，民国三年，吉林省图书馆内部资料，1960，第 5 页。
⑪ 王介公修、于云峰纂：《安东县志》，民国二十年，（台北）成文出版社有限公司，1975，第 1094 页。

"宣统元年秋，大雨，水，岁欠"。① 安广，"宣统二年夏秋之间，雨水过多，洼处田禾多被淹没，甚至颗粒无收"。② 农业生产遭到破坏，严重影响了农业经济乃至国民经济的发展。

三 水利设施毁坏

水利是农业的命脉，水利的兴废对农业的兴衰起着至关重要的作用。清代东北地区主要的农业基础设施是堤坝，每次特大水灾，或连续几年的频繁水灾都会造成堤坝被冲毁。如"乾隆三年（公元1738年）十一月，奉天地方今年山水骤发，河水泛溢，福陵堤坝被水冲刷"。③ "雍正十三年（1735年）夏六月，山水泛发，漫溢福陵石堤。"④ "雍正十六年（1738年）七月初连日阴雨，福陵东北一带山水骤发，所筑堤坝被水漫溢。头道、二道堤坝俱有冲塌之处，三道堤坝尚在水中。"⑤ "嘉庆十六年（1811年），吉林省南面无城，贴近松花江岸旗民居住。上年江水浸涨，堤岸多有坍塌，城内水沟亦多泡坏堵塞。坍塌江岸共三十二段，计五百二十二丈，堵塞水沟共一千六百六十五丈九尺。"⑥ 同治九年（1870年），"草仓河委因雨水山水陡发，更有加里库河同时泛涨，由东冲来水溜一股，撞入草仓河，水势涌猛，致将新修草仓河由东下马牌以东上游南岸冲开水口，分流鬼日苏子河，南北长三十八丈，东西宽七丈五六尺，深三四尺不等。河身间有淤垫，约长五十七丈。两堤桩笆冲臁二十余处，宽三四尺至八九尺不等。又中间南岸冲开水口宽八九尺，护堤树株冲倒十余棵，增修月牙堤二百五十七丈，委因苏子河水涌北浸，致将堤坝冲淘二百三十六丈，内存有桩囤者九十八丈，以西有桩无囤四十二丈，其余俱被沙石淤垫。陵街西堡土堤泊岸冲刷二处，情形尤重，共长一百二十四丈，宽四五丈至七八丈，深一丈六七尺

① 佚名：《梨树县志》，大事记，民国三年，吉林省图书馆内部资料，1960，第9页。
② 佚名：《安广县乡土志》，民国年间，吉林省图书馆内部资料，1960，第5页。
③ 温克刚：《中国气象灾害大典》，吉林卷，气象出版社，2008，第20页。
④ 温克刚：《中国气象灾害大典》，吉林卷，气象出版社，2008，第21页。
⑤ 水利电力部水管司科技司、水利水电科学研究院：《清代辽河、松花江、黑龙江流域洪涝档案史料 清代浙闽台地区诸流域洪涝档案史料》，清代江河洪涝档案史料丛书，中华书局，1998，第39页。
⑥ 水利电力部水管司科技司、水利水电科学研究院：《清代辽河、松花江、黑龙江流域洪涝档案史料 清代浙闽台地区诸流域洪涝档案史料》，清代江河洪涝档案史料丛书，中华书局，1998，第58页。

不等。石堤三空桥板木植栏杆全行冲失。石堤被冲坠折一块，石堤南被水冲淘成坑长二十五丈，宽一丈。石堤北冲淘一处长十四丈，宽八九尺至一丈一二尺，深一二尺不等，由东下马牌至西下马牌中间御路长一百九十八丈全行冲刷不平，漂失鹿角八十九架，此系现在冲淤情形"。[1] 同治十二年（1873年），"六月二十一日起至闰六月二十五六等日先后大雨尤甚，以致山水涨漫，将永陵明堂前柳林东草仓河上游南岸，冲刷臌裂荆笆一段长八丈许，辰方决口，河身沙淤几与北岸桩齐，河水直由木桥下冲决漫出南溢，将柳林前月牙堤石子偏坡东头石囤冲刷沉陷一段，长五尺，宽四五尺不等，深六尺许。中间冲刷二段，长十一丈，东西宽一丈至五六丈不等。坝迹桩头间有显露，径由偏坡西树中冲开，南入苏子河，冲去新栽柳树二十五颗。草仓河水两岸泛出，西至下游西堡东头草桥等处止，共南岸地面冲刷大小沟坎二十一处，长一丈至四丈不等。中间南流水口一道，长七丈，岸柳向北倒河一株，桥西南岸桩笆斜露五丈许。树林中间北岸冲刷一段，长一丈，均深三四尺不等。现今河溜仍旧环抱，惟河底淤沙较轻，未能畅通。西堡前泊岸里冲淘一段，南北长二丈，深三尺，宽一丈许。以西龙头山前石面淘坑长十丈许，以上冲刷共长八十八余尺，宽四十三丈余"。[2] 光绪九年（1883年），"松花江、拉林河洪水暴涨，河堤决口，沿岸田苗淹损殆尽"。[3] 光绪十一年（1885年），"夏间河水涨溢，由辰方起至申方止，共计十段，两岸桩笆冲刷凑长一百四十余丈，均宽四五尺至八九尺不等。因河漫溢后由街道涌出之水致将中间车道冲刷东西长一百零五丈有奇，宽六七尺至一丈，深一二尺至三四尺不等。以及龙头石路南岸东西桩笆走错，土岸塌陷，北面冲刷洼坑并石堤三空板桥栏杆糟朽，石堤间有走错，铁扣亦有沉落，草仓、苏子河内淤沙高阜各情"。[4] 光绪十四（1888）年，奉天省发生特大

① 水利电力部水管司科技司、水利水电科学研究院：《清代辽河、松花江、黑龙江流域洪涝档案史料 清代浙闽台地区诸流域洪涝档案史料》，清代江河洪涝档案史料丛书，中华书局，1998，第90页。

② 水利电力部水管司科技司、水利水电科学研究院：《清代辽河、松花江、黑龙江流域洪涝档案史料 清代浙闽台地区诸流域洪涝档案史料》，清代江河洪涝档案史料丛书，中华书局，1998，第93页。

③ 温克刚：《中国气象灾害大典》，黑龙江卷，气象出版社，2007，第43页。

④ 水利电力部水管司科技司、水利水电科学研究院：《清代辽河、松花江、黑龙江流域洪涝档案史料 清代浙闽台地区诸流域洪涝档案史料》，清代江河洪涝档案史料丛书，中华书局，1998，第104页。

水灾，"通化县江水陡涨，冲开堤坝，城内城外一片汪洋"。① "浑河中游的承德大堤被冲毁，城东南一带水深数丈，火药局、库全部漂没；城外漫堤决口甚多，众多村屯被吞没。沿河地区水深约四五尺多。太子河辽阳沿河一带，水深五六尺多。"② "光绪十五年（1889年），夏秋之间，通化县大雨连绵，浑江水位猛涨，冲毁江堤，冲坏东南坝濠，洪水倒灌入城，城外东南街的商铺和民宅全部被淹。"③ 光绪十九年（1893年），"苏子河上游顺水坝石子偏坡被水漫溢，冲刷长四十五丈余，宽八九尺不等，深四五尺至三四尺不等，桩笆槽朽倒落大半。龙头石路护堤桩笆被冲无存，长五十二丈余，宽八九尺不等，深八九尺至一丈不等，石条歪欹走错，北面淘成大坑一处，长二十二丈余，宽一丈至八九尺不等，深八九尺至七八尺不等。各情呈报前来"。④ "光绪三十年（1904年），吉林禾稼被水。七月，洮儿河泛滥，洮南第三、五区的耕地被淹四百公顷，两家子、茫歌一带堤岸冲决，漫淹十余村，水深一米至一点三米不等。"⑤ "光绪三十一年（1905年），因已午二方泊岸决口水流南溢由车道冲开顺水坝一段中间车道被冲长六十丈，宽四丈余，深四五尺不等。"⑥ "牛庄属界赵家堡等处，三面临海，地势低洼，筑有长堤以防水患。不意于本年闰四月十四日海水因风陡涨，堤坝将冲，旗民各地悉被淹没，尽成咸城，不能耕种。"⑦ "光绪三十四年（1908年），因连日暴雨，松花江水猛涨，哈埠傅家店局部江岸破堤泛滥，受灾农

---

① 水利电力部水管司科技司、水利水电科学研究院：《清代辽河、松花江、黑龙江流域洪涝档案史料　清代浙闽台地区诸流域洪涝档案史料》，清代江河洪涝档案史料丛书，中华书局，1998，第114页。

② 温克刚：《中国气象灾害大典》，辽宁卷，气象出版社，2005，第27页。

③ 温克刚：《中国气象灾害大典》，吉林卷，气象出版社，2008，第29页。

④ 水利电力部水管司科技司、水利水电科学研究院：《清代辽河、松花江、黑龙江流域洪涝档案史料　清代浙闽台地区诸流域洪涝档案史料》，清代江河洪涝档案史料丛书，中华书局，1998，第154页。

⑤ 温克刚：《中国气象灾害大典》，吉林卷，气象出版社，2008，第34页。

⑥ 水利电力部水管司科技司、水利水电科学研究院：《清代辽河、松花江、黑龙江流域洪涝档案史料　清代浙闽台地区诸流域洪涝档案史料》，清代江河洪涝档案史料丛书，中华书局，1998，第155页。

⑦ 水利电力部水管司科技司、水利水电科学研究院：《清代辽河、松花江、黑龙江流域洪涝档案史料　清代浙闽台地区诸流域洪涝档案史料》，清代江河洪涝档案史料丛书，中华书局，1998，第156页。

田一点六万垧，淹没房舍七千余间。"① "宣统元年（1909 年）七月阴雨连旬，山洪暴发，京奉铁路冲坏桥梁堤坝多处，平均水深数尺。"② "吉林大水灾，辰方北岸冲刷三空，凑长十四丈，桩笆无存，宽二三尺，深五六尺不等。南岸冲刷一空，长一丈五尺，宽一二尺，深四五尺。已方南岸首桩笆槽朽欹落，土石沉陷，长十七丈，宽二三丈，深四五尺不等。申方南岸长四十七丈，北岸长四十五丈，桩笆全行槽朽歪欹倒落，沙石沉陷。又验得龙头石路下东护堤桩笆冲刷一空，凑长十四丈五尺，宽二三尺，深六七尺不等。"③ "宣统二年（1910 年），新民自入秋以来，阴雨连绵，十八日午后柳河突发暴水，堤口溃决，冲灌府街，官衙民房多被坍塌，灾情甚重，急待赈恤。"④ 据东三省总督锡良奏报："查勘得辰方南岸沉落长一丈五尺，深五六尺，宽三四尺不等，北岸冲刷凑长三十丈，深五六尺，宽二三尺不等。已方南岸土石沉陷冲刷长三十丈，深六七尺，宽三四尺不等，已方北岸冲刷凑长二十六丈，深六七尺，宽二三尺不等。午方南岸冲开决口长十二丈，宽八九尺，深六七尺不等，午方北岸冲刷凑长二丈，深五六尺，宽二三尺不等，水势南下直入苏子河，将顺水坝冲刷长十二丈五尺，车道冲开南北宽九丈五尺，深四五尺至而三尺不等。又勘得龙头石路下东护堤桩笆冲刷凑长二十八丈五尺，宽三四尺，深六七尺不等。石路西护堤桩笆冲刷长八丈，深四五尺，宽三四尺不等。石桥下两旁桩笆歪斜不整，前修板桥皆以槽朽不能行屡。所有辰已午各方冲刷处所，桩笆均已槽朽无存。"⑤ "宣统三年（1911 年）辽河中下游及其支流—清河、柴河、柳河，大雨倾盆，冲毁河堤。"⑥

① 温克刚：《中国气象灾害大典》，黑龙江卷，气象出版社，2007，第 48 页。
② 温克刚：《中国气象灾害大典》，辽宁卷，气象出版社，2005，第 29 页。
③ 水利电力部水管司科技司、水利水电科学研究院：《清代辽河、松花江、黑龙江流域洪涝档案史料 清代浙闽台地区诸流域洪涝档案史料》，清代江河洪涝档案史料丛书，中华书局，1998，第 157 页。
④ 水利电力部水管司科技司、水利水电科学研究院：《清代辽河、松花江、黑龙江流域洪涝档案史料 清代浙闽台地区诸流域洪涝档案史料》，清代江河洪涝档案史料丛书，中华书局，1998，第 160 页。
⑤ 水利电力部水管司科技司、水利水电科学研究院：《清代辽河、松花江、黑龙江流域洪涝档案史料 清代浙闽台地区诸流域洪涝档案史料》，清代江河洪涝档案史料丛书，中华书局，1998，第 161 页。
⑥ 温克刚：《中国气象灾害大典》，辽宁卷，气象出版社，2005，第 30 页。

水利设施被冲毁对农业生产造成了巨大的负面影响，尤其是长时间连续性的频繁水灾导致水利设施无法迅速修缮，进一步加剧了灾情，严重影响了农业的可持续发展。

综上所述，清代东北地区频繁的水灾给社会经济造成巨大损失，劳动力资源遭到破坏，粮食减产，农业生产凋敝，水利设施毁坏，严重影响了社会生产和广大人民的生活。因此，有人认为，"自然灾害是影响粮食生产、农民增收和经济发展的重要因素之一"。[1]

---

① 雷国平：《黑龙江区域自然灾害对农业经济发展的影响》，《农业技术经济》2001 年第 4 期。

第三章 水灾与灾民生活

"人类是灾害的最终承受者，灾害所造成的生态环境的破坏、经济发展的停滞、社会秩序的动荡，最终的后果是危及人类的生存和发展。"[1] 水灾对人类生存的危害最大，"水灾猝至，庐室一空，灾民嗷嗷"。[2] 水灾后的灾区到处"灾黎遍地，啼饥号寒"，"饿殍载道，积尸盈野"，灾民无衣无食，饿死、冻死、病死的比比皆是，广大灾民挣扎在死亡线上，生活更加悲惨。所以，频繁的水灾严重影响了民众的生活和生存。

第一节 生存环境恶劣

生存环境是指与人类生活密切相关的各种自然条件和社会条件的总和，它由自然环境和社会环境中的物质环境组成，是包括土地、山脉、河流、动植物等自然生态系统以及经过人工改造的聚落、房屋、衙署等居住设施，铁路、公路、桥梁等交通设施，堤坝、沟渠、水田等水利设施，农田、牧场、林场等生产设施在内的人工生态系统。生存环境的好坏与每个人的生活质量密切相关。水灾作为一种最常见、危害最大的自然灾害，对生存环境的破坏最为严重。一般而言，每次特大水灾都会对人们的生存环境造成破坏，农田被淹，房屋倒闭，人畜伤亡，财物被冲，交通阻断，使人们失去原有的生存环境，衣、食、住、行等基本生活条件不复存在。因此，恶劣的生存环境严重影响了人们的生存和正常生活。

清代东北地区的洪涝灾害出现频率高，波及范围广，破坏力强，几乎

---

① 马宗晋、郑功成：《灾害历史学》，湖南人民出版社，1997，第 230 页。

② 《续修四库全书》编纂委员会：《续修四库全书·史部·政书类》，上海古籍出版社，2002。（清）彭元瑞：《孚惠全书》，北京图书馆出版社，2005，第 54 页。

每一次洪涝灾害都会对人们的生存环境造成破坏，冲毁房屋，淹毙人口，卷走财物，毁坏交通设施。关于农田、人口、堤坝被淹和被毁的情况前面章节已述及，因此本章只就与人们生活息息相关的庐舍以及铁路、桥梁等交通设施予以述及。

一 庐舍被淹

庐舍是人类必备的生存空间。水灾对庐舍的破坏给人类生存造成的威胁最严重，它使人们失去起码的遮蔽之处，无避风寒之所，备受冻馁之苦，面临死亡的威胁。每一次特大水灾都会造成庐舍被毁。如"乾隆二年（1737年）秋九月，奉天将军疏报：小清河驿被水，冲塌民房。乾隆十一年（1746年）夏六月，阴雨连绵，河水涨发，田禾被淹，庐舍坍塌"。[1] "乾隆十五年（1750年）八月，松花江大水。呼兰城内淹，塌房一百一十九户，坏房十七户，淹七座官庄。"[2] "乾隆三十年（1765年），三姓、打牲乌拉、额木赫索罗旗丁房屋被水冲塌一百六十四间。"[3] "乾隆五十五年（1790年）六月，因雨水较大河水漫溢，锦州、九关台旗民房屋被水，未免失所。七月，大凌河河水漫溢，锦州、九关台旗民房屋被水。"[4] "乾隆五十九年（1794年），齐齐哈尔大雨，暴涨入城，负郭行舟，田庐淹没无算。"[5] "嘉庆十五年（1810年），吉林降水陡发满溢两岸，房屋被塌一千一百二十一间。"[6] "嘉庆二十三年（1818年），黑龙江城、墨尔根、布特哈、齐齐哈尔、双城堡、拉林、呼兰、阿勒楚喀、宁古塔等地方江河暴涨，田禾、房舍被淹，贫民饥荒。齐齐哈尔等四处被水冲毁住房八百五十四间。"[7] "嘉庆二十五年（1820年），嫩江流域洪水。齐齐哈尔等四处被水冲毁住房八百五

---

① 温克刚：《中国气象灾害大典》，辽宁卷，气象出版社，2005，第21页。
② 温克刚：《中国气象灾害大典》，黑龙江卷，气象出版社，2007，第38页。
③ 温克刚：《中国气象灾害大典》，黑龙江卷，气象出版社，2007，第39页。
④ 温克刚：《中国气象灾害大典》，吉林卷，气象出版社，2008，第20页。
⑤ 金梁纂：《黑龙江通志纲要》，民国十四年，（台北）成文出版有限公司，1975，第57页。
⑥ 中央气象局研究所、华北东北十省气象局、北京大学地球物理系：《华北、东北近五百年旱涝史料》，第六分册，内部资料，1975，第18页。
⑦ 温克刚：《中国气象灾害大典》，黑龙江卷，气象出版社，2007，第40页。

十四间。"① "道光七年（1827 年）丁亥，小凌河暴涨为灾，河西民舍荡然。"② "道光十年（1830 年），三姓，自五月初二日起至十月底雨连绵下洼之地被水淹没，沿江一带房屋均被淹没。"③ "通河地方沿江田禾、房舍被冲，淹不计其数。"④ "道光十四年（1834 年），吉林地方自五月中旬松花江上游连日阴云密布有特大雨。打姓乌拉洪水陡发溢岸，沿江房地被淹没。"⑤ "道光二十六年（1846 年），三姓地区江河水涨，城民田庐被淹。松花江水溢，坏民房，城内水深数尺。"⑥ "道光二十九年（1849 年）己酉，小凌河暴涨为灾，庐舍漂没，人畜多溺。"⑦ "道光二十九年（1849 年），松花江下游洪水成灾，拉哈苏苏（今同江）田舍被淹。"⑧ "咸丰六年（1856 年）六月长春夏大雨连绵，江河泛滥，淹没田庐，溺死人畜无数。六月，德惠县夏大雨连，江河溃溢，淹没田庐，溺死人畜无数。"⑨ "永吉六七月霖雨，松花江水溢，亨德河决口，水浸省城北极、致和德胜门外尽成泽国，淹没田庐无数。吉林地方江河泛滥，淹没田庐，溺死人畜无数。"⑩ "开原夏大雨，河水泛涨，平地深尺余，冲没田禾，坏庐舍，人畜漂溺。"⑪ "拉林河、牤牛河、第二松花江、松花江发生特大洪水，淹没田庐无数。"⑫ "咸丰十一年（1861 年），辽河大水，下游右岸冷家口门溃堤决口。朝阳水灾。坏房屋六百四十间。"⑬ "同治二年（1863 年）三姓水灾，西北各坝多被冲开，江水

① 温克刚：《中国气象灾害大典》，黑龙江卷，气象出版社，2007，第 40 页。
② 王文藻修、陆善格纂：《锦县志》，祥异，民国九年，（台北）成文出版有限公司，1975，第 1233 页。
③ 中央气象局研究所、华北东北十省气象局、北京大学地球物理系：《华北、东北近五百年旱涝史料》，第六分册，内部资料，1975，第 19 页。
④ 温克刚：《中国气象灾害大典》，黑龙江卷，气象出版社，2007，第 41 页。
⑤ 中央气象局研究所、华北东北十省气象局、北京大学地球物理系：《华北、东北近五百年旱涝史料》，第六分册，内部资料，1975，第 19 页。
⑥ 中央气象局研究所、华北东北十省气象局、北京大学地球物理系：《华北、东北近五百年旱涝史料》，第六分册，内部资料，1975，第 20 页。
⑦ 王文藻修、陆善格纂：《锦县志》，民国九年，（台北）成文出版有限公司，1975，第 1233 页。
⑧ 温克刚：《中国气象灾害大典》，黑龙江卷，气象出版社，2007，第 42 页。
⑨ 温克刚：《中国气象灾害大典》，吉林卷，气象出版社，2008，第 24 页。
⑩ 温克刚：《中国气象灾害大典》，吉林卷，气象出版社，2008，第 25 页。
⑪ 李毅修纂：《开原县志》，民国十九年，（台北）成文出版有限公司，1975 年,，第 882 页。
⑫ 温克刚：《中国气象灾害大典》，黑龙江卷，气象出版社，2007，第 42 页。
⑬ 温克刚：《中国气象灾害大典》，辽宁卷，气象出版社，2005，第 25 页。

入城，房屋被淹。"① "同治七年（1868年），双城堡镶兰等旗自五月十六日起大雨冲倒草房六十六间，呼兰秋霪雨，河水涨发，沿岸洼田被淹，间有庐舍被冲塌。"② "光绪三年（1877年）九月间，三姓地方骤遭风雹，田庐被淹，旗民荡析离居。浑江洪水泛滥入城，冲毁民房，淹没通化县署。伊通河水泛涨，南山洪水穿城而过，致东门以北和北门以东以西城垣均被冲倒，城下所设更房被冲没无存，居民溺死者数人，民房坍塌甚多。"③ "光绪四年（1878年）秋间，奉天、新民、广宁、凤凰城、岫岩、昌图、牛庄、盖平、开原、复县、海城、安东等地田禾被淹，奉天冲倒民房六千余间。"④ "光绪十一年（1885年）乙酉秋，风雨大作，江水汜滥。旧安东县署及巡检署房屋多被冲毁。县属瑷河尖等牌升科地水冲沙压不堪耕种者一万余亩，商民被难者甚多。"⑤ "七月，松花江天降大雨，持续二十余日，江河泛滥，呼兰厅沿江村屯水深三米，房屋冲毁。八月，今佳木斯市区松花江南岸庄十万亩被淹，毁掉房屋一百余间，区境内大部分农民遭到水淹。"⑥ "光绪十二年（1886年），辽河、巨流、大凌等河同时涨发，沿河田庐间被冲淹。海城县属沿河等处，连日大雨如江河倒泄，山河暴发，河水盛涨出槽，平地水深数尺，田禾淹没无算，房屋、桥梁大半冲塌，村庄均被水围。田庄台一带被灾尤甚，逃难灾民每皆攀树呼援，惨难言状。营口于潮退之际，棺木浮尸器物顺流而下。其西北各处水势汹涌，舟车不通，无从查悉。田庄台以北一百三四十里，均被水灾。其未能逃出者尚不知凡几，遍野鸿嗷、待援孔亟，其余各属尚未一律保齐。海城县属之牛庄地方，本系九河下游，众水汇注之地，易遭水患，上年被水成灾，惟赖拨款集捐煮粥存活。本年被灾尤甚于往岁，以致沿河田庄台营口一带水势浩瀚，淹没田庐，伤毙人口，道途阻隔，粮运断绝，小民漂泊无依，深堪悯恻。"⑦ "光绪十二年

① 温克刚：《中国气象灾害大典》，黑龙江卷，气象出版社，2007，第42页。
② 温克刚：《中国气象灾害大典》，黑龙江卷，气象出版社，2007，第43页。
③ 温克刚：《中国气象灾害大典》，吉林卷，气象出版社，2008，第26~27页。
④ 温克刚：《中国气象灾害大典》，辽宁卷，气象出版社，2005，第26页。
⑤ 王介公修、于云峰纂：《安东县志》，民国二十年，（台北）成文出版社有限公司，1975，第1092页。
⑥ 温克刚：《中国气象灾害大典》，黑龙江卷，气象出版社，2007，第44页。
⑦ 水利电力部水管司科技司、水利水电科学研究院：《清代辽河、松花江、黑龙江流域洪涝档案史料 清代浙闽台地区诸流域洪涝档案史料》，清代江河洪涝档案史料丛书，中华书局，1998，第107页。

(1886年）丙戌秋七月，霪雨为灾，七日夜不止，坏墙屋无算，凌河水溢。"[1] "光绪二十二年（1896年），从夏至秋，双城厅霪雨连绵，冲毁房屋六十九间。齐齐哈尔六月阴雨连绵，加上墨尔根一带发蛟，嫩江暴涨。漫溢田野，淹没庐舍。"[2] "光绪二十四年（1898年），上集厂（今绥棱县）降暴雨，诺敏河、尼尔河基斯河两岸农田及宅院被淹。"[3] "光绪二十六年（1900年）七月，苇子沟河水溢出，冲泡倒沿岸房屋数出，淹死二十余人。"[4] "三姓地区江河水涨，城民田庐被淹。松花江水溢，坏民房，城内水深数尺。是年，夏五月，三姓、松花江、胡尔哈河水溢，坏民房，城内水数尺。"[5] "光绪三十三年（1907年）六月，本溪湖阴雨多日，河水泛滥。沿江小屋全部淹没，个别仅露屋脊，万众呼号逃避，争先恐后，街市半数为水淹没，毁房二千余所。"[6] "光绪三十四年（1908年）六月，吉林省城本月初旬雨势过猛，江水陡涨，沿江房屋垸堤以及官商木植、公家建筑多被损坏，省东蟒牛河、新开河、额赫穆等处，受灾尤重，淹毙人口千余名，田庐牲畜冲没殆尽，余如双岔河、尤家屯等处，亦有全屯被淹，溺毙人口。"[7]

清代东北地区对人居环境破坏最严重的莫过于光绪十四年、宣统元年、宣统二年和宣统三年的特大水灾。

光绪十四年（1888年），奉天省发生特大水灾，全省近8万平方公里的广大地区，"大雨滂沱，奔腾暴注，七个昼夜不停"。时任盛京驻防大臣庆裕、定安、裕禄等在给清政府的奏折中详细描绘了大水淹没田地、冲毁庐舍、淹毙人口、卷走财物的悲惨画面："奉省上年秋水为灾，漂没田庐，损伤人口，沿河一带罹患尤重。"[8] "七月初七日巳刻浑河暴涨，贯注五里河，

① 王文藻修、陆善格纂:《锦县志》，（台北）成文出版有限公司，民国九年铅印影印本，第1233页。
② 温克刚:《中国气象灾害大典》，黑龙江卷，气象出版社，2007，第45页。
③ 温克刚:《中国气象灾害大典》，黑龙江卷，气象出版社，2007，第45页。
④ 温克刚:《中国气象灾害大典》，黑龙江卷，气象出版社，2007，第46页。
⑤ 温克刚:《中国气象灾害大典》，吉林卷，气象出版社，2008，第24页。
⑥ 温克刚:《中国气象灾害大典》，辽宁卷，气象出版社，2005，第28页。
⑦ 《清实录·宣统政纪》，卷16，中华书局，1987，第4~5页。
⑧ 水利电力部水管司科技司、水利水电科学研究院:《清代辽河、松花江、黑龙江流域洪涝档案史料　清代浙闽台地区诸流域洪涝档案史料》，清代江河洪涝档案史料丛书，中华书局，1998，第112页。

泛滥出槽，顿高二三丈，宽约数里。两岸田禾、庐舍俱被冲淹。居民未经漂没者拯升屋顶木抄，呼号之声，惨不忍闻。"① "因苏子河水涨，冲入两营院内，平地水深丈余，将东厢房冲倒六间，西厢房冲倒四间，正房被水浸泡。其余大厅、药库、门房及未倒房间瓦片全行脱落，周围群墙、照壁冲刷无存。步队营房，周围群墙八十丈一概冲刷倒落大半，该兵丁无处栖止。"② "凤凰厅地方河水泛溢，平地水深数尺，官署及附近民房均被水浸。四乡禾稼被淹。安东县地方平地水深二三丈不等，衙署、民房冲失殆尽。街市铺房只存十之三四，官民皆避水于近城之元宝山。通化县江水陡涨，冲开堤坝，城内城外一片汪洋，衙署民房冲塌不少，辽阳州太子河水势涨发，加以上游山水陡至，沿河一带平地水深五六尺不等。城内水深尺余。海城县并牛庄，辽河水涨泛滥出槽，近城一带平地水深三四尺不等，沿河低洼之处禾稼多被浸淹，房屋亦多冲塌，城西牛庄一带切近河干，地居下游，几成泽国。盖平县河水盛涨，加以山水并注，雨狂溜急，冲塌城墙数处，沿河一带铺户民房冲塌不少。城内衙署、民居亦多倾颓。兴京厅山水骤注，河流陡涨，该同知驻扎新宾堡街沿河一带被灾者二十一家，冲塌房屋一百零三间。其四乡被水之区，因水势泛滥，道路不通，一时无从查报。中江九连城地方水深丈余，榷税局房屋以及民房、铺房冲塌甚多。"③

宣统元年（1909年），吉林发生特大水灾。"是年六月初八，长春属境于六月初十、十一、十二等日霆雨连绵，水势甚大。因连日大雨，松花江水暴涨二丈有余，莫石、饮马两河均溢。该处前后六甲并东夹荒各村多被水冲淹。是年六月初八日，桦甸县洪水。长春，宣统元年，长邑东北沐德、怀德两乡沿江地方，水灾奇重，饥鸿遍野。松花江上游水位两丈有余。下九台一带石受灾严重的区域之一。胡家乡、莽卡乡一带，农历六月初七至

① 水利电力部水管司科技司、水利水电科学研究院：《清代辽河、松花江、黑龙江流域洪涝档案史料　清代浙闽台地区诸流域洪涝档案史料》，清代江河洪涝档案史料丛书，中华书局，1998，第110页。

② 水利电力部水管司科技司、水利水电科学研究院：《清代辽河、松花江、黑龙江流域洪涝档案史料　清代浙闽台地区诸流域洪涝档案史料》，清代江河洪涝档案史料丛书，中华书局，1998，第111页。

③ 水利电力部水管司科技司、水利水电科学研究院：《清代辽河、松花江、黑龙江流域洪涝档案史料　清代浙闽台地区诸流域洪涝档案史料》，清代江河洪涝档案史料丛书，中华书局，1998，第114页。

初八午刻，天降大雨，河水涨发异常汹涌。顷刻之间高出平地七尺有余，冲去房屋二百余间，淹毙牛马牲畜不计其数，水经之处，荡然无存。初十日雨水稍停探查水势暴涨之故，乃群山崩塌二十余处，延长二、三十里，两岸禾苗被淹没，在西小官地榜什屯冲倒房屋三十余处，灾区内尸横相枕，哭声遍野，有全屯冲没无可查者，数千人思雨洪水之中。"[1] "吉省上年六月初旬霆雨为灾，吉林府境南北三百里，东西二百数十里，依山傍河，各村屯悉数冲毁。"[2] "江省本年入夏以来，阴雨过多，各处江河暴涨，汛滥为灾。瑷珲坤河水发，屯居被淹，雨雹寸余，禾苗伤损，嫩江龙江地亩亦多淹漫，秋收失望，大赍厅属塔子城地方，积雨生虫，食禾殆尽等语。江省连年歉收，兹复被水被虫，田庐浸没，荡析堪虞。"[3] "柳河水势突涨，佟家烧锅等屯，被水冲倒房屋一千九百五十二间。"[4] "绥中，秋八月七日忽降冰雹骤雨，山洪暴发，打坏和冲坏庄稼共二十三村屯。"[5]

宣统二年（1910 年），"新民府处柳河尾闾水发，府治以北商号存粮均被淹浸，沉没官民房屋七千四百余间"。[6] "王家窝棚等屯被灾，惟省城镶黄旗界朴坨子处续报被水冲倒房屋五间。"[7] "黑龙江省入夏以来霆雨过多，经旬累月江河暴涨，淹没大片农田、房舍，造成大灾。六月底，嫩江暴涨。木兰沿江七八十里田禾、房舍冲毁甚多。依兰、滨江等府县间有被水淹没房舍、禾稼之处。沿江居民及房舍、田亩尽被淹浸。"[8] "九月，黑龙江省连

① 温克刚：《中国气象灾害大典》，吉林卷，气象出版社，2008，第 32 页。
② 水利电力部水管司科技司、水利水电科学研究院：《清代辽河、松花江、黑龙江流域洪涝档案史料 清代浙闽台地区诸流域洪涝档案史料》，清代江河洪涝档案史料丛书，中华书局 1998，第 159 页。
③ 郑毅：《东北农业经济史资料集成》（一），吉林文史出版社，2000，第 370 页。
④ 水利电力部水管司科技司、水利水电科学研究院：《清代辽河、松花江、黑龙江流域洪涝档案史料 清代浙闽台地区诸流域洪涝档案史料》，清代江河洪涝档案史料丛书，中华书局，1998，第 158 页。
⑤ 中央气象局研究所、华北东北十省气象局、北京大学地球物理系：《华北、东北近五百年旱涝史料》，第六分册，内部资料，1975，第 77 页。
⑥ 水利电力部水管司科技司、水利水电科学研究院：《清代辽河、松花江、黑龙江流域洪涝档案史料 清代浙闽台地区诸流域洪涝档案史料》，清代江河洪涝档案史料丛书，中华书局，1998，第 160 页。
⑦ 水利电力部水管司科技司、水利水电科学研究院：《清代辽河、松花江、黑龙江流域洪涝档案史料 清代浙闽台地区诸流域洪涝档案史料》，清代江河洪涝档案史料丛书，中华书局，1998，第 161 页。
⑧ 温克刚：《中国气象灾害大典》，黑龙江卷，气象出版社，2007，第 46 页。

日大雨，嫩江水势暴涨，沿江民宅田禾多被淹没。墨尔根、甘井子、齐齐哈尔、黑水厅东西布特哈、大赉厅等地一百多各村屯发生了洪涝灾害，田禾、房舍多被淹没冲毁。哈埠傅家店局部江岸破堤泛滥，受灾农田一点六万垧，淹没房舍七千余间。"① 瑷珲小乌斯力屯长曹锁详呈报："今年雨水过多，江水甚大，横流遍野，黎民遭殃。所种田地变作荒洲，草甸牧场具成沟河，青苗已损，民生无赖，野外哭声渐起。"法别拉屯呈报："今年六月以来大雨倾盆，江水四溢，浩浩荡荡，择木为剿，犹然上古之风，地八百一十一垧，所存一百四十五垧，房屋四十二所，存者二十九所。"长发屯呈报："各户共淹地五百二十垧，房屋十处，园子地十五处。"②

宣统三年（1911 年），东北三省发生特大水灾。"宣统三年六月中旬，久雨浸淫，忽至二十四日大雨淋漓，南风暴作江水涨涌，浸溢街市，自后潮沟至中富街，周围十余里陡成泽国。各署局多被水浸，商民财产损失甚巨。"③ "初夏，呼兰府连霪雨、暴雨，江河水猛涨，淹田禾十万余垧，村庄四百四十余处，难民四万余人，淹死十一人。六月一日，汤旺河水暴涨处槽，汤原县平原水深三至四尺，淹及南北二十千米。六月下旬霪雨十余日，松花江水又陡涨，田禾荡然，灾民就食他乡者十有三四。六月，大来克屯（今富裕县）霪雨连绵，有四十二屯九万多亩地被淹。自第一区桦树林子到六区阿布沁河上，沿江河四十余千米一百六十户四百零一垧地禾苗被水灾，颗粒无收，成灾十分，农民只好以鱼充饥，勉强度日。据不完全统计，其淹没耕地五百四十七万亩，十四万余人受灾，死亡一百八十多人，冲毁房舍万余间，损失粮食、牲畜等不计其数，灾民荡然离居，苦不堪言。"④

二　交通设施被毁

交通设施，包括铁路、公路、桥梁等，是人们通行交往的必要设施。每一次水灾都会造成铁路被冲、公路被堵、桥梁被毁、交通阻断，严重影响人们的正常生活和旅行往来。如"康熙二十一年（1682 年），松花江附近

---

① 温克刚：《中国气象灾害大典》，黑龙江卷，气象出版社，2007，第 47 页。
② 温克刚：《中国气象灾害大典》，黑龙江卷，气象出版社，2007，第 46～47 页。
③ 王介公修、于云峰纂：《安东县志》，民国二十年，（台北）成文出版社有限公司，1975，第 1105 页。
④ 温克刚：《中国气象灾害大典》，黑龙江卷，气象出版社，2007，第 48 页。

四月大水，河渠水涨、渡桥尽冲决"。① "光绪三十三年（1907 年）六月，本溪湖阴雨多日，河水泛滥，安奉铁路桥被水冲坏。"②

晚清的几次特大水灾对交通设施的破坏尤其严重。宣统元年（1909 年）六月，东北三省发生特大水灾，各地多处桥梁被毁，铁路被冲，道路被堵，交通阻断。如奉天"现因大雨时行，浑河水涨数跨，河木桥向高丈余者。现下被水淹，仅剩尺余矣。往来大车多不敢从此经尺过，恐遭覆没虞也。乡间柴草因是愈不能运，价值殆日趋于昂贵云"。③ 抚顺"近日雨水连绵，浑河异常泛滥，跨河大桥被浪水冲开，桥尽浮漂，而去两岸禾稼庐舍已群遭淹没，商民等均有惧色，十四日后，天晴霁，水势迄未稍退云"。④ 长春老烧沟铁桥被冲，"松花江因各处连日大雨骤涨数丈，老烧沟之铁桥冲断数处，现在由宽赴哈之东清火车已数日不能直达云"。⑤ 长春"北门外木桥本已霉朽，近因雨水大，稍加冲刷，便不能行走，昨由商务会派人暂为修理，然仅之朽木数块，行者咸有戒心，盖此必须改作，不能因仍旧贯也"。⑥ 安东"近因阴雨连日，鸭绿江水泛滥异常，照常约增高至十有五尺，左近一带房屋间被淹没者，现下江水亦且有增无减云。并闻安奉线由五龙背至唐山城，间因江水暴涨，损坏桥梁，现在火车不通。刻正，赶办修理查需一两日之后方能开通云"。⑦ 哈尔滨"二十八日之夜，乌苏里全境均被大雨雨线之宽直连及于满洲里之南境陶赖昭附近铁路由中间穿过之山道被雨冲塌。陶赖昭老少沟中间低处之房屋均被冲毁，铁路被溃塌截断者二十余丈，火车停止五钟余。潘阳附近路被冲坏者、数里被雨害最甚者为乌苏里一境，河水均被溢出岸外田地大半，就淹各村惊惶异常，均恐被水淹之祸，乌苏里路线悉被冲毁，有数处路轨竟全身被水漂去，皆长互数里，铁路桥梁亦皆为水冲塌，电线均漂泊无遗。火车连日不通，并且五六诶内恐五六日尚不能修好，也损害尤甚者为不拉维也。倭车站附近一段，该处铁路全体冲没者长三百余俄丈，且水不落，并决无修理之法，海参崴一带至今雨势尚

① 温克刚：《中国气象灾害大典》，吉林卷，气象出版社，2008，第 20 页。
② 温克刚：《中国气象灾害大典》，辽宁卷，气象出版社，2005，第 28 页。
③ 《木桥被淹》，《盛京时报》，宣统元年（1909 年）六月十四日。
④ 《木桥被冲》，《盛京时报》，宣统元年（1909 年）六月十八日。
⑤ 《老烧沟铁桥被冲》，《盛京时报》，宣统元年（1909 年）六月十八日。
⑥ 《木桥冲塌》，《盛京时报》，宣统元年（1909 年）六月十八日。
⑦ 《东边各河川水涨志闻》，《盛京时报》，宣统元年（1909 年）六月初七日。

日夜淋漓不止云"。①"安东并安奉路线一带因被水淹没致杜绝交通等情迭志本报,兹闻,悉江流现已渐缓,韩国至安东间自十二日起,驶轮联络安奉间电线,亦自十三日起一律通行,并无质疑。安奉线路则除安东至凤凰城间仍旧行车外,余如凤凰至四台子间则仅可管驶货车耳。由四台子经过草河口至本溪间,迄今尚属中断,以故凡在安奉两地间所有邮件函件,必须经由韩国仁川递至大连势盖不能不迟缓也。但自水灾乍起以来,堆积草河口邮件颇不少,以邮政不可滥缓。一日,前江水稍退,乃即冒险上途,十二日遂运致本溪,而本溪至奉天间亦业经开通邮件之碍,难乃稍以减去云。"② 京奉路线被水冲断,"近日阴雨连旬,山洪暴发,京奉铁路自新民府以下如打虎山、沟帮子、连山等站被山水冲断桥梁堤坝多处,至所有山夹路线平地水深数尺,以是火车不能通行,日昨奉天车站只售开往新民之车票矣。想铁路为交通最要之机关,不日当修补完竣,照常通车也"。③"新民府属高山子,连日大雨,河水泛滥,冲毁铁路至六丈之遥。而民间苦于水灾将归咎于铁路,群起而与之为难,当由铁路巡警及工程司一面设法弹压,一面赶修路工,并电禀总办于观察,聪年转禀邮传部复,电请管太守转饬所属极力保护业已平静,水势则尚未大退云。又有新民府境白旗堡间,河水大发,铁路桥梁岌岌可危。是以十八日由京开往奉天之火车第一次另由新民开往白旗堡空车一辆,以迎乘客,第二次则遂驻宿于该处至十九日晨始行。于此亦可见,水势之不小云。"④"新民等十七府州县:多受水灾。铁岭:七月柴、辽河溢,柴河北大桥被冲折两段,各处水上小桥被冲折。七月城西、城北河水为灾。"⑤ 辽阳"多受水灾,7月27日太子河水泛滥,冲坏铁路桥梁900尺,七月阴雨连旬,山水暴发,京奉铁路冲坏,平均水深数尺"。⑥ 吉林"省东由江蜜峰至老爷岭系至延吉及宁古塔之官道,其中一百

① 《大雨成灾》,《盛京时报》,宣统元年(1909年)六月初八日。
② 《安东及安奉间被水后之状况》,《盛京时报》,宣统元年(1909年)六月十八日。
③ 《京奉路线被水冲断》,《盛京时报》,宣统元年(1909年)六月二十日。
④ 《京奉路线被水续志》,《盛京时报》,宣统元年(1909年)六月二十一日。
⑤ 中央气象局研究所、华北东北十省气象局、北京大学地球物理系:《华北、东北近五百年旱涝史料》,第六分册,内部资料,1975,第36页。
⑥ 中央气象局研究所、华北东北十省气象局、北京大学地球物理系:《华北、东北近五百年旱涝史料》,第六分册,内部资料,1975,第59页。

数十里，平地皆辟成沟壑，大小桥梁亦都冲毁"。①

宣统二年（1910年）四月至八月，东北三省遭遇大水。"四月二十五日，鸭绿江水陡涨。新民，辽河大水，柳河水涨入府署。八月二十八日连日阴雨酿成安奉铁路五龙背以东塌方，车出轨，伤七人。"② 细河桥梁被水冲坏，"安奉线渭河桥梁日昨因水势暴涨致遭塌坏，火车不能进行"。③ 黑龙江大水淹没车轨，"近来连日大雨，省城西南各村均成泽国，即齐昂铁路之轨道亦被水淹没，以致来往行人及邮寄信件均不能通矣"。④ 开原铁岭轨道被冲，"昨晚铁岭一带大雨滂沱，南满路线自开原抵铁岭间之某地点被水冲坏。早七点十五分时，由开原开驶之混合火车抵该地点后，不能进驶，不得已回开原，另由铁岭车站预备火车搭载货客开驶，以免迟滞"。⑤

宣统三年（1911年），东北三省发生特大水灾。"六月中旬，久雨浸淫，忽至二十四日大雨淋漓，南风暴作江水涨涌，浸溢街市，自后潮沟至中富街，周围十余里陡成泽国。各署局多被水浸，商民财产损失甚巨，安奉铁路所建垂成之鸭绿江铁桥亦被冲断沿江木排漂没六百余张。"⑥ 锦州"西关小凌河为城内外来往人民所必经之地，故设有木楼两架以便济度。日昨天作霖雨平地水深尺余，该河中水流暴涨约增高衙一丈八九，汪洋澎湃，新旧两街板桥盖有顺水流去，现往来行旅无不望河兴叹云"。⑦ 开原"南门外清河上旧有日军建造之木桥一架，因年久已朽坏不堪行走。宣统元年经商务会修葺往来始称便利。今春开冻河水暴涨，该桥当被冲坏，幸即修理尚可通行，距近日迭遭大雨，河水盈溢，该桥又被冲塌。小孙家台火车站一带地方积水数尺，致行旅者咸有望洋兴叹之概云"。⑧ "连日大雨南门外清寇两河大水泛滥，波浪滔天，两岸田禾均被淹没，并将木桥冲毁不知去向，

① 水利电力部水管司科技司、水利水电科学研究院：《清代辽河、松花江、黑龙江流域洪涝档案史料 清代浙闽台地区诸流域洪涝档案史料》，清代江河洪涝档案史料丛书，中华书局，1998，第159页。
② 温克刚：《中国气象灾害大典》，辽宁卷，气象出版社，2005，第30页。
③ 《细河桥梁被水冲坏》，《盛京时报》，宣统二年（1910年）七月二十日。
④ 《大水淹没车轨》，《盛京时报》，宣统二年（1910年）六月十七日。
⑤ 《开原铁岭轨道被冲》，《盛京时报》，宣统二年（1910年）六月二十七日。
⑥ 王介公修、于云峰纂：《安东县志》，民国二十年，（台北）成文出版社有限公司，1975，第1105页。
⑦ 《板桥被水冲失》，《盛京时报》，宣统三年（1911年）五月初八日。
⑧ 《清河水涨冲毁桥梁》，《盛京时报》，宣统三年（1911年）六月三十日。

现在水势稍退，仅有一节在城西南俨然独立。"① "吉长铁路由长春至卡伦一段自去冬告竣后，来往客人及载运货物均已通行无碍。不料春夏之交冰雪融化，加以阴雨连绵，而中间土方遂遭雨水冲坏，以致交通复形阻碍。"② "吉长铁路本定五月二十二日开车售票，兹悉因连日大雨该路冲坏甚多，恐遭危险，故开运载货物车辆票搭客仍行从缓云。"③ 京奉汽车被水停驶，"昨十五日下午一钟时大雨约至一小时之久沟沧皆盈，督宪晚间接准新民府金守电禀谓柳河出槽，该府以西平地水深数尺，将铁道冲坏，沟帮子火车停驶，所有客商均截留府街，一俟水消修整方能开驶云"④。"京奉铁路因柳河泛滥冲坏轨道致暂时停驶。报兹悉被水冲毁地点系在新民站至白旗堡站之间约及一英里之遥，处处损坏或被泥沙埋没，断非短时日所能修补完竣。现在两车站间实无法联络，故来往京奉间之商旅只得绕道营口由南满线交通云。"⑤ 新民"自十二日起阴雨连绵昼夜不止，至十四日柳河之水忽然暴涨，波浪汹涌水势甚猖獗，至午后二时竟将雨道大坝全行冲坏，西东两街均成水国，京奉路线致隔断不能通行"⑥。"柳河水势现经退落，但流沙淤盖铁道上积至二尺有余，铁轨深藏车不能行，现在工程师已招雇夫役一千余人沿路挑掘，惟工程浩大完期颇需时云。"⑦ 铁岭大水阻隔交通，"辽河河水盈溢为害田稼计不下二千余垧，河西一带地方望去竟成一片汪洋，人马进行，积水没胫，该地交通现已隔绝矣"⑧。长春火车停运材料，"吉长铁路至卡伦一带今春被水冲坏，业经重修完整每日仍开驶车轮运铁轨木枕等物，讵料近日阴雨过多，沿途轨道又被冲坏，日前火车运货至荣家湾一带因闻轨路甚坏，惟受危险因暂停该处，须俟修理完竣再行开回长站云"⑨。奉天铁路被灾情形如下："满铁本线：（一）自大连至沙河间瓦房店、熊岳城等处路线间亦被水冲坏，然损害较少，现已略加修理两地间火车业已联络驶

---

① 《木桥顺水迁移》，《盛京时报》，宣统三年（1911年）闰六月二十八日。
② 《卡伦铁路暂不开车》，《盛京时报》，宣统三年（1911年）四月二十六日。
③ 《吉长路仍不售票原因》，《盛京时报》，宣统三年（1911年）六月初六日。
④ 《京奉汽车被水停驶》，《盛京时报》，宣统三年（1911年）六月初十日。
⑤ 《京奉路轨被水冲毁地点》，《盛京时报》，宣统三年（1911年）六月十八日。
⑥ 《河水为灾》，《盛京时报》，宣统三年（1911年）六月十九日。
⑦ 《铁道被沙泥所淤》，《盛京时报》，宣统三年（1911年）六月二十六日。
⑧ 《大水阻隔交通》，《盛京时报》，宣统三年（1911年）闰六月初一日。
⑨ 《火车停运材料》，《盛京时报》，宣统三年（1911年）闰六月初八日。

行。（二）自沙河至奉天间沙河至浑河间有路桥一座因此次大水流失，附近线路亦被损坏，查该处路线复旧之期当在数日之后，又浑河大桥之前后路线约二英里间被灾尤烈，然现已集工多人昼夜修筑不遗余力，故可望不日通车。奉天迤北自奉天至文官屯间线路及桥梁长一百八十间均被冲坏，自文官屯被毁坏者为数尤多，修补完竣尚需多时，及昌平顶堡至中固官间路桥亦被流失，及昌园至开原间青川之铁桥亦被损坏倾斜至四十度，故奉天迤北火车之开通现尚无期云。"① 铁岭火车因水停止，"本邑近一日间大雨连绵，河水出潮，田地住户被淹甚多，新台子火车站一带铁路均被水冲坏，火车不能行使，约大雨霁后当须二三日方可通行云"。② 辽阳"驻辽陆军奉调晋省而以淮军来辽暂住。兹闻两方面日前已择定确期现在逾阅数日，委系为雨水所阻，火车不通故而展缓云"。③ 营口交通阻隔，"十九二十两日间南满铁路由营至大连及奉天站中途桥路多有冲坏之处，电杆亦多折损，电报电话不通者历时八点钟之久，至二十日晚始得通电，奉营火车二十二日晚始通行"。④ 铁岭大水隔断交通，"本邑月之十七八九日大雨连绵河水出槽，南满铁路被水冲毁之处甚多，以故南北火车及轻便均行停止，轻便铁道亦被水浸没"。⑤ 奉化"邑南条子河为自城赴站必经之路，近因阴雨连绵水势盛涨，往还城站者车马行人率为阻止，而商户之粮货均皆急待运送。现因水势不退故只得裹足不前云"。⑥

第二节　物质生活匮乏

　　水灾不仅破坏人类的生存环境，而且连绵不断的水灾使灾后的百姓生活困难，无衣无食，生活饥馑，困苦不堪，物质生活极度匮乏。

一　食物短缺

　　食物严重短缺是灾后百姓面临的最大困难。灾后食物严重短缺的原因

① 《铁路被灾情形》，《盛京时报》，宣统三年（1911年）闰六月二十三日。
② 《火车因水停止》，《盛京时报》，宣统三年（1911年）闰六月二十四日。
③ 《来去军队被水所阻》，《盛京时报》，宣统三年（1911年）闰六月二十五日。
④ 《交通阻隔》，《盛京时报》，宣统三年（1911年）闰六月二十五日。
⑤ 《大水阻隔交通》，《盛京时报》，宣统三年（1911年）闰六月二十六日。
⑥ 《河水涨发》，《盛京时报》，宣统三年（1911年）闰六月二十六日。

如下。

一是每次重大水灾都要冲走大量粮食。"频繁发生的各种灾害如一张永远填不满的巨嘴,贪婪地吞噬着人类劳动创造的财富。"[1] 清代东北地区水灾频繁,波及范围广,破坏力强,几乎每一次水灾都会对民众的财产造成损失,卷走大量财物,特别是与百姓生活息息相关的粮食。如道光二十六年(1846年),"三姓等处六月多雨,河水漫溢,城庄、田庐被淹,旗民资蓄皆被冲失,十分重灾。"[2] 光绪十四年(1888年),奉天省发生特大水灾,"浑河暴涨,……人口、牲畜、木植、粮食、器皿顺流漂下,不计其数"。[3] "中江九连城地方水深丈余。此次水患,泛滥横流几及千里,水到之区人口、牲畜、房屋、粮食、器皿漂没者不可胜计。"[4] "七月初旬连日淫雨河水涨发,漂没民房,冲倒衙署房屋墙壁,河水涨至初七晨,陡然暴涨冲及街市,数里汪洋一望无际,平地水深五、六尺不等,淹没民房粮货牲畜无算。"[5] "光绪十五年(1889年)七月十九日,柳河县阴雨连绵,并降暴雨,伊通河水猛涨,柳河镇市街平地水深五六尺,一片汪洋,漂没民房、粮食、衣物和牲畜无数。"[6] 宣统二年(1910年),"新民府处柳河尾闾水发,府属、监狱均被水淹,审判庭全数倾倒,旧存文卷及器皿衣物均被飘失"。[7] "新民府治以北商号存粮均被淹浸。"[8] 宣统三年(1911年),"初夏,呼兰府连霪雨、暴雨,江河水猛涨,淹田禾十万余垧,村庄四百四十余处,冲

---

[1] 马宗晋、郑功成:《灾害历史学》,湖南人民出版社,1997,第227页。

[2] 温克刚:《中国气象灾害大典》,黑龙江卷,气象出版社,2008,第42页。

[3] 水利电力部水管司科技司、水利水电科学研究院:《清代辽河、松花江、黑龙江流域洪涝档案史料 清代浙闽台地区诸流域洪涝档案史料》,清代江河洪涝档案史料丛书,中华书局,1998,第110页。

[4] 根据水利电力部水管司科技司、水利水电科学研究院:《清代辽河、松花江、黑龙江流域洪涝档案史料 清代浙闽台地区诸流域洪涝档案史料》,清代江河洪涝档案史料丛书,中华书局,1998,第114页。

[5] 温克刚:《中国气象灾害大典》,吉林卷,气象出版社,2008,第28页。

[6] 温克刚:《中国气象灾害大典》,吉林卷,气象出版社,2008,第30页。

[7] 水利电力部水管司科技司、水利水电科学研究院:《清代辽河、松花江、黑龙江流域洪涝档案史料 清代浙闽台地区诸流域洪涝档案史料》,清代江河洪涝档案史料丛书,中华书局,1998,第160页。

[8] 水利电力部水管司科技司、水利水电科学研究院:《清代辽河、松花江、黑龙江流域洪涝档案史料 清代浙闽台地区诸流域洪涝档案史料》,清代江河洪涝档案史料丛书,中华书局,1998,第160页。

毁房舍万余间，损失粮食、牲畜等不计其数，灾民荡然离居，苦不堪言"。①

二是庄稼歉收，甚至绝收。农业是水灾的主要受害体。因此，每次水灾发生后，损失最直接、最严重的是农业，造成农田被淹、粮食歉收。如宣统元年（1909年），吉林遭遇大水，呼兰府属西乡各屯"淹没田禾四百余垧"，肇州厅"被淹地亩一千七百四十三垧"，巴彦州"水淹地一万六百九十七垧"②，"统计吉林全省大田收成五分余"。③ 宣统二年（1910年），"新民府城乡周围四十余里全被水淹，计被淹地亩一万七千余亩"。④ "所种二麦多被浸淹，核计收成仅三四分不等，通省均计约六分有余。"⑤ "黑龙江省入夏以来霪雨过多，坤河洪水暴发，瑷珲所属十余村屯受灾，地亩被冲者颗粒无收，未冲着收成仅二分。七月，虎林厅连日阴雨，乌苏里江水暴涨，沿江一带九十户被淹地二百八十五垧，颗粒未收。"⑥ 粮食歉收使广大灾民受到严重的饥饿困扰。

三是粮商囤积。粮商趁灾荒之年，大肆囤积居奇，竭力抬高物价，尤其是粮价，引起粮价暴涨。如宣统三年（1911年），东北三省遭遇大水，各地粮商纷纷趁机囤粮，从中获利，引起粮食短缺，粮价上涨。辽阳"近因阴雨连降，妨害农事，故各种粮石价值为之暴涨，辽阳粮商不下三十余家，凡存粮多者无不欣然色喜，以为有厚利可圈也"。⑦ 铁岭"各粮商今春在洮源州一带批买红粮甚多，嗣因运费太重，粮价不提致遭赔累，现为吉林水灾购粮赈饥，价已稍增涨。日昨又接新民水灾电报，将来又需红粮给赈，

① 温克刚:《中国气象灾害大典》，黑龙江卷，气象出版社，2007，第48页。
② 水利电力部水管司科技司、水利水电科学研究院:《清代辽河、松花江、黑龙江流域洪涝档案史料　清代浙闽台地区诸流域洪涝档案史料》，清代江河洪涝档案史料丛书，中华书局，1998，第160页。
③ 水利电力部水管司科技司、水利水电科学研究院:《清代辽河、松花江、黑龙江流域洪涝档案史料　清代浙闽台地区诸流域洪涝档案史料》，清代江河洪涝档案史料丛书，中华书局，1998，第158页。
④ 水利电力部水管司科技司、水利水电科学研究院:《清代辽河、松花江、黑龙江流域洪涝档案史料　清代浙闽台地区诸流域洪涝档案史料》，清代江河洪涝档案史料丛书，中华书局，1998，第160页。
⑤ 水利电力部水管司科技司、水利水电科学研究院:《清代辽河、松花江、黑龙江流域洪涝档案史料　清代浙闽台地区诸流域洪涝档案史料》，清代江河洪涝档案史料丛书，中华书局，1998，第163页。
⑥ 温克刚:《中国气象灾害大典》，黑龙江卷，气象出版社，2007，第46~47页。
⑦ 《粮商获利》，《盛京时报》，宣统三年（1911年）四月初四日。

故凡存红粮者又皆以为奇货可居矣"。① 铁岭"本埠去年抄各粮站共堆积大豆四十余万石,今年由水陆运出三十余万石,其余均被某巨商抬价买去居奇不肯出卖,因之七月一期豆价值竟陡涨至七吊九百,现豆则八吊一百有奇,而船店营业于是尤觉萧条云"。② 锦州"入秋以来各种粮石屡见增长,府属人民几致以聊生,原其增长之由因各粮商每日清晨分路截买,以期提高价格,得以获利"。③ 双城"府尊荣少农太守奉督宪札文,禁止粮石出境,以济民食。查城内奉行维仅,但各粮商仍相械谋利,在韩家店等处之集镇坐囤购粮,并为洋商贩运出境,以图征利,诚可谓不顾大局也矣"。④ 除囤积粮食外,商人还囤积山货。如宣统元年(1909年),奉天"烟麻靛三项为东边出产大宗,而今岁全属歉收,故现在到埠之货较往年为稀,柳片烟竟涨至百吊上下。麻现下山货店每劝客多存山货,以为至明春后当可获利倍蓰云"。⑤

四是粮价上涨。由于水灾冲失粮食,淹没农田,粮食歉收,加之粮商囤积,造成粮食减少,粮价上涨,民食艰难。如康熙三十二年(1693年),清实录七月壬午谕户部盛京等处,"去岁禾稼不登,粒食难窘,闻今年收获亦未丰稔,米谷仍贵,倘价值日渐贵,湧则兵民生计恐致匮乏,盛京等处地方关系紧要"。⑥ "康熙三十三年(1694年)七月壬午谕户部,盛京等处,去岁禾稼不登,粒食艰窘,闻今年收获亦未丰稔,米谷仍贵,倘价值日渐腾涌,则兵民生计恐致匮乏。"⑦ 康熙三十四年(1695年)五月,副都统齐兰布等自盛京还,奏言,"今岁盛京亢旱,麦禾不成,米价翔贵,虽市有鬻粟,而穷兵力不能籴,遂致重困"。⑧ 康熙五十七年(1718年),盛京将军唐保柱等奏:"盛京……今岁雨水多,路泥泞,河水阻拦,卖米者甚少,又因采参之人住下后食用,采买口粮携带,故米谷价值较昔年稍昂。"⑨ "雍正

---

① 《红粮又将居奇》,《盛京时报》,宣统三年(1911年)五月二十六日。
② 《期豆暴涨之原因》,《盛京时报》,宣统三年(1911年)六月二十一日。
③ 《倪厅长弹压粮价》,《盛京时报》,宣统三年(1911年)八月二十四日。
④ 《粮商惟利是图》,《盛京时报》,宣统三年(1911年)九月十三日。
⑤ 《山货居奇》,《盛京时报》,宣统元年(1909年)十月初七日。
⑥ 《奉天通志》,卷29,大事29,辽海出版社,2003年影印本,第608页。
⑦ 《圣祖仁皇帝实录》,卷164,中华书局,1986,第7页。
⑧ 《圣祖仁皇帝实录》,卷167,中华书局,1986,第4页。
⑨ 《康熙朝满文朱批奏折全译》,第一历史档案馆编译,中国社会科学出版社,1996,第1041页。

四年（1726年）三月辛酉谕议政大臣等，朕从前以直隶雨水过多，田禾歉收，米价腾贵，令盛京及口外地方严禁烧锅。今闻盛京地方仍开烧锅，盛京、口外蒙古交界之处，内地人等出口烧锅者甚多，无故耗费米粮，著严行禁止。"① 乾隆十一年（1746年），据苏昌奏称："奉天所属地方，六月初旬，大雨连绵，承德等县山水骤发，禾稼被淹，夏麦歉收，现在设法赈恤等语。朕上年降旨，将奉天海禁展限一年，以接济畿辅民食。寻，达勒当阿、苏昌会奏，奉属自被水之后，粮价日增，若俟限满始停海禁恐两月余源源贩运，米价益昂，有妨民食，似应即行停止。"② 乾隆十五年（1750年），据黑龙江将军富尔丹等奏称："去岁吉林地方雨水过多，河水涨溢，冲损田苗，米价昂贵，每一大石价至九两之多，如青黄不接时，米价再长，穷民更觉艰难。"③ "道光十三年（1833年），以盛京义州粮价增昂，贷兵丁仓谷。"④ 宣统三年（1911年），东北三省发生特大水灾，"初夏，呼兰府连霪雨、暴雨，江河水猛涨，淹田禾十万余垧，村庄四百四十余处，难民四万余人，淹死十一人。六月一日，汤旺河水暴涨处槽，汤原县平原水深三至四尺，淹及南北二十千米。六月下旬霪雨十余日，松花江水又陡涨，田禾荡然，灾民就食他乡者十有三四。六月，大来克屯（今富裕县）霪雨连绵，有四十二屯九万多亩地被淹。自第一区桦树林子到六区阿布沁河上，沿江河四十余千米一百六十户四百零一垧地禾苗被水灾，颗粒无收，成灾十分，农民只好以鱼充饥，勉强度日。据不完全统计，其淹没耕地五百四十七万亩，十四万余人受灾，死亡一百八十多人，冲毁房舍万余间，损失粮食、牲畜等不计其数，灾民荡然离居，苦不堪言"。⑤

二　灾民乏食

大水冲失粮食，淹没农田，粮食歉收，粮价上涨，造成灾民乏食的例子比比皆是。如康熙五十七年（1718年），宁古塔副都统巴赛奏，"六月至八月陆续降雨，遭河水之涝，三姓地方兵丁、猎户之田四千二百六十二垧

---

① 《圣祖仁皇帝实录》，卷42，中华书局，1986，第19～20页。
② 《世宗宪皇帝实录》，卷269，中华书局，1986，第29～30页。
③ 《世宗宪皇帝实录》，卷385，中华书局，1986，第22～23页。
④ 《宣宗成皇帝实录》，卷236，中华书局，1985，第33页。
⑤ 温克刚：《中国气象灾害大典》，黑龙江卷，气象出版社，2007，第48页。

被冲，积水之田粮食无收……，其内竟被水冲未获粮之户二百三十，人口数二千二百六十。其中自九月初一起，无粮人口二千四百四十九；自十月初一起，无粮人口九百六十；自十一月初一起，无粮人口三百一十四；自十二月初一起，无粮人口一百零二；自正月初一起，无粮人口二十三；自三月初一起，无粮人口十五。共三千八百六十三口不能度日"。① "道光二十五年（1845年），黑龙江城、墨尔根、齐齐哈尔、布特哈旗水涝。秋季江河泛滥成灾。免交田租。双城堡、呼兰秋大水，呼兰颗粒无收，民食羊草，缓收屯田，积欠银谷。"② 道光三十年（1850年），"三姓地方自二十六年江溢水灾，二十七年又歉收之后，本年秋收歉薄口食已恐不敷"。③ 同治二年（1863年），"双城堡上年被水浸淹，禾稼歉收，屯丁窘困"。④ 同治九年（1870年）"因珲春地方被水冲淹，旗丁所种禾稼颗粒无收，灾重十分，旗丁待铺哺危急，情堪悯恻"。⑤ 光绪十三年（1887年），"秋奉省海城等县猝遭水患，饥民麇集，待食孔殷，亟应发仓赈抚。安东县以所属之大河崖等牌，秋禾被淹，虽未成灾，地处沿河，水发之际，民多奔避，困苦无聊，情殊甚怜"。⑥ 光绪十五年（1889年），"伊通河长春厅附近水患，近河地方阴雨，用菜充饥"。⑦ 光绪十八年（1892年），"本年奉天滨河灾区办理赈恤，据前驻藏帮办大臣尚贤呈称，辽河两岸地方，今岁被淹较广，灾后民

① 《康熙朝满文朱批奏折全译》，第一历史档案馆编译，中国社会科学出版社，1996，第1335页。
② 温克刚：《中国气象灾害大典》，黑龙江卷，气象出版社，2007，第40页。
③ 水利电力部水管司科技司、水利水电科学研究院：《清代辽河、松花江、黑龙江流域洪涝档案史料　清代浙闽台地区诸流域洪涝档案史料》，清代江河洪涝档案史料丛书，中华书局，1998，第87页。
④ 水利电力部水管司科技司、水利水电科学研究院：《清代辽河、松花江、黑龙江流域洪涝档案史料　清代浙闽台地区诸流域洪涝档案史料》，清代江河洪涝档案史料丛书，中华书局，1998，第88页。
⑤ 水利电力部水管司科技司、水利水电科学研究院：《清代辽河、松花江、黑龙江流域洪涝档案史料　清代浙闽台地区诸流域洪涝档案史料》，清代江河洪涝档案史料丛书，中华书局，1998，第90页。
⑥ 水利电力部水管司科技司、水利水电科学研究院：《清代辽河、松花江、黑龙江流域洪涝档案史料　清代浙闽台地区诸流域洪涝档案史料》，清代江河洪涝档案史料丛书，中华书局，1998，第111页。
⑦ 温克刚：《中国气象灾害大典》，吉林卷，气象出版社，2008，第29页。

情困苦"。① 光绪十八年（1892年），"吉林本年六七月间霪雨后霜降又旱，以致禾稼受伤，籽粒俱多泡秕，收成歉薄。各处荒凉满目，民多菜少。又如伯都讷厅所属新立屯土桥子一带受灾甚重，以内多乌拉官地，致乡约漏米报灾，而受灾佃户几有无告之苦。全境收成仅只二分，荒歉景象似较腹地为甚，此时缺粮待赈者已不下数千户"。② 光绪二十一年（1895年），"因去岁田禾被淹，收成歉薄。今春粮食短少，价值昂贵，兵丁乏食，饥馑难堪。宁远中前所、中后所、新台门、白石咀、梨树沟、明水塘，广宁属小黑山、闾阳驿等处，亦因秋收歉薄，粮价昂贵，兵丁乏食"。③ 光绪二十一年（1895年），"奉省师旅饥馑，频年洊至，农田荒弃，民物凋残。其省北昌图、海龙一带蹂躏尤甚。惟灾广时久，受病过深，兀气难复，虽和局已有成约，而斯民仍颠连。况时届严冬，饥寒交迫，灾民纷纷而来，招集抚绥更应赴办"。④ 光绪二十三年（1897年），"奉省讵自六月十三四等日大雨滂沱，连宵达旦，以致安东县属之大东沟地方海水暴涨，该处居民猝不及防，房屋多被冲塌，间有压毙人口情事。当有多备船筏驰救，共救出男女老幼五百余名口，搭棚栖止，煮粥施放，日就食者九百余人"。⑤ "松花江两岸去岁六月中旬阴雨连绵，江河涨溢，所有佐近松花江两岸旗户洼地，大半冲淹。所有各屯丁无已糊口，接踵赴署哀哀告匮。所属村堡共计一百七十余屯，其被灾乏食之家每屯十有八九，甚为窘困。"⑥

① 水利电力部水管司科技司、水利水电科学研究院：《清代辽河、松花江、黑龙江流域洪涝档案史料 清代浙闽台地区诸流域洪涝档案史料》，清代江河洪涝档案史料丛书，中华书局，1998，第120页。

② 水利电力部水管司科技司、水利水电科学研究院：《清代辽河、松花江、黑龙江流域洪涝档案史料 清代浙闽台地区诸流域洪涝档案史料》，清代江河洪涝档案史料丛书，中华书局，1998，第126页。

③ 水利电力部水管司科技司、水利水电科学研究院：《清代辽河、松花江、黑龙江流域洪涝档案史料 清代浙闽台地区诸流域洪涝档案史料》，清代江河洪涝档案史料丛书，中华书局，1998，第130页。

④ 《光绪朝朱批奏折》，卷31，第一历史档案馆编译，中华书局，1995，第621~622页。

⑤ 水利电力部水管司科技司、水利水电科学研究院：《清代辽河、松花江、黑龙江流域洪涝档案史料 清代浙闽台地区诸流域洪涝档案史料》，清代江河洪涝档案史料丛书，中华书局，1998，第138页。

⑥ 水利电力部水管司科技司、水利水电科学研究院：《清代辽河、松花江、黑龙江流域洪涝档案史料 清代浙闽台地区诸流域洪涝档案史料》，清代江河洪涝档案史料丛书，中华书局，1998，第139页。

三 饥荒频仍

连绵不断的水灾导致饥民乏食，饥荒频仍。如"康熙二十四年（1685年），承德等处：大饥"。① "康熙五十年（1711年），奉天全省：此岁灾荒。"② "乾隆五十二年（1787年），绥中：大水，饥。"③ "乾隆五十七年（1792年），绥中：大水饥。"④ "道光十九年（1839年），三姓民户均无积粮。"⑤ "光绪丙申中秋。农苦潦，大饥。"⑥ "光绪五年（1879年），凤城：安东等处于本年六月连降大雨，河水涨发，浸溢两岸被淹，虫食，秋收无望。安东：六月十四日南风暴起，晴后禾穗枯萎，是岁大饥。"⑦ "光绪十五年（1889年），辽河秋泛滥成灾。怀德：水。长春厅附近水患，近河地方阴雨，用菜充饥。"⑧ "光绪二十年（1894年），宁远：夏雨伤禾，秋大饥。锦县：水。绥中：七月雨不止伤禾，秋大饥。"⑨ "道光二十六年（1846年），开原、昌图：清寇河溢，汇于南支流，秋霪雨害稼，秋多饥。"⑩ "同治三年（1864年），昌图：秋大熟，六月初雨雹，大如卵，厚积三尺，秋大饥。"⑪

大量物质财产被洪水吞噬，尤其是粮食被冲失，造成灾后百姓物质生

① 中央气象局研究所、华北东北十省气象局、北京大学地球物理系：《华北、东北近五百年旱涝史料》，第六分册，内部资料，1975，第52页。

② 中央气象局研究所、华北东北十省气象局、北京大学地球物理系：《华北、东北近五百年旱涝史料》，第六分册，内部资料，1975，第53页。

③ 中央气象局研究所、华北东北十省气象局、北京大学地球物理系：《华北、东北近五百年旱涝史料》，第六分册，内部资料，1975，第73页。

④ 中央气象局研究所、华北东北十省气象局、北京大学地球物理系：《华北、东北近五百年旱涝史料》，第六分册，内部资料，1975，第73页。

⑤ 中央气象局研究所、华北东北十省气象局、北京大学地球物理系：《华北、东北近五百年旱涝史料》，第六分册，内部资料，1975，第19页。

⑥ 穆恒州：《吉林旧志资料类编》，自然灾害篇，吉林文史出版社，1986，第108页。

⑦ 中央气象局研究所、华北东北十省气象局、北京大学地球物理系：《华北、东北近五百年旱涝史料》，第六分册，内部资料，1975，第87页。

⑧ 中央气象局研究所、华北东北十省气象局、北京大学地球物理系：《华北、东北近五百年旱涝史料》，第六分册，内部资料，1975，第21页。

⑨ 中央气象局研究所、华北东北十省气象局、北京大学地球物理系：《华北、东北近五百年旱涝史料》，第六分册，内部资料，1975，第76页。

⑩ 中央气象局研究所、华北东北十省气象局、北京大学地球物理系：《华北、东北近五百年旱涝史料》，第六分册，内部资料，1975，第34页。

⑪ 中央气象局研究所、华北东北十省气象局、北京大学地球物理系：《华北、东北近五百年旱涝史料》，第六分册，内部资料，1975，第34页。

活匮乏，灾民失去原有的生存环境，衣、食、住、行等基本生活条件不复存在，严重影响了灾民的生存和生活。所以，在水灾的摧残下，许多灾民面临饥饿、疾病的折磨以及恶劣环境的困扰。

第三节　灾民生活悲惨

连年的饥荒严重影响了处于社会边缘的最贫困的灾民。他们在房屋倒塌、牲畜被淹毙、粮食被冲走以后，只得风餐露宿，吃树皮，嚼草根，甚至发生"人相食"的惨剧。广大灾民挣扎在死亡线上，生活异常凄惨。

一　忍饥挨饿，病馁交加

灾后米薪短缺，大批灾民无以为食，只好流离乞讨，巷无炊烟，饿殍载道，"人相食"的惨剧时有发生，加之灾民们失去居住环境，缺乏起码的御寒空间，"寝厨既圮，衣物无余，冻馁无依，号寒啼饥"，冻饿交加加剧了灾民的死亡。如"光绪十四年（1888 年）八月初，辽河以东、以南近八万平方米的广大地区，大雨滂沱，奔腾暴注，七个昼夜雨不停。60%以上田禾淹没，颗粒无收，饥饿，疫病接踵而来，承德城内，数千人聚集在乞求粮食，拖走'路倒'数百俱。翌年春季青黄不接，发生大饥荒，人食树皮糠秕流离讨要，饿死无数，哀鸿遍野"。[1] "光绪十五年（1889 年），盘山洪水继至，为害至烈。上年水灾，……人民流离，饥荒严重，饿死无计数。"[2] 宣统元年（1909 年），吉林"受灾最重之区，非徒田庐、财物漂刷无遗，而地土为急水所冲，寸土不留。该处居民亦自知不能骤复，环恳迁移领田开垦。此外，未被全毁者，本年亦不及补种，老赢稚弱固属非赈不活，而食力之丁壮亦将束手待毙，惨自伤心，莫名为甚"。[3] 永吉，"宣统元年（1909年）淫雨为灾。松花江水溢，高与北岸，抚辕平涨深二丈有余，宽约十里。

---

① 温克刚：《中国气象灾害大典》，辽宁卷，气象出版社，2005，第 28 页。
② 温克刚：《中国气象灾害大典》，辽宁卷，气象出版社，2005，第 28 页。
③ 水利电力部水管司科技司、水利水电科学研究院：《清代辽河、松花江、黑龙江流域洪涝档案史料　清代浙闽台地区诸流域洪涝档案史料》，清代江河洪涝档案史料丛书，中华书局，1998，第 160 页。

江南之农事试验场暨公园尽成泽国。温德亨河亦冲灌西城关乡，穷民几至断炊"。① 宣统二年（1910 年），新民"水灾颇巨，凡华人房屋被水冲塌者计三百余户，民人之溺毙及受伤者计三百余人，刻下河水虽已减退，然灾后惨状有不忍目睹者，且现在粮食饮水均形匮乏，灾民嗷嗷待哺，流离道途"。② 怀德，"宣统三年（1911 年）秋，淫雨成灾，嗷鸿遍野"。③

灾后幸存下来的人口也因慢性饥饿、营养不良、疾病缠身等，身体健康受到极大摧残，濒临死亡。如光绪十四年（1888 年），"奉省水灾为百余年所未见，加以连年饥馑之后，素乏盖藏，沿河一带小民荡析离居，尤形狼狈"。④ "被水村镇田庐、粮物冲失无存，现在各处饥民掘食草根河以糠饼者所在皆是，面有菜色，触目堪怜。"⑤ "吉林现在流民已较土著加倍，非仅目前乏食可虑，更恐日后不无事业之虞。去冬奉化、怀德两县，民间即有食房草者。省南新民、辽阳、海城、牛庄等处，扫树叶而食者各村皆有。本年二月水中杂草每斤卖钱七文，陈年酒糟每框卖钱一吊五六百文，均冲民食。而吉林、长春一带乡间无米，有饮盐汁冲黄泥而毙者。"⑥ "奉天省城每届冬令由承德县设厂煮粥济养无告贫民，由来已久。每年人数约计不过三四百名，所需经费由合省官员分捐办理。去秋大水为灾，饥民麇集，就食者逐日增多，所捐经费不敷应用。于省城附近地方分设粥厂十一处，而承德之粥厂仍复拥挤不堪，自系荒年饥馑实在情形。"⑦ "吉林上年六七月间

---

① 徐萧霖、李澍田点校：《永吉县志》，大事表，卷 2，民国二十年，吉林文史出版社，1988，第 39 页。
② 《水灾详情续志》，《盛京时报》，宣统二年（1910 年）七月二十一日。
③ 孙云章等纂：《怀德县志》，赈务，卷 14，民国十八年，吉林文史出版社，1991，第 12 页。
④ 水利电力部水管司科技司、水利水电科学研究院：《清代辽河、松花江、黑龙江流域洪涝档案史料 清代浙闽台地区诸流域洪涝档案史料》，清代江河洪涝档案史料丛书，中华书局，1998，第 112 页。
⑤ 水利电力部水管司科技司、水利水电科学研究院：《清代辽河、松花江、黑龙江流域洪涝档案史料 清代浙闽台地区诸流域洪涝档案史料》，清代江河洪涝档案史料丛书，中华书局，1998，第 113 页。
⑥ 水利电力部水管司科技司、水利水电科学研究院：《清代辽河、松花江、黑龙江流域洪涝档案史料 清代浙闽台地区诸流域洪涝档案史料》，清代江河洪涝档案史料丛书，中华书局，1998，第 117 页。
⑦ 水利电力部水管司科技司、水利水电科学研究院：《清代辽河、松花江、黑龙江流域洪涝档案史料 清代浙闽台地区诸流域洪涝档案史料》，清代江河洪涝档案史料丛书，中华书局，1998，第 106 页。

阴雨连绵，江河并涨，田禾被淹成灾，遍地素鲜盖藏，一旦全境歉收不免倍形竭蹶，小康之家尚能掺食杂粮，无钱买粮者均煮豆河菜充饥，……此次灾荒以敦化县为最重，伯都讷厅次之，该两厅民多菜少。"① 夏明方在分析灾后民众生活时认为，"灾后慢性饥馑，营养不良，犹如一群群四处潜伏的隐形杀手，无时无地不在残害着灾民的身体健康"②，广大灾民濒临在死亡线上。

更为严重的是，大灾之后必有大疫。每次水灾之后，各种瘟疫和传染病到处传播和流行，造成人口大量死亡。如"光绪二十一年（1895年），奉天境内水灾。安东、岫岩、凤城、宽凤等县，六月霍乱流行，死人无数，又遭兵焚"。③ 再如，宣统二年（1910年）夏秋之交，松花江大水，"十一月，大疫，呼兰府疫毙者6427人，巴彦州1260人，兰西228人，木兰98人"。④ 而且，各种疫病摧毁了人们的身体，尤其是灾民区混乱、肮脏、拥挤的恶劣环境也引发了各种疾病的传播和流行，加速了体弱多病的老年群体及儿童的发病和死亡，严重影响了人类的生存和发展。

二　外出逃荒，流离失所

水灾往往是自然经济状态下的小农难以抵御的，每逢水灾，粮食便减产或绝收，耕畜死亡，灾民失去农具、房屋、土地，造成严重饥荒。为求得生存，灾民纷纷外流，扶老携幼，离乡背井，外出逃荒乞食，"千里就食，糊口四方"。所以，大批灾民在"灾荒发生后，为了生存，离村、离土现象十分严重"。⑤ 如乾隆五十五年（1790年），"今年六月因雨水较大河水漫溢，锦州、九关台旗民房屋被水，殊属可怜，穷民口食不济，未免失所"。⑥ "嘉庆十五年（1810年），兴京山水漫溢。岫岩等地水灾歉收，百姓

---

①　水利电力部水管司科技司、水利水电科学研究院：《清代辽河、松花江、黑龙江流域洪涝档案史料　清代浙闽台地区诸流域洪涝档案史料》，清代江河洪涝档案史料丛书，中华书局，1998，第118页。

②　夏明方：《民国时期自然灾害与乡村社会》，中华书局，2000，第123页。

③　温克刚：《中国气象灾害大典》，辽宁卷，气象出版社，2005，第28页。

④　黄维翰：《呼兰府志》，民国四年，（台北）成文出版有限公司，1975，第294页。

⑤　王虹波：《论民国时期灾荒对民生的影响》，《通化师范学院学报》2006年第5期。

⑥　温克刚：《中国气象灾害大典》，吉林卷，气象出版社，2008，第22页。

流离。"① 嘉庆十六年（1811 年），"和宁所经地方，俱系山僻滨海，烟户较少，多属外来流寓，向无恒产，一遇歉收，势必他出谋食"。② 光绪三年（1877 年），"三姓一带自九月被水后，有待赈灾黎并无业流民麇集一万数千人"。③ 光绪五年（1879 年），"夏间，洋河一带被水成灾，钟塔房屋，小民流离失所饥困异常"。④ 光绪十四年（1888 年），"吉林上年六七月间阴雨连绵，江河并涨，田禾被淹成灾，遍地素鲜盖藏。……其敦化一带饥黎多向珲春地方移徙就食"。⑤ "吉林各县六七月阴雨连绵，江河溢涨，田禾被冲淹成灾，人民流离失所。"⑥ "齐齐哈尔、茂兴、墨尔根等二十七站夏雨连绵……。宁古塔、三姓江河水涨成灾。……大小木兰达天降霪雨，连绵二十余日，江河水涨，泛滥成灾。……禾稼颗粒无收。携眷迁移者不计其数。"⑦ 光绪十七年（1891 年），"六月靖安县自入夏以来，雨水过多，洮儿河水暴涨一丈有余，收成仅有，居民流离失所"。⑧ 光绪二十二年（1896 年），"六月间阴雨连绵，河水涨发，三道喀萨哩丁佃承种官地禾稼受伤，籽粒无存，且有被水冲毁，泥淤沙压不堪耕种地六百余坰，该佃等均以觅食他方，逃散无迹"。⑨ 光绪二十三年（1897 年），"吉林所属珲春三岔口招垦，和龙峪越垦等处佃民承种纳租地亩，因六七月间大雨连绵，河水暴涨，……迨经此次水灾，将山面积土冲刷净尽，致将地段均行滚入河身且山中无名河汊尤难数计，即至晴霁日久河流顺轨而滚出之地已均成浮沙，积深数尺，虽

① 温克刚：《中国气象灾害大典》，辽宁卷，气象出版社，2005，第 23 页。
② 《仁宗睿皇帝实录》，卷 251，中华书局，1986，第 12～13 页。
③ 水利电力部水管司科技司、水利水电科学研究院：《清代辽河、松花江、黑龙江流域洪涝档案史料　清代浙闽台地区诸流域洪涝档案史料》，清代江河洪涝档案史料丛书，中华书局，1998，第 96 页。
④ 水利电力部水管司科技司、水利水电科学研究院：《清代辽河、松花江、黑龙江流域洪涝档案史料　清代浙闽台地区诸流域洪涝档案史料》，清代江河洪涝档案史料丛书，中华书局，1998，第 99 页。
⑤ 水利电力部水管司科技司、水利水电科学研究院：《清代辽河、松花江、黑龙江流域洪涝档案史料　清代浙闽台地区诸流域洪涝档案史料》，清代江河洪涝档案史料丛书，中华书局，1998，第 118 页。
⑥ 温克刚：《中国气象灾害大典》，吉林卷，气象出版社，2008，第 28 页。
⑦ 温克刚：《中国气象灾害大典》，黑龙江卷，气象出版社，2007，第 44 页。
⑧ 温克刚：《中国气象灾害大典》，吉林卷，气象出版社，2008，第 35 页。
⑨ 水利电力部水管司科技司、水利水电科学研究院：《清代辽河、松花江、黑龙江流域洪涝档案史料　清代浙闽台地区诸流域洪涝档案史料》，清代江河洪涝档案史料丛书，中华书局，1998，第 141 页。

有镃基无能耕耘，以致佃户早皆逃亡。"① 光绪二十七年（1901 年），"呼兰厅之所属大小木兰达自春且秋迭遭水灾，颗粒无收，民户逃亡殆尽"。② 光绪三十年（1904 年），"辽河水溢，奉省灾民云集，又加日俄战争战乱，人民流离，颠连困苦"。③ 光绪三十三年（1907 年），"营口近由四城来归流离迁徙之民，半由轮舟奔赴山东江苏者居多，盖伊等自春季赴北方一带投奔亲友者，助悯恤至此，多盈囊而归，故每日所集到埠之数约有四百余名"。④ 宣统元年（1909 年），"营埠河北火车站新到流民甚多，询其原因，以去年关里献县一带秋收甚歉，致米株薪桂无可谋生。又值该埠车站售卖小票车费甚廉，因此该流民等每日扶老携幼而来者颇形拥挤云"。⑤ 宣统二年（1910 年），"奉天近因各省水灾甚巨，其饥民大都迁徙东省，故近来火车下站时担筐提篓之难民联络不绝，大约每日不下百名"。⑥ 宣统三年（1911 年），"六月下旬霖雨十余日，松花江水又陡涨，田禾荡然，灾民就食他乡者十有三四"。⑦

综上所述，在清代东北地区频繁水灾的打击下，物质财富流失，灾民的衣、食、住、行等基本生活条件不复存在，许多灾民遭受饥饿、寒冷、疾病的困扰和折磨，到处颠沛流离，有的沦落为盗匪，抢粮、闹灾、劫掠活动不断发生，直接破坏了社会生产和生活系统，影响了社会机制的正常运行，加剧了社会秩序的混乱和不稳定。

① 水利电力部水管司科技司、水利水电科学研究院：《清代辽河、松花江、黑龙江流域洪涝档案史料 清代浙闽台地区诸流域洪涝档案史料》，清代江河洪涝档案史料丛书，中华书局，1998，第 145 页。

② 黄维翰：《呼兰府志》，民国四年，（台北）成文出版有限公司，1975，第 292 页。

③ 温克刚：《中国气象灾害大典》，辽宁卷，气象出版社，2005，第 29 页。

④ 《流民南旋》，《盛京时报》，光绪三十三年（1907 年）八月二十四日。

⑤ 《流民甚多》，《盛京时报》，宣统元年（1909 年）二月十五日。

⑥ 《饥民临至》，《盛京时报》，宣统二年（1910 年）六月二十四日。

⑦ 温克刚：《中国气象灾害大典》，黑龙江卷，气象出版社，2007，第 48 页。

第四章　水灾与社会冲突

灾害社会学认为，灾害发生后会产生一种非道德的心理与行为，这是同道德心理与行为性质相反、作用相反、结果相反的一种灾时心理和精神的力量，主要表现为自私、畏惧、逃避，甚至发生攻击、抢掠、流氓等犯罪活动。[①] 这种行为的出现使社会秩序严重混乱，社会正常运行严重失控、离轨，导致社会群体之间发生严重冲突。在清代东北地区的特大水灾中，一些失去正常生活秩序的人，开始向原始的、本能的本性回归，到处抢劫，盗匪猖獗，抢粮、闹灾、抗捐、盗掠等民变活动不断出现，扰乱了正常的社会秩序，造成社会秩序的混乱。正所谓"饥馑之年，天下必乱"。

第一节　抢粮

水灾发生以后，灾民为解决温饱，求得生存，纷纷揭竿而起，抢粮风潮不断涌起，致使矛盾激化，社会动荡不安。如"同治十三年（1874年）三月，因上年遭受范围较大水灾，辽阳、海城、盖平、复州、金州、岫岩、新民等地境内大饥，且各处有聚众乞怜，分粮抢粮等事件出现"。[②] 当时灾民通过多种方式抢夺粮食。一是直接抢掠粮铺。如光绪三十四年（1908年）九月，奉天穷民抢掠粮铺，"自巡警局将天佑烛铺执事带押以后，商铺咸抱不平，固结团体，一律罢市。致日前，穷民实受绝粮之厄饥饿交迫，告状无门。遂于十七日午后，聚集多人竟将大西关某粮食铺抢掠一空，势甚猖獗，幸得张度支付商会，安慰商民，多方开道，始邀各商承认业于昨日一

---

① 王子平：《灾害社会学》，湖南人民出版社，1998，第261页。
② 温克刚：《中国气象灾害大典》，辽宁卷，气象出版社，2005，第26页。

律开市矣，非然者深恐无业之游民乘间抢掠者富不止某粮铺已也"。① 二是从富户手中抢粮。如光绪十四年（1888 年），"吉林上年六七月间阴雨连绵，江河并涨，田禾被淹成灾，遍地素鲜盖藏。……吉林府长春厅近边贫民甚有分食大户之事"。② 据《盛京时报》记载，宣统二年（1910 年）五月，安东"乡镇四区所属汤池子一带日前曾有聚众分粮重案，顷闻有贫民百余人又欲结队来安挨户蚕食。日昨经县令陈淑六君派人亲往调查并资弹压究竟如何办理容访明再报"。③ 另据《东方杂志》记载："四区汤池子又聚众二百余人，集议盘查各家，均分粮食。该处议员劝其解散，谓如乏粮，可向富户按照官价直接购买，多少随便，贫民不听。各富户闻之，以彼辈恃众行强，遂亦集聚二百余人，各持木棍以待之。其后，忽由官中发出公文，严谕乡董议员，中有云：贫民乏食，待哺嗷嗷，到滋纷扰，该乡董等事先既不能防范，事后又不能补救，殊非寻常疏忽之可比，特谕该董等转谕区内粮户，将所余挤粮速行分给贫而无力者，以资接济，不然酿成巨患，亦不能独拥富厚。若不顾公益，即是为富不仁，王章具在，当行严惩。贫民亦不得接口生风，以滋事端云云。故该处近来已任贫民盘查照分，一般粮户只有忍气吞声以听之而已。"④ 安东抢粮之噩耗又来，"赵氏沟一带穷民前次曾抢分粮船……贫民又议聚集多人向储粮各家强求接济，声言秋后归还，按此事如果见诸实行，则地方将愈形不靖，尚望东边官吏加之意焉"。⑤ 宣统三年（1911 年）三月，奉化"入夏以来霪雨连绵，河北及小城镇一带水势暴涨，田地几遭淹没，被灾各贫民虽曰粒食艰难，而情形尚十分平稳，嗣经范大令呈明上宪，蒙饬将自治会停办，并提去附加捐为赈济之用，讵意变起武昌复奉文，将此捐款移作乡镇，以备不虞，则赈饥一事乃从缓议，顷闻河北灾民已有夺食富户之举，惟当地民风淳厚，苟能善为措置，断不至有此暴动情事也"。⑥ 三是从过往商贩手中抢夺粮食。据《东方杂志》记

① 《穷民抢掠粮铺》，《盛京时报》，光绪三十四年（1908 年）九月十九日。
② 水利电力部水管司科技司、水利水电科学研究院：《清代辽河、松花江、黑龙江流域洪涝档案史料　清代浙闽台地区诸流域洪涝档案史料》，清代江河洪涝档案史料丛书，中华书局，1998，第 118 页。
③ 《贫民又起风潮》，《盛京时报》，宣统二年（1910 年）五月初十日。
④ 《东方杂志》，宣统二年（1910 年）六月，第 140 页。
⑤ 《抢粮之噩耗又来》，《盛京时报》，宣统二年（1910 年）四月二十五日。
⑥ 《河北饥民夺食》，《盛京时报》，宣统三年（1911 年）十月二十四日。

载："奉天安东县四区界内赵氏沟，乡民因某帆船运米出境，群起而轰，将米抢尽，官不能禁。此风一开，抢粮之说到处蠢动。加以官府漫置不问，粮户又畏其人多势众，不敢阻止，遂愈无忌惮。虽粮户愿照官价将积米出售，而贫民亦不之顾，意以粜买须有现洋，均分则名曰秋还，实同攫取，于是其端遂波及全区矣。除赵氏沟一事外，继起者又有脉起山、观音堂二处，每处均聚有七百余人，事前集议拟先分巡官倪承思之积粮，并云如彼恃有警士弹压，吾辈可一拥进街，向道署要求济饥。"① "又庄河厅属之大孤山，前有粮商贩粮出口，贫民借口禁令，聚众阻扰，当经该厅电禀兴凤道派委警务局长徐清甫驰往弹压。徐到后，见乡民势众，恐酿事端，即强令粮商将粮分给。该商与粮户均反抗不遵，徐乃将其看管，两船积粮，登时散罄。讵乡民气焰反张，互相煽诱，仍不解散，旋即蔓延至复来社一带啸聚哄闹，其数以及六七百名。"②

第二节 闹灾

闹灾是灾民争取解决灾后生存问题的斗争。当时，灾民通过多种方式进行闹灾活动。一是向地方政府要粮要赈。如"道光二十一年（1841年），承德、辽阳、海城、盖平、广宁、岫岩、新民、锦县、宁远等州厅县和昭陵等处被水灾。……岫岩境内，饥民群起，冲进衙署，要粮要赈，通判弃官出逃。奉天府派员赴岫，放赈救灾，事渐息"。③ 据《盛京时报》记载，宣统二年（1910年）五月，黑龙江饥民骚扰，"日前有饥民四十余人群至公署大楼喧呼，卫兵二人栏止不住，周帅闻之急出来好言抚慰，谓汝等少安毋躁必为，设法各饥民归去随出六言告示，一道其词云，照得连日阴雨，粮车转运为难，粮价因之飞涨，小民粒食维艰，本院时深轸念业经预备在先，昨饬广信公司发电知照阑呼，所有积存粮食一概装运省垣，除由火车装载外，犹雇用轮船约计不日可到即行半粜民间"。④ 宣统三年（1911年）七月，新民"昨有灾民数十人在府署前宣闹，据云因受灾甚重，已经调查

---

① 《东方杂志》，宣统二年（1910年）六月，第139页。
② 《东方杂志》，宣统二年（1910年）六月，第142页。
③ 温克刚：《中国气象灾害大典》，辽宁卷，气象出版社，2005，第24页。
④ 《饥民骚扰》，《盛京时报》，宣统二年（1910年）五月二十二日。

员列册赈恤，现下前来领赈，而册簿无名不能领取云"。① 宣统三年（1911
年）十月，"初九日东路二区啦吗堡子等村灾民聚有三四百人来府署要求抚
恤，喧哗滋闹，当经中路一区区官张君金声出为抚慰先给洋银三十元劝令
各回本屯，遂即派员前往开设粥厂以救穷黎云"。② 宣统三年（1911 年）十
一月，吉林"华甸县属今秋淫雨为灾，民食缺乏，现在聚有饥民二百余人
赴为屯求衣乞食，骚扰不堪。乡镇巡警兵无法处置，幸征捐委员善言慰劝
允为赈济粮食，始行解散，经该委面商县令禀请抚惠拨款赈济闻已邀准"。③
另据《东方杂志》记载："鸭绿江上游宽甸县境，客秋歉收，甚于安东，民
食亦异常缺乏。当四月初，即有牌长粮户鉴于南省风潮，首先捐资，买粮
接济。但贫户沾其惠者仅十之一二，他处遂愈觉向隅。近因安东分粮潮流
蔓延已遍，遂亦闻风而起，约集数百人进县要求，哗噪不散。"④ 二是向银
行富户借款均粮。据《东方杂志》记载，安东"四区中五道沟粮户，鉴于
近时谣言时起，恐酿祸端，当于初六日集议，向大清银行借款二千元，由
众粮户公同承借，以产业作抵，将银转借本牌乏食贫民，本无异言。惟该
区均粮之议本创于林维翰，至是转视粮户为可欺，造言蛊惑，并令贫民不
必赴领，以区区之洋不足接济到秋为词。十九日，遂率贫民四五十名至粮
户张某家大肆滋闹，实行均粮之法。而四道沟亦闻风群起，聚有百余人。
统计县属四区中分七牌，直无一牌无此种风潮者。并闻目下风声流播，农
人无分贫富，多半为此罢耕辍耘，田地任其荒芜，不知有无秋成之望"。⑤
"方事之殷，五区贫民又蠢蠢欲动。乡董郑子序见事机危急，立时宣告众人
勿得妄动，余将禀县贷款购粮赈济。遂一面至城面请陈大令由大清银行贷
洋若干，以弥巨祸，讵陈令竟不许可。正筹措间，乡中贫民以日久无耗，
遂于初十日聚众三百余人，即由乡董家入手查米，按次均分。该董闻信，
星夜揣回，已经无济。"⑥ 三是要求粜粮。据《东方杂志》记载："凤凰厅
龙王庙，前因商船贩粮出口，厅属三区贫民聚众阻扰，势将劫掠，几起绝

---

① 《灾民团聚府前》，《盛京时报》，宣统三年（1911 年）七月二十三日。
② 《灾民聚众来府》，《盛京时报》，宣统三年（1911 年）十月十五日。
③ 《饥民纠众滋扰》，《盛京时报》，宣统三年（1911 年）十一月二十六日。
④ 《东方杂志》，宣统二年（1910 年）六月，第 141 页。
⑤ 《东方杂志》，宣统二年（1910 年）六月，第 140 页。
⑥ 《东方杂志》，宣统二年（1910 年）六月，第 140 页。

大风潮。嗣经朱司马邵营官竭力弹压，终以商店存粮粜与贫民，每斗作价九角，秋还作价一元一角，始行了结。旋二区地方闻此消息，亦于十五日聚集贫民数百人，声言援照三区前例，群向该处商店粜粮。"① 宣统三年（1911年）六月，吉林"西关平粜局初五日因提涨粮价灾民群起反对，移时即集合男女百余人齐向抚属喊控，并声言该局名为赈贷实则藉端取利，怨言之声沿途皆是。嗣经该署员司劝令警回再行定夺，该贫民始各散去云"。② 四是食宿于富户之家。如"安东县：附郭之六道沟，五月二十八日又有贫民领袖赵李二人煽惑各民蜂起滋事，一时集有六十余名，悉聚于富户逢姓之门，分其积粮。势将下手，幸逢某闻风已先避匿于本街商店，贫民见其家中无主，恐乘便攫取类于抢劫，故亦未敢强分。遂即盘查其家，恣意食宿"。③ 五是分粮滋事。如"凤凰厅界龙王庙，贫民分粮滋事，经该厅朱司马驰往劝导，终不相下，而贫民又愈聚愈众，无可理喻。事急计生，遂出调停之策，压令商店将存粮尽数分给贫民，价格仍照前议。无奈粮少人众，不足分布，任是哗噪。不得已，乃喻饬未领者暂回乡里，每屯各举一二人随之回城，另筹补助之法"。④

灾民的抢粮闹灾斗争时常遭到官府镇压，如宣统三年（1911年）三月奉天派队弹压灾民，"本年辽中县夏间水灾甚钜，年成歉收现在各处小民饥苦难堪，集聚男女灾民数百名殷实富户，分劈粮石若干，设法安置，恐被胡匪引诱，悉成盗贼有害治安，故督宪於日昨拨派巡防步队一营先行驰往弹压，并饬民政司酌拟安员协款前往，该县助赈以恤灾民云"。⑤ 宣统三年（1911年）八月，长春严禁贫民抢掠，"日前恒裕乡十甲绅董李殿森等具禀府署，谓现在五谷告成，每有贫民三五成群任意抢掠，想农民自春至秋耕种非易，今种植者尚未沾唇，而抢掠者先已果腹，若不严为弹压，闾阎何能安堵应请饬警妥为弹压等情，兹闻何太守除转饬乡巡就地查拿外，即行出示严禁如有"。⑥ 宣统三年（1911年）十月，奉天辽阳州请派军队赴河

---

① 《东方杂志》，宣统二年（1910年）六月，第142页。
② 《平粜局激起风波》，《盛京时报》，宣统三年（1911年）闰六月十二日。
③ 《东方杂志》，宣统二年（1910年）七月，第188页。
④ 《东方杂志》，宣统二年（1910年）七月，第188页。以上皆引自李文治《中国近代农业史资料》（第1辑），生活·读书·新知三联书店，1957，第982～984页。
⑤ 《派队弹压灾民》，《盛京时报》，宣统三年（1911年）十月十七日。
⑥ 《严禁贫民抢掠》，《盛京时报》，宣统三年（1911年）八月十四日。

西驻扎，"辽阳州史牧因本年河西一带年景歉收，灾民甚钜，又兼该属境内革军起事，恐胡匪藉端造乱，纠结贫民扰害地方，故昨特呈请督宪拨派军队前往该州西路一带驻守，弹压避免暴动而保治安云"。①

第三节 抗捐

处于灾荒打击下的农民生活本来就已举步维艰，政府还要向他们征捐纳税，因此各地农民纷纷掀起抗捐斗争。光绪三十二年（1906年），赵尔巽为筹措经费推行新政，派人到处丈量土地，勒派捐税，使灾荒连年的东北农民雪上加霜，因此各地都爆发了声势浩大的抗捐斗争。当时农民的抗捐斗争有多种形式。一是抗捐不纳。如宣统元年（1909年）六月，"复县农民因地方官勒派捐税，人民生活日益艰辛，在李双贵的率领下聚众抗捐"。② 宣统元年（1909年）十月，奉天"河西木厂会首王佐庭等在警务局控告刘锡恩等拖欠警学捐款，由春至今抗不交纳。日昨已有警局批示仰候传案质讯云"。③ 宣统三年（1911年）六月，开原农民抗捐，"日昨有开原农氏三四百名过境，询之闻系因自治会筹收锄头捐每月三角，遂邀成众怒，赴省控告云"。④ 宣统三年（1911年）十月十三日，吉林"五常府山河屯等乡为官中倡办子母税聚众抵抗，几至激变一节已记。昨报闻该府刘守当即据情请示，已奏省宪允准缓征，奈商民愈闹愈烈，非将车捐一律停办不肯罢休，而自治会员绅以此捐为指定之经费殊属为难，嗣绅商公议准分别办理，穷贫者暂允缓征并派员分途开道，无如舌敝唇焦，乡民仍要求非将车捐全免不可，现已三次集期无柴米进城，各乡到处吃会，每会连合动辄四五百人并无一定，之所各阃礼士绅见此情形已呈请暂行缓征，目下时局艰危，人心躁动，姑顺与情形办理，府署并派员分途解散"。⑤ 宣统三年（1911年）十月十六日，铁岭"四乡村董代收取警学捐款往往将收入之款混入公会经年累月不清，及至警学界提款，则推花户未纳，继则勾串流氓藉词抗捐，

---

① 《请派军队赴河西驻扎》，《盛京时报》，宣统三年（1911年）十月二十日。
② 沈阳市文史研究馆：《沈阳历史大事本末》（上），辽宁人民出版社，2002，第422页。
③ 《抗捐不纳》，《盛京时报》，宣统元年（1909年）十月初七日。
④ 《开原农民抗捐》，《盛京时报》，宣统三年（1911年）六月初十日。
⑤ 《五常抗捐之剧烈》，《盛京时报》，宣统三年（1911年）十月十三日。

此警捐受影响之原因也。日昨城北双树子有刘二郝、永泰二人向不种地，亦出而反抗亩捐，继经北路分区将该人送交总局，该二人竟承认纳捐及至去后置若罔闻，现闻该局已交北分区催捐董事孟绅查办，如该二人再行狡猾仍即送局惩办云"。① 二是要求减捐。光绪三十四年（1908 年）八月，"奉天巡警局征收房捐，这激起了商民的愤怒，奉天 2000 人联名反对征收房捐，并且派出代表到北京请愿。十月十日，商民开始罢市，要求当局下令取消房捐"。② 宣统二年（1910 年）十月，"凤凰厅的农民因为垦务总局催缴所欠荒价，在请求减免未成的情况下，在伊憬桂的带领下聚众千余人抗官"。③ 宣统三年（1911 年）一月，"宁远乡的农民因为捐税项目过多，负担不起而希望地方当局减捐。为了达到减捐的目的，乡民们聚会商议，但是这些打动不了地方官员，他们甚至为征捐税打死了王俊山等人。奉天作为东北重镇，抗捐斗争更为激烈"。④ 三是反对加捐。如宣统三年（1911 年）二月，"卜三家子的佟祥向地方当局报告地方官加捐情况说：按规定农民应向乡正纳钱 1120 文，但是乡正吕崇龄竟要求农民纳钱 2100 文，另外还加征门户钱三、二钱不等，合计比农民应纳钱增加了近 5 倍，为此请求究办乡正等人"。⑤ 宣统三年（1911 年）十月，公主岭"怀德西北十三甲迤带前因清赋官加车捐，各局额外苛征政激众怒，捣毁局所并挪去局员"。⑥ 四是隐匿地捐。如宣统元年（1909 年）十月，铁岭"铁邑各乡间闻隐匿地捐者颇难，屈指数近日，又有范家窝棚牧场朱尔山各处会首，守堡等互相攻讦不知如何了结也"。⑦ 五是抗捐滋扰衙署。宣统三年（1911 年）十月，吉林"吉东榆树厅屯民因本年成荒歉，无以谋生，而赵令邦彦又催科孔急，故该屯民遂纠集多人赴厅滋扰，声言今秋捐税无资完纳，并祈厅尊给账以资度日，赵令无奈遂即劝慰允为设法赈济，众民方散"。⑧ 宣统三年（1911 年）十一月十三日，"江省近年雨水为灾，民生不堪其苦，有地方卖者不但不能

① 《乡民抗不纳捐》，《盛京时报》，宣统三年（1911 年）十月十六日。
② 沈阳市文史研究馆：《沈阳历史大事本末》（上），辽宁人民出版社，2002，第 422 页。
③ 沈阳市文史研究馆：《沈阳历史大事本末》（上），辽宁人民出版社，2002，第 422 页。
④ 沈阳市文史研究馆：《沈阳历史大事本末》（上），辽宁人民出版社，2002，第 422 页。
⑤ 沈阳市文史研究馆：《沈阳历史大事本末》（上），辽宁人民出版社，2002，第 422 页。
⑥ 《因加捐激成风潮》，《盛京时报》，宣统三年（1911 年）十月二十六日。
⑦ 《隐匿地捐者何多》，《盛京时报》，宣统元年（1909 年）十月十四日。
⑧ 《屯民抗捐滋扰衙署》，《盛京时报》，宣统三年（1911 年）十月十九日。

抚恤，反捐税重叠，重困小民，当此人心思虑之秋，恐积怨生变，一发不可收拾。月前官场于省城及府州县设立保安会，因款无着，又抽收入捐房捐等项，农民因该会徒有虚名，对於饥民胡匪毫无布置，商民既不堪其苦，焉能再受此意外剥削，故呼绥海各属商民极力反对，现已来省上控，顾保安会顾名思义勿抛药实徒成一形式上之保安会为委员抛也"。① 宣统三年（1911 年）十一月十七日，长春"西夹荒因今年田禾尽遭淹没，乡民糊口维艰，故月前催换地照，致十三甲聚众数千人将清赋局人员绑去数名，经太守发款赈饥始行了结"。②

第四节　盗掠

严重的水灾为各种匪患的出现提供了温床，数以万计的灾民由于无以为生，纷纷参与盗掠活动，流落为土匪，严重影响了社会秩序。清代东北地区土匪横行，固然有其深刻的社会背景和经济土壤，而频发的水灾往往是造成各种匪患出现的催化剂。当时，胡匪抢劫的地域，从乡村蔓延到城市，从拥资巨万的富户到肩负斗米携千文的妇孺，都逃不掉他们的劫掠，土匪抢劫的事端屡屡发生。如光绪二十七年（1901 年），"呼兰厅之所属大小木兰达自春且秋迭遭水灾，匪乱蹂躏不堪，颗粒无收，民户逃亡殆尽"。③ 光绪三十三年（1907 年），郑家屯马贼乘灾肆害，"该屯一带因连日霾雨，人心惶惶，大股马贼乘之，千百成群，灾该屯北部地区白昼出没，横行无忌，抢掠绑票，无日不闻似此凶焰逐日增长，居民不能安分乐业云"。④ 宣统二年（1910 年），"辽阳去岁河西一带水灾甚巨，现闻大沙岭黄泥洼小北河等处一带饥民白日蛰居而夜间即四出而偷窃，现该一带颇称不安"。⑤ 哈尔滨，"本埠附近左右一带现有大股胡匪共百余名之多以江水涨发拟趁机进街抢劫，并闻有毁坏江堤乘机作乱之举，望有地方责者亟宜加早防范也"。⑥

① 《以收捐激起风潮》，《盛京时报》，宣统三年（1911 年）十一月十三日。
② 《一波未平一波又起》，《盛京时报》，宣统三年（1911 年）十一月十七日。
③ 黄维翰：《呼兰府志》，民国四年，（台北）成文出版有限公司，1975，第 292 页。
④ 《马贼乘灾肆害》，《盛京时报》，光绪三十三年（1907 年）九月二十日。
⑤ 《饥民偷窃》，《盛京时报》，宣统二年（1910 年）三月二十九日。
⑥ 《哈尔滨附近有大股胡匪之骇闻》，《盛京时报》，宣统二年（1910 年）七月二十日。

新民"府境近有大帮胡匪二三十人乘内城水乱之时于北路四区境内绑去事主一名，限三日内勒赎，嗣由巡警与之决战，枪毙匪首一名，夺下马七八匹，巡警亦阵亡一名"。① 总之，清代东北地区盗匪横行，不停地抢劫扰民，抢掠民间物质财富，杀害人口，扰乱社会治安，闹得民不聊生，严重破坏了百姓的安宁生活，加剧了社会秩序的混乱和社会心理的恐慌。

综上所述，清代东北地区灾民不断地抢粮、闹灾、抗捐、盗掠，导致社会动荡不安，严重破坏了社会秩序，影响了社会机制的正常运行，破坏了人类社会的发展和文明进步。因此，完善救灾体制，实行政府救济、社会救助，帮助灾民渡过难关，安排好灾后生活，是解决灾后东北地区社会问题的重要途径。

---

① 《胡匪之猖獗纪闻》，《盛京时报》，宣统二年（1910年）七月二十八日。

第五章　政府救济

频繁的水灾给人类带来了无穷的灾难，造成人口伤亡、经济衰退、社会紊乱。面对严重的自然灾害，历朝历代都想方设法进行救治，逐步创设了一套较为完备的救灾机制。清代东北地区地方政府在救治水灾方面，实施了救灾与防灾并举的应对机制。一方面，及时救济灾民，采取了诸如赈济、蠲缓、平粜、设立粥厂、广施借贷、安辑流民、以工代赈等救灾措施；另一方面，采取了一系列防灾减灾措施，如仓储备荒、兴修水利、植树造林等。这在一定程度上缓解了灾情，挽回了经济损失，救助了灾民，稳定了社会秩序，起到了积极的作用。但由于清代小农社会抵御自然灾害的能力薄弱，加之各级官吏报灾不实、贪污腐败现象严重、政府财力有限等，所以并不能从根本上解决灾荒给人民生活带来的各种困难。

第一节　政府的救灾措施

灾害发生以后，政府采取及时有效的救灾措施，对减少灾害造成的损失、恢复经济、稳定社会具有至关重要的作用。中国历朝历代的统治者十分重视救灾工作，都采取了富有成效的救灾措施，到清代时越来越完善。其救灾措施集历代之大成，更加具体化、周密化、规范化、系统化、体系化、完备化、制度化、法制化，包括赈济、抚恤、蠲免、缓征、平粜、调粜、借贷、工赈等多项措施。下面主要对赈济、蠲缓、平粜、设立粥厂、以工代赈等措施详述如下。

一　赈济

赈济，即直接发放银米救济灾民，是历代政府救灾的重要措施。在传统社会里，赈济是社会保障措施的重要组成部分。地方官吏对此极为重视，每逢灾荒，政府总要出面施以赈济，以助灾民渡过难关，目的是保持一方的社会稳定。

灾害发生以后，各州县地方官随即确查户口，核实散放，俾资接济。赈济的物品，包括粮和银。赈济时，"有时发给米谷，有时散给银钱，有时银米兼施"。① 如"康熙五十七年，索伦被水，发银一万两，酌量赈济"。"乾隆十五年，盛京船厂久雨江涨，人给口粮一月。"② "乾隆十五年八月，松花江水溢，分别灾情轻重，按户借给银两。"③ "嘉庆十五年，吉林地方，阴雨连绵，江水陡发，漫溢两岸……。著即于库存备公项下支银一千两，为塔盖棚厂散给馍饼之需。"④ "光绪三年四月，义州被灾旗户，借给籽粮银两。"⑤ "光绪十二年九月，奉天辽河巨流、大凌等河，因连日大雨，山水暴发，……钦奉慈禧端佑康颐昭豫庄诚皇太后懿旨，著将本年万寿节内务府应进银一万两拨为奉天赈济之用。"⑥ "光绪十三年（1887年），春旱秋涝，接济旗丁银十二万余两。"⑦ "光绪十四年连年淫雨为灾，由省发赈银五百两。"⑧ "光绪十五年四月，赈抚被灾旗民，动用仓米六万四千五百余石，银六千三百余两。又借拨民仓米七万三百余石。"⑨ "光绪二十二年秋，大雨，水涨。呼兰各处坐冰刈高粱。赈灾民银二万七千一百四十馀两。"⑩ "光绪三十四年，吉林省城本月初旬雨势过猛，江水陡涨，……加恩著赏给帑银六万两，由度支部发给。"⑪ "赈恤墨尔根、布特哈及黑水、大赉各厅、甘井子、札赉特各地被水灾民银、谷。"⑫ "宣统元年六月，吉林大水，发帑银六

① 李文海、周源：《灾荒与饥馑（1840～1919）》，高等教育出版社，1991，第300页。
② 清官修：《清朝文献通考》，卷46，国用考8，赈恤，浙江古籍出版社，1988，第5290～5292页。
③ 万福麟修、张伯英纂：《黑龙江志稿》，民国二十一年至二十二年铅印本，第585页。
④ 《钦定大清会典事例》，卷270，户部，恤蠲，（台北）新文丰出版股份有限公司，1977，第9页。
⑤ 《德宗景皇帝实录》，卷50，中华书局，1987，第18页。
⑥ 《德宗景皇帝实录》，卷232，中华书局，1987，第1～2页。
⑦ 黄维翰：《呼兰府志》，财赋略，卷3，民国四年。
⑧ 穆恒州：《吉林旧志资料类编》，自然灾害篇，吉林文史出版社，1986，第120页。
⑨ 《德宗景皇帝实录》，卷269，中华书局，1987，第1页。
⑩ 万福麟修、张伯英纂：《黑龙江志稿》，民国二十一年至二十二年铅印本，第590页。
⑪ 郑毅：《东北农业经济史资料集成》（一），吉林文史出版社，2000，第366页。
⑫ 万福麟修、张伯英纂：《黑龙江志稿》，民国二十一年至二十二年铅印本，第590页。

万两赈之。"① "江省阴雨过多，各处江河暴涨，汛滥为灾。加恩著赏给帑银二万两，由度支部发给。"② "宣统三年九月，海伦、绥化、馀庆、青冈、呼兰、兰西、汤原、大通、龙江、大赉、讷河等处大水。巡抚周树模奏请分别灾情赈给钱、米。"③ 当地粮食不足时，到外地采买或调拨。如宣统三年（1911 年）七月，奉天采买粮石赈济灾民，"督宪以各属地方月前大雨，河水为灾，虽经各属地方官散放急赈，惟灾区甚广哀鸿遍野，嗷嗷待哺，势难周遍。现已特派委员赴各处采买红粮五百石，拨给各灾区补给难民，俟收获后庶可不致再有缺乏之处云"。④ 此外也赈济籽种、衣絮等。如光绪十四年，"奉省上年秋水为灾，漂没田庐，损伤人口，沿河一带罹患尤重。……经前将军赶办急赈，按户散放钱文米粮，先已筹备麦种，商派委员分赴灾区散放，以免地亩生荒"。⑤ "奉省南城暨东边各城，上年被水成灾，小民荡析离居，分路散放钱文衣絮。"⑥ "檄饬奉军统领记名提督左宝贵等携带麦种分赴承德、新民、辽阳、海城沿河灾重地方查无力灾户向种麦地者，分段挨屯散放，按其地之肥瘠每日酌给市斗二斗及二斗六升不等。现共查得灾民三万七千零三十八户，共放麦种四石九千四百余石。此项地亩但能中稔，即可收麦数十万石，实于民食有裨。"⑦

赈济的标准，清前期顺治、康熙两朝并无定制，一般视灾情而定。乾隆四年（1739 年）正式规定了统一的标准，即"日赈米数，大口五合，小口半之；盛京旗地、官庄地、站厂等灾赈米数高于直省，大口月给米二斗五升，小口减半"。一切米谷均来自当地仓储。⑧ 如嘉庆十六年谕，"本年三姓地方，因雨水过多，禾稼歉收。著加恩将三姓灾地旗人壮丁等，按照大

① 穆恒州：《吉林旧志资料类编》，自然灾害篇，吉林文史出版社，1986，第 125 页。
② 《宣统政纪》，卷 37，中华书局，1987，第 7 页。
③ 万福麟修、张伯英纂：《黑龙江志稿》，民国二十一至二十二年铅印本，第 591 页。
④ 《采买粮石赈济灾民》，《盛京时报》，宣统三年（1911 年）七月二十五日。
⑤ 水利电力部水管司科技司、水利水电科学研究院：《清代辽河、松花江、黑龙江流域洪涝档案史料　清代浙闽台地区诸流域洪涝档案史料》，清代江河洪涝档案史料丛书，中华书局，1998，第 112 页。
⑥ 水利电力部水管司科技司、水利水电科学研究院：《清代辽河、松花江、黑龙江流域洪涝档案史料　清代浙闽台地区诸流域洪涝档案史料》，清代江河洪涝档案史料丛书，中华书局，1998，第 112 页。
⑦ 《光绪朝朱批奏折》，卷 31，第一历史档案馆编译，中华书局，1995，第 172～174 页。
⑧ 朱凤祥：《中国灾害通史》，清代卷，郑州大学出版社，2009，第 303 页。

小口，分别接济六个月口粮。应须谷石，即在该城义仓内动支，于嘉庆十七、十八两年分年还仓。其本年八旗应支牛具额谷，官庄壮丁应支官谷，并准其接济口粮交完后，分限于十九、二十两年带征，以示朕加惠灾区至意"。① "赈济米谷不足者，折银钱给之，谓之折赈。"② "每米一石，价银一两二钱，每谷一石，价银六钱。"③ 如嘉庆二十二年谕，"盛京、复州等处被灾旗民，应领续赈米石，据该将军等查明仓贮不敷。若由邻邑改拨，转运需时。著照所请，准其一半照银米兼赈例折给银两，一半照依高粮米价折给银两，听民自买杂粮食用"。④

道光二十六年珲春的灾赈详细说明了当时的赈济情况。道光二十六年八月二十九日，水灾泛滥给珲春三姓地方的旗民、官庄壮丁、驿站站丁的生产生活造成极大影响。因此，宁古塔副都统衙门奏请朝廷对灾民给予赈济。在上奏中分别提出了舒缓银谷、赈恤口粮、赏给房间修费数目等方案。具体如下。⑤

一、珲春被灾八分，兵丁大口五千三百六十三口，小口三千一百二十八口。大口每月二斗五升，小口减半，计赈给四个月口米六千九百二十七石。此项共米六千九百二十七石，折给谷一万三千八百五十四石。由该处义仓拨给谷二千三百八十五石六斗外，其不敷谷一万一千四百六十八石四斗，请由宁古塔公仓谷内，就近动拨发给。

二、被水冲淹房三百四十八间内，全冲者一百零二间，每间赏给修费银三两。尚有木料者二百四十六间，每间修费银二两。计应赏给银七百九十八两。此项银两请由省库杂税银两项下动给。

三、被水淹毙旗兵景升，闲散雅隆阿、铁兴、德喜，常役双亮、德全、福德等六名。请将淹毙甲兵、闲散等六名，每名照例赏米五仓

---

① 《钦定大清会典事例》，卷273，蠲恤，赈饥3，（台北）新文丰出版股份有限公司，1977，第8727页。

② 朱凤祥：《中国灾害通史》，清代卷，郑州大学出版社，2009，第303页。

③ 《钦定大清会典事例》，卷271，蠲恤，赈饥1，（台北）新文丰出版股份有限公司，1977，第8700页。

④ 《钦定大清会典事例》，卷274，蠲恤，赈饥4，（台北）新文丰出版股份有限公司，1977，第8730页。

⑤ 李澍田主编《珲春副都统衙门档案选编》（上），吉林文史出版社，1991，第415～424页。

石，共米三十石。请由宁古塔公仓谷内折给谷六十石。

四、三旗兵丁，本年应交义仓牛犋谷一百四十四石。此项谷石请照道光十四年打牲乌拉被灾成案，恳恩全行豁免。

五、珲春义仓，被水浸淹堆拨房三间。此项谷石请免赔补，此项工程另行议报修理。

　　赈济的类型，按受灾时间长短，分为正赈、大赈和展赈。凡地方遭遇水灾，不论成灾分数，不分极贫、次贫，概行赈济一个月，称"正赈"，也叫"普赈""急赈""抚恤"。如嘉庆十二年谕，"上年奉天、承德、广宁等处，因雨水泛涨，各庄屯地亩多被淹浸。当经降旨赏借一月口粮，照例赈恤银米，分别蠲缓钱粮。旗民糊口有资，自可无虞失所"。① 嘉庆十四年谕，"上年直隶、通州等州县，雨水稍多，低洼地亩，间被淹浸，业经降旨加恩分别蠲缓赈恤，穷黎自无虞失所。承德、辽阳、广宁、海城、铁岭等五州县沿河旗民地亩，被灾自五分至九分不等。又，盛京正红旗界内三家寨等处五村庄，因被雹损坏田禾，成灾自七分至九分不等。此等旗民地亩，既经被有偏灾，生计不无拮据。所有各该处被灾户口，即查明赏给一月口粮，其有需赈济及应蠲免之处，并著查明于恩诏蠲免外，再行按照定例分别办理"。② 按照受灾程度和各家的贫困状况延长赈济时间，加大赈济力度，称"大赈"，也叫"加赈"。具体规定为：被灾等级最高为十分，受灾六分者，极贫加赈一个月；受灾七八分者，极贫加赈两个月，次贫加赈一个月；受灾九分者，极贫加赈三个月，次贫加赈两个月；受灾十分者，极贫加赈四个月，次贫加赈三个月。如果灾情太重，极贫加赈可延长到五至六个月或七至八个月，次贫加赈可延长到三至四个月或五至六个月。③ 如嘉庆七年谕，"前因广宁等城地方，间被水淹，成灾五六分。旗民生计未免拮据。所有广宁、牛庄、白旗堡、小黑山、辽阳、巨流河、

① 《钦定大清会典事例》，卷273，蠲恤，赈饥3，（台北）新文丰出版股份有限公司，1977，第8722页。
② 《钦定大清会典事例》，卷273，蠲恤，赈饥3，（台北）新文丰出版股份有限公司，1977，第8723页。
③ 清乾隆官修：《清朝文献通考》，卷46，国用考8，赈恤，浙江古籍出版社，2005，第5292页。

承德等界沿河洼下地亩被灾，正身旗人及户部庄头，著加恩加赈口米三四个月。兵部站丁，加恩加赈口米八九个月。民人分别极贫次贫，加恩加赈一两个月，并酌借来春籽种口粮，以副朕加惠旗民至意"。① 嘉庆十一年谕，"前因吉林地方猝被水灾，降旨令赛冲阿将应行赈恤情形，查勘速奏。兹据奏查明旗民地亩成灾分数，分别请旨。著加恩将被灾旗地，加赈四个月。官庄、义仓等地，加赈五个月。站丁加赈九个月。自本年八月起，按照大小口分别赈给。其淹毙旗妇一口，照例给米五石。其下游之永智社旧站等四十七屯内被灾之种地民人，并输丁无地及无地无丁各土著民户等，并著加恩自本年八月为始，各按照灾地分数，分别极次贫民，照例加赈"。② 大赈完毕后，灾民生计仍然艰难，或次年青黄不接之际，灾民仍力不能支，可临时奏请再加赈一至三个月，称"展赈"，也叫"补赈"。如乾隆五十四年谕，"奉天、广宁等七城，上年被有水灾，现届青黄不接之时，米价较昂，民食究恐不能充裕。著加恩再行展赈一月"。③ 乾隆十二年谕，"上年奉天、承德、广宁等处，因雨水泛涨，各庄屯地亩多被淹浸。……念被灾较重地方，届青黄不接之际，民力不无拮据。著将承德、广宁、辽阳、海城、盖平，并复州、锦县、铁岭、抚顺等处，查明八分以上之灾户，加恩概行展赈，以示朕眷念陪都春祺敷锡至意。"④ "嘉庆十六年，展赈盛京本城、辽阳、牛庄、熊岳、金、复、岫岩、凤凰城、盖平、兴京、抚顺、白旗堡、小黑山等处被水旗民一月。"⑤ "嘉庆十八年，展赈盛京、承德、广宁、牛庄、锦州、辽阳、复州、熊岳、铁岭、盖州、金州十处上年被水旗民。"⑥ "嘉庆二十年，又展赈奉天省辽阳、牛庄、广宁、

① 《钦定大清会典事例》，卷273，蠲恤，赈饥3，（台北）新文丰出版股份有限公司，1977，第8720页。
② 《钦定大清会典事例》，卷273，蠲恤，赈饥3，（台北）新文丰出版股份有限公司，1977，第8725页。
③ 《钦定大清会典事例》，卷271，蠲恤，赈饥1，（台北）新文丰出版股份有限公司，1977，第8708页。
④ 《钦定大清会典事例》，卷273，蠲恤，赈饥3，（台北）新文丰出版股份有限公司，1977，第8722页。
⑤ 《钦定大清会典事例》，卷273，蠲恤，赈饥3，（台北）新文丰出版股份有限公司，1977，第8726页。
⑥ 《钦定大清会典事例》，卷274，蠲恤，赈饥4，（台北）新文丰出版股份有限公司，1977，第8728页。

承德、铁岭、开原、盖平七处上年被水旗民。"① "嘉庆二十一年，展赈奉天省承德、铁岭、金州、牛庄、岫岩、广宁、巨流河、抚民厅八处上年水灾旗民。"② "嘉庆二十三年，展赈奉天省复州、宁海、宁远、金州四处上年被旱旗户。"③ "嘉庆二十四年，展赈奉天省辽阳、广宁、承德、海城、宁海、凤凰、岫岩、牛庄、小黑山、白旗堡、巨流河十一处及锦州抚民同知所属上年被水旗民。"④ "嘉庆二十五年，展赈奉天省开原、辽阳、广宁、铁岭、承德、海城、金州、牛庄、小黑山、白旗堡、巨流河十一处及锦州抚民同知所属上年被水灾民。"⑤ "道光元年，展赈奉天省彰武、台边门等处上年被水旱雹灾旗民。"⑥ "道光十五年，展赈奉天省牛庄、辽阳、凤凰城三处上年被灾旗户一月。"⑦ "道光十六年，展赈奉天省广宁等处上年被水旗民一月。"⑧ "道光二十二年，又展赈奉天省辽阳、牛庄、盖州、岫岩、凤凰城、广宁六处及承德、海城、抚民、锦四厅县上年被灾旗民一月。"⑨ 此外，还有摘赈、粥赈、农赈等，这里不再赘述。但在实际操作中，各地并不严格遵守成例。一般来说，大灾大赈，小灾小赈。

　　关于清代东北地区赈济的特点，以《中国气象灾害大典》中统计的资料予以说明。初赈时，只赈济米谷；续赈，即加赈、展赈时，往往银谷同赈。而清代东北地区旗人人口数远少于民人人口数，由此可知旗人获得的

① 《钦定大清会典事例》，卷274，蠲恤，赈饥4，（台北）新文丰出版股份有限公司，1977，第8730页。
② 《钦定大清会典事例》，卷274，蠲恤，赈饥4，（台北）新文丰出版股份有限公司，1977，第8730页。
③ 《钦定大清会典事例》，卷274，蠲恤，赈饥4，（台北）新文丰出版股份有限公司，1977，第8730页。
④ 《钦定大清会典事例》，卷274，蠲恤，赈饥4，（台北）新文丰出版股份有限公司，1977，第8731页。
⑤ 《钦定大清会典事例》，卷274，蠲恤，赈饥4，（台北）新文丰出版股份有限公司，1977，第8731页。
⑥ 《钦定大清会典事例》，卷274，蠲恤，赈饥4，（台北）新文丰出版股份有限公司，1977，第8732页。
⑦ 《钦定大清会典事例》，卷274，蠲恤，赈饥4，（台北）新文丰出版股份有限公司，1977，第8736页。
⑧ 《钦定大清会典事例》，卷274，蠲恤，赈饥4，（台北）新文丰出版股份有限公司，1977，第8736页。
⑨ 《钦定大清会典事例》，卷274，蠲恤，赈饥4，（台北）新文丰出版股份有限公司，1977，第8737页。

赈济数额相对要大。

旗人获得的赈济数额也依据灾歉程度有所不同。如"道光八年，珲春收成三分之旗丁，大口一千九百八十三名口，每月接济仓石谷二斗，小口一千三百三十四名口，每月接济仓石谷一斗；颗粒未收之旗丁，大口二千一百七名口，月接济仓谷二斗，小口一千三百五十五名口，月接济仓谷一斗，共计八千七百二十二石一斗。道光十一年，三姓八旗官庄壮丁，大口二千九百一十三名口，小口一千三百五十二名口，共接济八千五百一十四斗。双城堡收成一分余之站丁，大口三千二百七十三名，接济仓谷二斗，小口一千六百八十六名口，接济仓谷一斗。道光十五年，宁古塔被灾较重之屯丁，大口二百五十九名口，小口一百四十九名口，共接济七个月口粮；被灾较轻之京旗本地屯丁，大口三千五百七十二名口，小口二千零七名口，共接济五个月口粮。道光十八年，三姓山居灾户十分灾之旗丁，大口六千八百七十口，小口二千六百八十七口，共接济七八两月口粮。"①

为了保证赈济的顺利进行，清代还制定了一些约束措施。如惩处玩忽职守的官吏，"光绪三年谕内阁，铭安等奏，查明三姓地方被灾之旗民丁户确数，分别赈恤蠲免银谷开单呈览，并请将玩视民瘼之副都统惩处一折。三姓地方猝被水灾，亟应妥为抚恤，并蠲银谷以纾民力。给赈恤银六千三百八十七两零先由该署将军借款垫发，仍著户部迅速拨解。所有运谷车价，著照所请，按照民间车脚，核实作正开销"。② 为了防止粮商囤积，灾荒期间禁止粮食出境。如宣统三年七月，新民"金守以郡属水灾甚钜，需用赈粮为数不实，加以现在青黄不接之时，粮石一经缺乏于时局大有障碍，故特出小论禁止粮商外运"。③ 铁岭"本邑大水之后，秫米价值暴涨，至一吊有余。查各粮商堆积粮石甚多，本不缺乏，不过故事高抬，是以日昨商会传谕各粮商所存杂粮不准输运出口，以重民食，而秫米价值遂即低减矣"。④ 宣统三年十二月，奉天"现因奉属各处多被水灾，民食缺乏，大局实不堪

---

① 水利电力部水管司科技司、水利水电科学研究院：《清代辽河、松花江、黑龙江流域洪涝档案史料 清代浙闽台地区诸流域洪涝档案史料》，清代江河洪涝档案史料丛书，中华书局，1998年，第73、77、97页。
② 《德宗景皇帝实录》，卷60，中华书局，1987，第19～20页。
③ 《禁止运粮出境》，《盛京时报》，宣统三年（1911年）七月初七日。
④ 《禁止杂粮出境》，《盛京时报》，宣统三年（1911年）七月初十日。

设想，若再任各民粮出口，势必酿成饥荒惨祸。故已拟定于十二月二十日起凡於民食之米，大麦、小麦、高粱、粟、面粉、玉蜀等一律禁止出境，除札节各属遵照外，并照会各国领事查照云"。①

二　蠲缓

蠲缓是指与蠲免和缓征相关联的两套救灾程序。蠲是免除之意，缓即缓征，蠲缓就是蠲免、缓征土地所有者的部分或全部应缴赋税。蠲免是按照受灾程度对灾民应缴赋税予以部分或全部减免。缓征是将应征赋税暂缓征收，于以后年份带征完纳。蠲免和缓征的赋税都是灾民应缴纳的正赋，包括田赋和丁役，以钱粮的形式缴纳。"蠲缓钱粮"是清代的一项重要救灾措施，也是恢复和发展农业生产的经济政策之一。

关于蠲免。"蠲免之例，自古有之。"最初，蠲免之权在皇帝，凡灾伤、国家庆典、巡幸、军兴、库藏充裕之时，皇帝就会下诏蠲免全部或部分钱粮，以示体恤，谓之赐复。如嘉庆十年谕，"朕此次展谒祖陵，驻跸盛京，所有民田旗地，蠲租赐复，业已迭沛恩施"。②因灾蠲免，即灾蠲自有一定的规划和范围。很早以前就根据受灾轻重，酌定分数，蠲免田赋。唐朝时，有因灾损失十分之四者，免去租、桑、麻、树木等。到了明代，按受灾损失比例全免或部分免除租税。清代也承袭了这一政策，但其灾蠲规划前后有很大不同。顺治十年（1653年）规定："将全部额赋分作十分，按田亩受灾数酌减，被灾八分至十分者免十分之三；被灾五分至七分者免十分之二；被灾四分者免十分之一。"③康熙年间，因政府开支巨大，取消了四五分灾蠲，其他灾分也减低。雍正元年（1723年），重定灾蠲则例，变化较大，被灾十分者，免正赋的十分之七；被灾七分者，免十分之二；被灾六分者，免十分之一。乾隆元年（1736年）补充规定，受灾五分者亦准报灾，蠲免钱粮十分之一。其他规则仍照雍正元年（1723年）则例，并"永著成例"。清代东北地区的灾蠲规划略有不同。乾隆二年（1737年）议准，"入官旗地被灾，该管官将灾户原租银作为十分，按灾请蠲。被灾十分者蠲免租银五

① 《奉天又布防谷令》，《盛京时报》，宣统三年（1911年）十二月二十一日。
② 《钦定大清会典事例》，卷273，蠲恤，赈饥3，（台北）新文丰出版股份有限公司，1977，第8722页。
③ 赵尔巽主编《清史稿》，卷121，食货志2，中华书局，1976，第3552页。

分，九分者蠲免租银四分，八分者蠲免租银二分，七分者蠲免租银一分。被灾六分以下，不作成灾分数，其原纳租银，缓至来年麦熟后启征"。①

清代东北地区的灾蠲有以下几种情况。

一是蠲免当年应征钱粮。这种情况最多，见表5-1。

表5-1　清代东北地区部分年份蠲免情况

年代	蠲免情况
康熙三十四年	奉天等处今年田亩薄收，本年钱粮，通著蠲免②
嘉庆五年	黑龙江等处，今岁秋收，因严霜早降，天气甚寒，庄稼多被冻损。所有官屯人丁本年应征粮石，均著照例豁免③
嘉庆十五年	蠲免吉林被水之义仓官庄，应征租粮。并永智社旧站等四十七屯，正耗银五百八十两有奇④
嘉庆十九年	免黑龙江被灾各城应征额粮⑤
嘉庆二十二年	蠲免齐齐哈尔、黑龙江、墨尔根被灾兵丁额粮⑥
嘉庆二十五年	蠲免被水之齐齐哈尔、黑龙江、墨尔根、布特哈、茂兴应征额粮⑦
道光二十年	蠲免黑龙江、墨尔根城被水屯丁应交粮石⑧

① 《钦定大清会典事例》，卷278，蠲恤，蠲赋1，（台北）新文丰出版股份有限公司，1977，第8788页。
② 《钦定大清会典事例》，卷278，蠲恤，蠲赋1，（台北）新文丰出版股份有限公司，1977，第8783页。
③ 《钦定大清会典事例》，卷279，蠲恤，蠲赋2，（台北）新文丰出版股份有限公司，1977，第8801页。
④ 《钦定大清会典事例》，卷280，蠲恤，蠲赋3，（台北）新文丰出版股份有限公司，1977，第8813页。
⑤ 《钦定大清会典事例》，卷281，蠲恤，蠲赋4，（台北）新文丰出版股份有限公司，1977，第8816页。
⑥ 《钦定大清会典事例》，卷281，蠲恤，蠲赋4，（台北）新文丰出版股份有限公司，1977，第8816页。
⑦ 《钦定大清会典事例》，卷281，蠲恤，蠲赋4，（台北）新文丰出版股份有限公司，1977，第8817页。
⑧ 《钦定大清会典事例》，卷281，蠲恤，蠲赋4，（台北）新文丰出版股份有限公司，1977，第8818页。

续表

年代	蠲免情况
道光二十六年	蠲三姓旗人本年公、义仓谷五千二百二十石，民地丁银两七十两，蠲珲春义仓谷一百四十四石①
同治五年	蠲免奉天新民、岫岩、铁岭、开原、广宁、义、金、辽阳、承德、宁远、海城、锦十二厅州县被扰旗民地方本年额赋租课有差②
同治五年	蠲伯都讷地丁租赋四成，双城堡旗民租赋五成，阿勒楚喀租赋五成，拉林租赋四成，五常堡三成，吉林厅旗民地丁银谷三成③
同治七年	蠲免吉林、双城堡被雹被水屯田本年租赋④
光绪三年	蠲免吉林被水之三姓地方应征银谷⑤
光绪四年	蠲免吉林被灾之伯都讷应征租赋⑥
光绪七年	蠲免吉林正红、镶红二旗暨伯都讷所属地租⑦
光绪十五年	蠲免奉天各城旗民被水村庄地租差粮⑧
光绪二十一年	蠲免盛京户部官庄被淹地亩本年额粮有差⑨
宣统元年	蠲免吉林五常厅、桦甸县被灾地方宣统元年分应征钱粮⑩

二是蠲免历年灾欠钱粮。具体情况见表 5－2。

① 长顺修、李桂林纂、李澍田校：《吉林通志》，卷32，食货，吉林文史出版社，1986，第572页。
② 《穆宗毅皇帝实录》，卷171，中华书局，1987，第29页。
③ 长顺修、李桂林纂、李澍田校：《吉林通志》，卷32，食货，吉林文史出版社，1986，第573页。
④ 《穆宗毅皇帝实录》，卷246，中华书局，1987，第9页。
⑤ 《钦定大清会典事例》，卷281，蠲恤，蠲赋4，（台北）新文丰出版股份有限公司，1977，第8823页。
⑥ 《钦定大清会典事例》，卷281，蠲恤，蠲赋4，（台北）新文丰出版股份有限公司，1977，第8824页。
⑦ 《钦定大清会典事例》，卷281，蠲恤，蠲赋4，（台北）新文丰出版股份有限公司，1977，第8825页。
⑧ 《德宗景皇帝实录》，卷264，中华书局，1987，第7页。
⑨ 《德宗景皇帝实录》，卷379，中华书局，1987，第20页。
⑩ 《清实录·宣统政纪》，卷32，中华书局，1987，第4页。

表 5-2　清代东北地区蠲免历年灾欠情况

年代	蠲免情况
乾隆十二年	吉林地方上年雨水多，霜降早，收成歉薄。著加恩将应交米粮，均予宽免①
嘉庆十九年	免三姓水灾旧欠仓粮②
道光元年	蠲免奉天府岫岩等城兵丁借欠米石③
道光九年	免盛京、兴京、辽阳、牛庄、盖州、熊岳、复州、金州、岫岩、凤凰城、开原、锦州、宁远、广宁、义州十五处旗地道光八年以前积欠及各壮丁应完本年丁米④
咸丰元年	免盛京辽阳、开原、锦州、广宁、铁岭六府州县积欠银米⑤；免黑龙江、齐齐哈尔、墨尔根、布特哈四处因灾借给未完粮银⑥
咸丰三年	蠲免奉天金、复、承德、岫岩四厅州县被水灾区上年额赋⑦
光绪十二年	蠲免吉林歉收之宾州厅及宁古塔地方租赋⑧
光绪二十八年	蠲免吉林双城厅属应征光绪二十七年分暨带征二十六年分银赋⑨
宣统三年	蠲免伯都讷旗属义仓公田上年被灾租赋⑩

　　三是蠲免范围有时多达数个州县。如"道光七年，以回疆凯撤官兵过境，蠲免奉天府辽阳、复义、岫岩、海城、盖平、宁远七厅州县地丁银十分之四"。⑪"道光九年免盛京、兴京、辽阳、牛庄、盖州、熊岳、复州、金

---

① 《钦定大清会典事例》，卷 279，蠲恤，蠲赋 2，（台北）新文丰出版股份有限公司，1977，第 8792 页。
② 《钦定大清会典事例》，卷 281，蠲恤，蠲赋 4，（台北）新文丰出版股份有限公司，1977，第 8816 页。
③ 《钦定大清会典事例》，卷 281，蠲恤，蠲赋 4，（台北）新文丰出版股份有限公司，1977，第 8817 页。
④ 《宣宗成皇帝实录》，卷 6，中华书局，1986，第 15 页。
⑤ 《文宗显皇帝实录》，卷 29，中华书局，1986，第 7 页。
⑥ 《文宗显皇帝实录》，卷 30，中华书局，1986，第 28 页。
⑦ 《文宗显皇帝实录》，卷 86，中华书局，1986，第 43 页。
⑧ 《钦定大清会典事例》，卷 281，蠲恤，蠲赋 4，（台北）新文丰出版股份有限公司，1977，第 8829 页。
⑨ 《德宗景皇帝实录》，卷 499，中华书局，1987，第 4 页。
⑩ 《清实录·宣统政纪》，卷 67，中华书局，1987，第 15 页。
⑪ 《钦定大清会典事例》，卷 281，蠲恤，蠲赋 4，（台北）新文丰出版股份有限公司，1977，第 8817 页。

州、岫岩、凤凰城、开原、锦州、宁远、广宁、义州十五处旗地应纳本年
米豆草束十分之五。"① "光绪十一年，蠲免奉天府旗界暨广宁、安东、怀
仁、通化、宽甸五县新旧钱粮。蠲免吉林被灾之伯都讷、宁古塔等地方银
谷。"② "光绪十二年，蠲免奉天省被水之安东、锦、海城、广宁、新民、
金、岫岩、复八厅州县新旧钱粮。"③

　　四是在灾情非常严重的情况下，地方可奏请将民田应纳钱粮全部蠲
免。如"乾隆二十九年谕，据富僧阿奏，本年齐齐哈尔、呼兰均被水灾，请借
给二处官屯壮丁口粮籽种共米一千三十六石，并请免交额粮等语。著加恩
照富僧阿所请，由该处仓储内借给，其应交粮石，并著加恩蠲免"。④ "乾隆
十二年丁丑谕，据将军阿兰泰等奏称，三姓、吉林地方，本年雨水连绵，
所有官员兵丁及官屯义仓，濒河地亩，多被淹浸等语。此虽系一隅偏灾，
但官兵地亩歉收，米谷未免不敷。著交该将军等，按被灾轻重，借给口粮，
以资接济，其支借谷石，若令于来秋偿还，未免力有未逮，可与从前所借
谷石，俱著分作三年，陆续交纳。至本年应交官屯义仓谷石，著查明蠲免。
再吉林冒屯田地，内有被水者，其应交谷石，亦一体查明蠲免。"⑤ "乾隆十
五年庚午蠲免船厂所属乌拉、伊尔扣等驿，及伊屯边门、伊尔扣台、西尔
哈台等处，乾隆十五年被水漂没支义仓兰千一百石有奇。"⑥ "乾隆五十六年
蠲免奉天、锦州府、广宁县，乾隆五十三年至五十四年两年分因灾贷欠未
完粮米七千六百四十七石有奇。"⑦

　　关于缓征。缓征是与蠲免相关联的措施，即将应征钱粮暂缓征收，于
以后年份带征完纳。有关缓征的文献资料很多，清代各朝的实录、会典、
奏折、通志、县志中均有记载，这里仅就《钦定大清会典事例》中的资料
予以说明（见表5-3）。

① 《宣宗成皇帝实录》，卷6，中华书局，1986，第15页。
② 《钦定大清会典事例》，卷281，蠲恤，蠲赋4，（台北）新文丰出版股份有限公司，1977，第8828页。
③ 《钦定大清会典事例》，卷281，蠲恤，蠲赋4，（台北）新文丰出版股份有限公司，1977，第8829页。
④ 《高宗纯皇帝实录》，卷747，中华书局，1986，第14页。
⑤ 《高宗纯皇帝实录》，卷301，中华书局，1986，第5~6页。
⑥ 《高宗纯皇帝实录》，卷394，中华书局，1986，第11页。
⑦ 《高宗纯皇帝实录》，卷1387，中华书局，1986，第32页。

表 5 – 3　清代东北地区部分年份缓征情况

时间	缓征情况
康熙四十二年	奉天府、承德等州县歉收，将四十二年应征米豆，并借给民人米谷，均于次年带征①
乾隆二十四年	奉天府、承德等州县被灾各户，及无地穷丁应征丁银，均按成灾分数，分年带征②
乾隆三十八年	盛京各城旗人积欠余地租银六万余两，一时并征，恐不免稍形拮据，著加恩分作六年带征③
嘉庆五年	缓征黑龙江、墨尔根、呼兰、齐齐哈尔、布特哈八旗兵丁人等旧欠口粮④
嘉庆十六年	缓征奉天歉收之复州、宁海县出借米石及旧欠银米⑤；又缓征奉天歉收之复州、宁海县本年旗户银米⑥；又缓征奉天府被灾之岫岩厅旧欠花利银米⑦；又缓征奉天府歉收之复州、宁海县兵丁所借仓谷粮石，并岫谷、熊岳、凤凰城三处各项银米⑧
嘉庆十八年	缓征歉收之黑龙江、墨尔根旗民旧借口粮⑨
嘉庆十九年	缓征黑龙江各城被灾之旧欠口粮籽种⑩；又缓征吉林被水之打牲乌拉、鄂莫和、毕尔罕、法特哈、舒兰、永智社六处新旧仓粮⑪；又缓征三姓、宁古塔、珲春三处被水之新旧粮银⑫

① 《钦定大清会典事例》，卷282，蠲恤，缓征1，（台北）新文丰出版股份有限公司，1977，第8830页。
② 《钦定大清会典事例》，卷282，蠲恤，缓征1，（台北）新文丰出版股份有限公司，1977，第8840页。
③ 《钦定大清会典事例》，卷282，蠲恤，缓征1，（台北）新文丰出版股份有限公司，1977，第8842页。
④ 《钦定大清会典事例》，卷282，蠲恤，缓征2，（台北）新文丰出版股份有限公司，1977，第88516页。
⑤ 《钦定大清会典事例》，卷282，蠲恤，缓征2，（台北）新文丰出版股份有限公司，1977，第8865页。
⑥ 《钦定大清会典事例》，卷282，蠲恤，缓征2，（台北）新文丰出版股份有限公司，1977，第8865页。
⑦ 《钦定大清会典事例》，卷282，蠲恤，缓征2，（台北）新文丰出版股份有限公司，1977，第8865页。
⑧ 《钦定大清会典事例》，卷282，蠲恤，缓征2，（台北）新文丰出版股份有限公司，1977，第8865页。
⑨ 《钦定大清会典事例》，卷284，蠲恤，缓征3，（台北）新文丰出版股份有限公司，1977，第8868页。
⑩ 《钦定大清会典事例》，卷284，蠲恤，缓征3，（台北）新文丰出版股份有限公司，1977，第8869页。
⑪ 《钦定大清会典事例》，卷284，蠲恤，缓征3，（台北）新文丰出版股份有限公司，1977，第8869页。
⑫ 《钦定大清会典事例》，卷284，蠲恤，缓征3，（台北）新文丰出版股份有限公司，1977，第8869页。

续表

时间	缓征情况
嘉庆二十一年	缓征奉天被风之金、宁海二州县旧欠银米①
嘉庆二十五年	缓征奉天被灾之锦州府属正折米石②
道光元年	缓征奉天府被灾之新民、宁远二厅州上年额赋豆石并旧欠银米③
道光二年	缓征齐齐哈尔被水之屯丁借支嘉庆二十五年银粮④
道光三年	缓征奉天府歉收之宁海县额赋⑤
道光四年	缓征黑龙江、齐齐哈尔、墨尔根、打牲等处上年续借口粮银⑥
道光六年	缓征奉天府所属被水之牛庄、白旗堡、小黑山、辽阳等处粮租，并锦州府上被灾之中前所、中后所、宁远等处旗户租课⑦
道光九年	缓征歉收之宁古塔、三姓新旧旗租⑧
道光十年	缓征奉天府被旱之承德、辽阳、新民、广宁、锦五州县新旧额赋⑨；又缓征宁古塔歉收之八旗田亩积欠额赋⑩

---

① 《钦定大清会典事例》，卷284，蠲恤，缓征3，（台北）新文丰出版股份有限公司，1977，第8870页。
② 《钦定大清会典事例》，卷284，蠲恤，缓征3，（台北）新文丰出版股份有限公司，1977，第8873页。
③ 《钦定大清会典事例》，卷284，蠲恤，缓征3，（台北）新文丰出版股份有限公司，1977，第8874页。
④ 《钦定大清会典事例》，卷284，蠲恤，缓征3，（台北）新文丰出版股份有限公司，1977，第8875页。
⑤ 《钦定大清会典事例》，卷284，蠲恤，缓征3，（台北）新文丰出版股份有限公司，1977，第8875页。
⑥ 《钦定大清会典事例》，卷284，蠲恤，缓征3，（台北）新文丰出版股份有限公司，1977，第8876页。
⑦ 《钦定大清会典事例》，卷284，蠲恤，缓征3，（台北）新文丰出版股份有限公司，1977，第8877页。
⑧ 《钦定大清会典事例》，卷284，蠲恤，缓征3，（台北）新文丰出版股份有限公司，1977，第8880页。
⑨ 《钦定大清会典事例》，卷284，蠲恤，缓征3，（台北）新文丰出版股份有限公司，1977，第8881页。
⑩ 《钦定大清会典事例》，卷284，蠲恤，缓征3，（台北）新文丰出版股份有限公司，1977，第8881页。

续表

时间	缓征情况
道光十一年	缓征吉林、三姓、拉林、双城堡被水地方新旧额赋；又缓征黑龙江、齐齐哈尔、墨尔根城、额玉尔、库穆尔旗营官屯驿站积欠银两①；又缓征宁古塔歉收地方新旧额交银谷②
道光十二年	缓征歉收之吉林、宁古塔、伯都讷、三姓、阿勒楚喀、拉林、双城堡七处旗银谷③
道光十四年	缓征被水之吉林十旗、打牲乌拉八旗新旧银谷④
道光十六年	缓征歉收之黑龙江、齐齐哈尔、墨尔根城等处旧欠粮银⑤
道光十七年	缓征齐齐哈尔、黑龙江、墨尔根三城新旧额赋⑥
道光十八年	缓征奉天府歉收之宁远州额赋⑦；又缓征墨尔根、布特哈、齐齐哈尔、黑龙江、博尔多、宁古塔、三姓等处积欠银粮⑧
道光十九年	缓征奉天府被灾之广宁、复二州县额赋⑨；又缓征齐齐哈尔、黑龙江、墨尔根三城，暨布特哈、卜魁等处旗站各丁新旧银米⑩

---

① 《钦定大清会典事例》，卷284，蠲恤，缓征3，（台北）新文丰出版股份有限公司，1977，第8882页。
② 《钦定大清会典事例》，卷284，蠲恤，缓征3，（台北）新文丰出版股份有限公司，1977，第8882页。
③ 《钦定大清会典事例》，卷284，蠲恤，缓征3，（台北）新文丰出版股份有限公司，1977，第8882页。
④ 《钦定大清会典事例》，卷284，蠲恤，缓征3，（台北）新文丰出版股份有限公司，1977，第8887页。
⑤ 《钦定大清会典事例》，卷285，蠲恤，缓征4，（台北）新文丰出版股份有限公司，1977，第8889页。
⑥ 《钦定大清会典事例》，卷285，蠲恤，缓征4，（台北）新文丰出版股份有限公司，1977，第8890页。
⑦ 《钦定大清会典事例》，卷285，蠲恤，缓征4，（台北）新文丰出版股份有限公司，1977，第8892页。
⑧ 《钦定大清会典事例》，卷285，蠲恤，缓征4，（台北）新文丰出版股份有限公司，1977，第8892页。
⑨ 《钦定大清会典事例》，卷285，蠲恤，缓征4，（台北）新文丰出版股份有限公司，1977，第8892页。
⑩ 《钦定大清会典事例》，卷285，蠲恤，缓征4，（台北）新文丰出版股份有限公司，1977，第8893页。

续表

时间	缓征情况
道光二十一年	缓征吉林、伯都讷、珠尔山额赋①；又缓征齐齐哈尔、墨尔根城旧欠银②
道光二十二年	缓征奉天府宁海县地租③；又缓征齐齐哈尔、黑龙江、墨尔根、布特哈四处积欠银两④
道光二十三年	缓征奉天府被灾之岫岩、铁岭、广宁、新民、海城、辽阳六厅州县，暨沈阳、牛庄、凤凰城三处新旧额赋⑤
道光二十四年	缓征奉天府被水之金、复、岫岩、辽阳、海城、盖平、新民、锦八州厅县新旧额赋⑥
道光二十六年	缓征奉天府被水之新民、承德、辽阳、海城、盖平、金、复、开原、铁岭、锦、宁远、广宁、岫岩十三厅州县新旧额赋⑦
咸丰元年	缓征奉天府歉收之新民厅额赋⑧
咸丰二年	蠲缓奉天府被水之金、复、辽阳、岫岩、熊岳、牛庄、海城、承德、新民九厅州县租赋⑨
咸丰三年	缓征吉林、三姓歉收地方新旧额赋⑩

---

① 《钦定大清会典事例》，卷285，蠲恤，缓征4，（台北）新文丰出版股份有限公司，1977，第8895页。
② 《钦定大清会典事例》，卷285，蠲恤，缓征4，（台北）新文丰出版股份有限公司，1977，第8895页。
③ 《钦定大清会典事例》，卷285，蠲恤，缓征4，（台北）新文丰出版股份有限公司，1977，第8896页。
④ 《钦定大清会典事例》，卷285，蠲恤，缓征4，（台北）新文丰出版股份有限公司，1977，第8896页。
⑤ 《钦定大清会典事例》，卷285，蠲恤，缓征4，（台北）新文丰出版股份有限公司，1977，第8896页。
⑥ 《钦定大清会典事例》，卷285，蠲恤，缓征4，（台北）新文丰出版股份有限公司，1977，第8897页。
⑦ 《钦定大清会典事例》，卷285，蠲恤，缓征4，（台北）新文丰出版股份有限公司，1977，第8900页。
⑧ 《钦定大清会典事例》，卷286，蠲恤，缓征5，（台北）新文丰出版股份有限公司，1977，第8906页。
⑨ 《钦定大清会典事例》，卷286，蠲恤，缓征5，（台北）新文丰出版股份有限公司，1977，第8907页。
⑩ 《钦定大清会典事例》，卷286，蠲恤，缓征5，（台北）新文丰出版股份有限公司，1977，第8908页。

续表

时间	缓征情况
咸丰六年	展缓吉林打牲乌拉被淹旗地积欠额赋①
咸丰九年	缓征奉天府被水之海城县暨牛庄各旗地亩本年额赋②
咸丰十一年	蠲缓宁古塔被水之田亩本年额赋暨应交仓谷③
同治三年	缓征吉林被水之双城堡新旧租赋④
同治七年	缓征黑龙江被灾之巴彦苏苏等处租赋⑤
光绪六年	展缓吉林被灾之宁古塔、三姓、珲春等处应征银谷⑥
光绪七年	展缓宁古塔、三姓、珲春被灾之地方带征银谷⑦
光绪十年	缓征宁古塔、珲春、三姓被灾之地方旧欠银谷⑧

由表 5-3 可知，道光朝缓征的次数最多，其次是嘉庆朝和咸丰朝。缓征的内容有粮谷、银两、租赋、丁役、籽种等；有缓征当年应征银谷的，也有缓征历年旧欠银谷及往年借贷的银粮籽种的。

缓征的范围，一般是被灾不足五分者均予以缓征。如"乾隆十一月乙巳户部议准，奉天府府尹苏昌疏称，锦县、广宁二县，被水被雹成灾，本年应征钱粮，请查明分数题蠲。……至承德、辽阳、海城、盖平、复卅、宁海六州县被淹洼地，虽勘不成灾，然收成歉薄，所有本年出借口粮籽种，

① 《钦定大清会典事例》，卷 286，蠲恤，缓征 5，（台北）新文丰出版股份有限公司，1977，第 8912 页。
② 《钦定大清会典事例》，卷 286，蠲恤，缓征 5，（台北）新文丰出版股份有限公司，1977，第 8914 页。
③ 《钦定大清会典事例》，卷 286，蠲恤，缓征 5，（台北）新文丰出版股份有限公司，1977，第 8917 页。
④ 《钦定大清会典事例》，卷 287，蠲恤，缓征 6，（台北）新文丰出版股份有限公司，1977，第 8919 页。
⑤ 《钦定大清会典事例》，卷 287，蠲恤，缓征 6，（台北）新文丰出版股份有限公司，1977，第 8922 页。
⑥ 《钦定大清会典事例》，卷 287，蠲恤，缓征 6，（台北）新文丰出版股份有限公司，1977，第 8930 页。
⑦ 《钦定大清会典事例》，卷 287，蠲恤，缓征 6，（台北）新文丰出版股份有限公司，1977，第 8931 页。
⑧ 《钦定大清会典事例》，卷 287，蠲恤，缓征 6，（台北）新文丰出版股份有限公司，1977，第 8934 页。

统俟来秋免息征还"。① "乾隆十五年癸未户部议覆，监收盛京官庄粮石吏部右侍郎慧中等奏称，所属官庄被水庄头，请照盛京内务府大粮庄头被灾例酌议，被灾五分者，免差一半，被灾六分以上，按照分数，递免差徭。未成灾之官庄，收成亦薄，请将本年应交粮棉，先纳一半，次年征还一半。"② 乾隆四十六年（1781年）又进一步扩大了缓征范围，规定成灾五分以上的地亩一体缓征。因此，缓征的范围极大。

缓征的时限为下年麦收或秋后。如"光绪四年，黑龙江将军丰绅等奏，黑龙江各属收成分数，请分别征免，并黑龙江、墨尔根各城被灾接济银两，齐齐哈尔城青黄不接，借欠未缴籽粮，均请暂缓至来年秋后缴还"。③ 如遇连年灾歉可延长缓征期限，如果数年不能完纳，累计为积欠，可与缓征钱粮一并蠲免。如"乾隆五十四年，奉天、广宁等属本年雨水较多，所有该处带征银米，俱著加恩蠲免"。④ "咸丰元年四月，蠲免吉林三姓地方因灾缓征银米。"⑤

带征期限，按成灾分数分不同年份带征。如"乾隆四年七月甲戌户部议覆，奉天府府尹吴应枚疏称，复州、宁海、锦县、宁远等四州县，乾隆三年被灾分数，其蠲剩钱粮分作二年、三年带征，分晰造册，送部查核。于乾隆四年为始，将被灾五分、六分、七分者，分作二年带征。被灾八分、九分、十分者，分作三年带征。又称乾隆二年水灾案内，带征元年分民退地银米，缓至乾隆三年始，分作三年带征在案。今除不被虫之户照例按数带征外，请将被虫地亩缓至乾隆四年为始，分作三年带征完报。又称乾隆三年带征乾隆元年民退地银米内，除不被虫地亩，仍按三分之一征收外，请将被虫地亩，递缓至乾隆四年、五年带征完报。又称乾隆二年水灾案内，蠲剩缓征该年民退地亩银粮，准于乾隆三年带征全完在案。今除不被虫之户照数征收外，请将被虫地亩，统候乾隆四年照数征收完报。又称锦县、宁远州，退圈地亩，虽征黑豆，而种谷之处甚多，亦有被虫伤损者，业经

① 《高宗纯皇帝实录》，卷278，中华书局，1986，第14页。
② 《高宗纯皇帝实录》，卷378，中华书局，1986，第23页。
③ 《德宗景皇帝实录》，卷80，中华书局，1987，第3页。
④ 《钦定大清会典事例》，卷279，蠲恤，蠲赋2，（台北）新文丰出版股份有限公司，1977，第8798页。
⑤ 《文宗显皇帝实录》，卷32，中华书局，1986，第13页。

题准，按分数蠲免。其蠲剩豆石，并乾隆二年水灾案内缓征豆石，仍应三年征收全完。所有半征退地银两，除按分数蠲免外，其蠲剩银两亦请缓至乾隆四年为始，照例按分数带征完报。又称乾隆三年锦县、宁远出借籽种谷石，其未经被虫之户，已于三年秋收之后，照数催取还仓，其被虫之户所借籽种谷石，请缓至乾隆四年为始，分作三年带征还仓"。①

蠲免和缓征有时同时进行，而且次数较多。如以道光年为例，"道光六年，吉林、伯都讷、三姓、阿勒楚喀灾，分别蠲缓旗民仓谷丁银"。② "十一月，蠲缓盛京牛庄、白旗堡、小黑山、辽阳等处被水地亩本年粮租。"③ "道光十一年十一月，蠲缓宁古塔、双城堡被雹、被霜庄屯新旧额交银谷有差，并贷旗民口粮。"④ "正月，蠲缓吉林三姓、拉林、双城堡上年被水兵丁应征谷石及民欠新旧额赋有差。"⑤ "道光十二年十一月，蠲缓吉林、宁古塔、伯都讷、三姓、阿勒楚喀、拉林、双城堡七处歉收旗民应交银谷有差，并贷口粮籽种。"⑥ "道光十三年十月，蠲缓吉林十旗、打牲乌拉八旗被水地亩新旧额赋有差，给旗民口粮及房屋修费，除水冲地一顷十三亩额赋。"⑦ "道光十四年，蠲缓吉林十旗、打牲乌拉八旗额赋。"⑧ "道光十五年十二月，蠲缓吉林、宁古塔、三姓被水歉区新旧银谷有差，并给兵丁口粮。"⑨ "道光十六年十一月，蠲缓宁古塔、三姓被旱被霜歉区各项银谷有差，给旗兵半年口粮。"⑩ "道光十七年十月，蠲缓齐齐哈尔、黑龙江、墨尔根三处被灾屯田新、旧额赋有差，并贷旗丁口粮。"⑪ "道光二十三年十一月，蠲缓齐齐哈尔、黑龙江、墨尔根、布特哈四处歉收田亩应交粮石有差，并贷口粮。"⑫ "道光二十四年十月，蠲缓奉天金州、复、岫岩、辽阳、海城、盖平、新

① 《高宗纯皇帝实录》，卷97，中华书局，1986，第21~22页。
② 长顺修、李桂林纂、李澍田校：《吉林通志》，卷32，食货，吉林文史出版社，1986，第573页。
③ 《宣宗成皇帝实录》，卷109，中华书局，1986，第28~29页。
④ 《宣宗成皇帝实录》，卷200，中华书局，1986，第15页。
⑤ 《宣宗成皇帝实录》，卷183，中华书局，1986，第4页。
⑥ 《宣宗成皇帝实录》，卷252，中华书局，1986，第19页。
⑦ 《宣宗成皇帝实录》，卷258，中华书局，1986，第13页。
⑧ 穆恒州：《吉林旧志资料类编》，自然灾害篇，吉林文史出版社，1986，第105页。
⑨ 《宣宗成皇帝实录》，卷274，中华书局，1986，第19页。
⑩ 《宣宗成皇帝实录》，卷316，中华书局，1986，第10页。
⑪ 万福麒、张伯英纂：《黑龙江志稿》，民国二十一至二十二年铅印本，第589页。
⑫ 《宣宗成皇帝实录》，卷398，中华书局，1986，第29页。

民、锦八厅州县被水灾区新旧额赋，并给口粮有差。"① "道光二十六年，蠲缓奉天新民、承德、辽阳、海城、盖平、复、金、开原、铁岭、锦、宁远、广宁、岫岩十三厅州县被水灾区新旧额赋有差。"②

为了防止地方官吏在蠲缓过程中营私舞弊，保证蠲缓正常进行，清代还制定了一套约束办法。如康熙年间规定："凡蠲免时随意增减造册者，州县卫所官降二级调用，该管司、道、府、都司罚俸一年，督抚罚俸六个月。""蠲赋而官侵蚀者，照贪官例革职提问，上司官循纵者均革职。"③ 同时，把蠲缓的好坏作为地方官吏业绩的考核标准。如康熙五十三年十月丁酉户部议覆，"盛京户部侍郎董国礼疏言，万寿恩诏，将各省地丁钱粮尽行蠲免。其盛京所属，各处旗人所种地亩内应征之米豆草与历年旧欠之米豆草，请照奉天府地丁钱粮蠲免之例蠲免。各省州县征粮之官，皆有考成，盛京并无考成之例，故每年拖欠甚多。盛京地方官声名不好，部员征取肥己，亦未可料，著交与户部严查。嗣后盛京等处征取米豆草官员，亦著考成"。④

三　平粜

平粜是指官府在荒年缺粮时，将仓库所存粮米平价或减价出售，以平抑谷价，救济灾民。平粜作为一种赈灾济民的救荒手段，自古有之，"太史公所谓平粜齐物，关市不乏，治国之道也"。⑤ 可见，司马迁将平粜的地位上升到治国之法的高度，足见其对国计民生的重要意义。

清代东北地区平粜的操作方法主要有四种：采买平粜、调拨平粜、平年平粜和余粮平粜。

采买平粜是责令相邻地区采买米石运送灾区平粜。如"乾隆五十年定，奉省二次采买麦三万石，运到京师粜卖，以平市价。仿照王公官员承买黑豆之例，准令官员承买。定为武职一、二品，闲散三品以下等官，文职七品以下等官承买。每石比时价减银二钱五分五厘，以二两三钱卖给，令各

① 《宣宗成皇帝实录》，卷410，中华书局，1986，第9页。
② 《宣宗成皇帝实录》，卷434，中华书局，1986，第28页。
③ 《清朝文献通考》，卷45，国用考7，蠲贷，浙江古籍出版社，2000，第5277页。
④ 《圣祖仁皇帝实录》，卷260，中华书局，1986，第14页。
⑤ 《史记》，太史公列传。

衙门出具印领赴仓承买。所卖价银，在各该员俸廉等项银内，依限照数坐扣完项"。① 嘉庆六年八月庚申谕军机大臣等，"本年直隶被灾州县较多，……念来春青黄不接之时，米价昂贵，必须豫筹采买米石，以备平粜之用。今奉天通省丰收，粮价甚贱，自应就近采办转运，以资接济。著传谕陈大文即查明直隶被灾各州县，明春拨备平粜米石共需若干，迅速奏闻，以便谕令晋昌，即由奉省采买。至如何派员接运之处，并著该督详悉酌核具奏。核计直省被灾州县明春平粜约共需米三十万石，除已由豫东二省代买米十五万石外，请在奉省再采买高粱四、五万石，连米凑足十五万石，照乾隆四十九年例，由奉天雇船，派员押运到津交收，一切款项由直隶解还归款"。② 嘉庆七年谕，"上年直隶被灾州县较多，经朕叠沛恩施，设法赈恤，并豫行降旨，令奉天、山东、河南三省，采办米麦高粱三十万石，以备平粜之用。现届青黄不接之时，该省市粮稀少，价值增昂，小民籴食维艰。著照所请，将前项粮石，按所减价值，分别派拨粜卖。该督务须严饬各属，实心经理，俾市价日就平减"。③ "咸丰七年议准：奉天米价平减，动拨山海关税银四万两，在锦州一带，陆续买粟米四万二千四百石。按照市价，每石八钱四分及九钱八分不等，核计净需米价银三万七千五百六十二两。其余银两，除开销、陆运车脚、铺舱席片、押船官兵饭食等项应用外，余剩照例呈交。其由海运津，由津运通，一切费用，由直隶总督饬令天津道，照奉天年例运通米豆之案，核实开销。"④ 同治六年谕，"前因畿辅亢旱，……谕直隶总督顺天府府尹妥议救荒之策。犹恐粮价增昂，民食缺乏。江苏、浙江等省，既属丰稔，即著该省督抚，迅各筹款采买米粮数十万石，由海船运赴天津。并著盛京将军、奉天府府尹，察看该处情形，采买粟米若干石。由户部筹款拨给，赶紧购运，仍均准其免税"。⑤

---

① 《钦定大清会典事例》，卷188，户部，仓庚，（台北）新文丰出版股份有限公司，1977，第7570页。

② 《仁宗睿皇帝实录》，卷86，中华书局，1986，第20~21页。

③ 《钦定大清会典事例》，卷275，蠲恤，平粜，（台北）新文丰出版股份有限公司，1977，第8753页。

④ 《钦定大清会典事例》，卷188，户部，仓庚，（台北）新文丰出版股份有限公司，1977，第7566页。

⑤ 《钦定大清会典事例》，卷188，户部，仓庚，（台北）新文丰出版股份有限公司，1977，第7567页。

调拨平粜是由政府调拨外地之米运送灾区平粜。如"乾隆八年三月庚申户部议准，黑龙江将军博第奏称，宁古塔将军鄂弥达，先以齐齐哈尔地方上年歉收，奏请将吉林等处官庄并八旗义仓粮石拨运粜济，经部议准"。①"乾隆十一年癸未户部议覆，黑龙江将军傅森等奏称，墨尔根、齐齐哈尔、黑龙江三城八旗兵丁水手人等耕种地亩，现查明先后被水被霜情形，所获粮石，不敷食用，请照例于不敷之月起，分别借拨仓粮等语。在于公仓，并备存仓粮内，动支拨发，除动用公仓粮毋用补还外，其借动备存仓粮，仍于次年如数补还。又称，博西等八站站丁地亩被水，收获无多，请按各站坐落地方远近，分别借粜等语。至所称，黑龙江现贮仓粮，止二万二千余石，该处需用甚多，不敷储备，亦准在呼兰仓粮内动拨一万八千石，运往黑龙江，存贮备用。"②"乾隆十五年丙寅谕军机大臣等，据黑龙江将军富尔丹等奏称，去岁吉林地方雨水过多，河水涨溢，冲损田苗，米价昂贵，每一大石价至九两之多，如青黄不接时，米价再长，穷民更觉艰难。请将黑龙江所属呼兰地方仓贮米石拨仓斛一万石，由水路运至吉林，令彼处旗人照齐齐哈尔地方所定官价，仓斛三石五斗四升粜价银一两二钱等语。此奏虽属留心公事，但所奏仓斛三石五斗四升粜价银一两二钱，较一大石之数足与不足，折内并未声明，如一大石与仓斛三石五斗四升之数相等，则吉林地方现已卖银九两，而仓斛三石五斗四升只作价一两二钱，减价过多，恐不肖之徒从中取利，贱买贵卖，反于穷民无益。夫平价一事，当视现在价值，以渐平减，如一径减价太过，则多寡悬殊，反生弊端。但富尔丹等，既称现在吉林米价昂贵，若俟查明请旨，再行办理，现当青黄不接之时，与穷民无益，可寄信于富尔丹、卓鼐等，会同商酌，惟期有益，一面办理，一面奏闻。"③"乾隆十六年闰五月，拨呼兰仓米一万石，于船厂平粜。十二月戊戌，贷船厂、珲春地方本年水灾旗户。"④"乾隆四十五年七月壬寅军机大臣等议覆，吉林将军和隆武奏称，三姓地方原立官庄十三处，每岁纳谷三千石入仓，积至三万石，为应贮定数，除供给杂项口粮米石外，余谷二千余石，于青黄不接之时，粜与兵丁，甚有裨益。但现在新驻宁古塔及三

---

① 《世宗宪皇帝实录》，卷186，中华书局，1986，第7页。
② 《世宗宪皇帝实录》，卷277，中华书局，1986，第10页。
③ 《世宗宪皇帝实录》，卷385，中华书局，1986，第22~23页。
④ 穆恒州：《吉林旧志资料类编》，自然灾害篇，吉林文史出版社，1986，第103页。

姓地方，贡纳貂皮人等二千三百余户，均需赏给口粮，原籴谷石不敷。请增设官庄五处，自明年为始，每丁令其交谷三十石，共收谷一千五百石，以资接济兵丁口粮。"① "乾隆五十四年十月乙卯，据内务府议奏：请崇与打牲人等口粮四千余石，以资接济。所籴银两于明年秋季饷银内坐扣完结等语。本年六月雨水较多，松花江、舒兰河水溢，打牲乌拉人等所种田地被冲，理宜接济，现在所需口粮即照所奏籴与，并著加恩赏给一半，其应扣一半银两自明年秋，以为始分三年坐扣，以示体恤，俾我旗仆生计益得裕矣。"② "嘉庆十年三月庚子，以吉林、三姓积年灾欠，发仓谷一万石平籴。"③

平年平籴是为了防止粮谷霉烂，每年都要出陈易新，将一部分陈粮减价平籴。如雍正九年，奉天府尹杨超奏："兹查奉天、锦州二府所属各州县存仓黑豆，雍正七年……行令酌籴三停一。但查各属册籍，其存仓黑豆除籴三分之一外，承德等九州县共计尚有二十五万八千九百余石，积贮实为繁多。且黑豆之性最为发点，尤难久贮，目今虽有存七籴三之例，无如存仓年久变色者多，开籴之时，较诸市价仅值十之五六，至秋收买补照额还仓，州县不无赔累，是以历年以来籴卖之数甚少。与其陈陈相因、年久朽腐，不若趁此可以籴卖之时，除每州县各酌量存留万石外，悉照雍正七年之例，按依时价陆续籴卖。"④ 乾隆二十九年规定："凡旗仓额储仓粮，每年出陈易新，将额储变色粮石，照时价减银平籴，吉林宁古塔、三姓、伯都讷、拉林、阿勒楚喀等五处，每石照时价减银一钱。黑龙江、齐齐哈尔、墨尔根、呼兰地方等四处额储仓粮，以十分之内划出一分，每石照时价减银五分，籴给兵丁。其价银于兵饷内分作二季坐扣还项，价银留存各本处公用，按年造人仓粮奏销报部。"⑤ "嘉庆四年奏准：奉天所属九厅州县，存仓米谷，陈陈相因，兼之地方潮湿，恐致霉烂，嗣后各仓存储米谷一万石者，每年出籴二千石，约共出米谷十万石。除额征地米，每年约共入四万

---

① 《世宗宪皇帝实录》，卷1111，中华书局，1986，第16页。
② 穆恒州：《吉林旧志资料类编》，自然灾害篇，吉林文史出版社，1986，第109页。
③ 穆恒州：《吉林旧志资料类编》，自然灾害篇，吉林文史出版社，1986，第104页。
④ 第一历史档案馆编《雍正朝汉文朱批奏折汇编》，卷23，浙江古籍出版社，1991，第103页。
⑤ 《钦定大清会典事例》，卷193，积储，（台北）新文丰出版股份有限公司，1977，第7651页。

余石，不必买补还仓外，其余粜价，照例减市价五分。买补时亦照原粜之数，不许增加。傥春间谷贱不能粜卖，秋收不敷采买，准其次年补办。"①据《吉林通志》记载，"吉林官庄壮丁每年应交粮一万五千石，宁古塔官庄壮丁应交粮三千九百石，伯都讷官庄壮丁应交粮一千八百石，三姓官庄壮丁应交粮四千五百石，阿勒楚喀、拉林官庄壮丁应交粮一千八百石，共征粮二万七千石贮仓，每年于四月内具题。各处公仓陈谷照例出粜，应先期查明市价，咨报户部后，将每石比时价减银一钱粜卖"。②"光绪三十三年四月乙丑署吉林将军达桂等奏，各属义仓存谷年久变色，请减价出粜，以济民食。"③

余粮平粜是将仓储额定以外的粮谷减价平粜。据《吉林通志》记载，"吉林各处义仓除额定外，余粮粜与兵丁，所得银两作为买补义仓耕牛、修理义仓并买补农器之用，余胜银两每年于四月内造册，咨送户部核销"。④嘉庆十九年议准，"吉林八旗左右两翼义仓，额储本色谷三万四千石。如有逾额之粮，春间粜于旗人。所粜价银，作为修理义仓买补牛具费用"。⑤

关于平粜的原则，据《钦定大清会典事例》中《裕仓储》记载，"各类仓谷常年平粜，皆以存七粜三为率。间有地方燥湿不同，随时酌粜，存三粜七、存半粜半、存六粜四及不限额数者。如遇丰岁，或酌粜十之一二，或全行停粜。遇欠岁或逾额出粜，皆令报部查核。惟不得空仓全粜。其平粜，丰岁每石减市价银五分，欠岁减银一钱。秋收后以粜存价银采补"。⑥如"乾隆十二年八月丁丑户部议覆，奉天将军达勒当阿奏称，向例盛京各城旗仓米石，每年派令兵丁籴买，应行停止。旗民内有愿买者，仍照例不过三成，按各城时价卖给，所卖米价，于秋后采买还仓。但奉天丰稔年多，

① 《钦定大清会典事例》，卷189，积储，（台北）新文丰出版股份有限公司，1977，第7587页。
② 长顺修、李桂林纂：《吉林通志》，卷39，经制志4，仓储，吉林文史出版社，1986，第701页。
③ 《德宗景皇帝实录》，卷572，中华书局，1987，第7页。
④ 长顺修、李桂林纂：《吉林通志》，卷39，经制志4，仓储，吉林文史出版社，1986，第701页。
⑤ 《钦定大清会典事例》，卷193，积储，（台北）新文丰出版股份有限公司，1977，第7647页。
⑥ 《钦定大清会典事例》，卷19，裕积储，（台北）新文丰出版股份有限公司，1977，第0202~0205页。

米粮价贱，旗民各有耕获之粮。如旗仓米石无人认买，不能出陈易新，减价粜卖，则原价亏缺，设致霉烂，势必著落城守尉、仓官等赔补。请于奉天丰收，可开海运之年，或天津、山东运船到来，将沿海各城仓米，按粜三之例，照时价粜卖。辽阳城相隔牛庄一百二十里，每年出陈易新，亦应人于海运项下办理。义州旗仓米石，由关内陆路贩运卖给，所得价银，俱于秋收后，照数采买还仓。如遇偏灾，收成歉薄，将旗仓米石，尽数留存本省，于青黄不接之时，准令旗民籴买，或借给旗人接济，俱于秋收后按数补还。兴京、开原二城，地方高燥，积贮米石，虽无霉烂之虞，但米石究难久贮，不若改贮谷石，可以久存等语"。① 乾隆二十八年议准，"盛京户部内仓，锦州、盖州、牛庄、宁远、广宁、辽阳、义州、熊岳、复州、宁海、岫岩、凤凰城、开原等十三城仓，额储米石，每年于青黄不接之时，照民仓米石借给旗民之例，按存七粜三，酌量借给兵丁，秋收征还"。② 又议准，"拉林、阿勒楚喀二处额储粮石，每年收官庄所交新粮一千八百石，亦行人仓。除备支二处俸禄口粮，约需三百石外，其余剩粮石，照数于额储陈粮内换出。每石照时价减银一钱，卖给兵丁，价银留为公用。如遇青黄不接之时，酌拨额储粮石，借给官兵，秋后照数征还"。③ 乾隆二十九年奏准，"齐齐哈尔城储谷二十万石，墨尔根城、黑龙江各储谷十万石，齐齐哈尔、墨尔根二城仓储尚未足额，黑龙江较原额余谷万五千五百余石。又，呼兰地方额储粮七万石，每石照时价减银五分平粜，其尚未足额之齐齐哈尔、墨尔根，如有陈谷以十分之一照时价减银五分，粜给兵丁，均于饷银内分作二季坐扣还项。值丰收之年，照时价买补还仓"。④ 嘉庆十七年十月，将军赛冲阿奏言，"……是以春间旗仓平粜抵准粜与旗人，其民户不能领粜未免向隅，偶遇偏灾亦只给予米折银两，殊非接济之道。应请照常平仓之例，额贮粮二万石以备。民仓春间照市值减价平粜，秋后将粜价买补还仓。应贮额粮即于民户应征地粮内，作三年，令其每年实纳本色粮六千六百六

---

① 《世宗宪皇帝实录》，卷269，中华书局，1986，第29~30页。
② 《钦定大清会典事例》，卷193，积储，（台北）新文丰出版股份有限公司，1977，第7651页。
③ 《钦定大清会典事例》，卷193，积储，（台北）新文丰出版股份有限公司，1977，第7651页。
④ 《钦定大清会典事例》，卷193，积储，（台北）新文丰出版股份有限公司，1977，第7651页。

十石六斗零，余仍折征。统核足贮二万石之额数，照常折征，不必再交本色。饬令该同知筹备，如此酌办，实为有备无患。至伯都讷同知所属，一体建仓照办，洵于地方有裨。吉林常平、永丰二仓谷石，于嘉庆二十年至二十二年，每年在民户米折银内改征谷六千六百六十六石六斗六升六合，三年共征谷二万石。储仓历年既久，谷多霉变。嗣议按照存七粜三之例，以时出陈易新，官为出纳，专责仓经承经理"。① "道光八年四月己丑谕内阁，博启图等奏双城堡公仓应粜归款谷石，请照时价出粜一折。吉林城堡谷石，前经富俊奏准每仓石以三钱五分出粜，价银归补动用款项。至道光六年出粜五年分谷石，富俊按照时价，减至二钱五分，经户部核与奏定之数不符，驳令加增。兹据将军等奏称，该处连岁丰收，粮多价贱，系属实在情形，且该处官兵又有每岁认买公仓出陈之粮，统计不下五六万石，自未便于时价之外再为加增。著照所请，准其将双城堡六、七两年所粜五、六两年仓谷，照依该年时价以二钱五分报销。嗣后此项仓谷出粜时，著该将军等即将现年实在时价据实奏明，报部核销。"② 道光二十三年将军经额布奏言，"查吉林所属各城出粜仓谷，俱系兵力认买，在该兵应得饷银内扣款。今宁古塔本年分谷石，每一仓石仅值价银二钱零。部示不及四钱不准滥售，著令停粜候价。但该处仓场谷石俱已盈满，自道光十三年至今，吉林所属各城连岁丰收，粮多价贱，该兵丁认买仓贮处陈之谷，似未便于时价之外增价承买，致滋苦累。仰恳恩准将吉林所属各城应粜陈谷，每一仓石请照各该城按当年四月分实在价，仍照例减价一钱出粜，庶陈谷不致有贮霉变之虞，而新征谷石亦得手贮存仓，于仓储兵力两有裨益"。③ 道光二十五年六月，将军经额布奏言，查道光八年谕，"吉林双城堡谷石前经富俊奏准，每仓石以三千五分由粜，价银归补动用款项。至道光六年出粜五年分谷石，富俊按照时价减至二钱五分，经户部核与奏定之数不符，驳令加赠"。④

① 长顺修、李桂林纂：《吉林通志》，卷39，经制志4，仓储，吉林文史出版社，1986，第701页。
② 《钦定大清会典事例》，卷275，蠲恤，平粜，（台北）新文丰出版股份有限公司，1977，第8756页。
③ 长顺修、李桂林纂：《吉林通志》，卷39，经制4，仓储，吉林文史出版社，1986，第697页。
④ 《吉林将军衙门档案》，存吉林省档案馆。

为了防止贪官污吏利用平粜之机贪污银粮，清代东北地方政府还制定了严格的平粜官吏规则。如嘉庆十二年谕，"上年奉天、承德等州县偶被偏灾，曾经降旨加恩，概行展赈。至该处被灾地方粮价昂贵，即未经成灾之处，市价亦未平减，旗民籴食维艰，自当豫为调剂。但开仓平粜，不可不严加监察，以期实惠及民。所有各州县存贮谷石，著准其照市价酌减十分之三，均匀减粜。除该将军等于省城地方监放平粜外，其余各州县，即著副都统、城守尉等就近前往监察，严饬各该地方官，于开仓平粜时实心经理，毋任胥吏侵渔，以济民食"。①

关于平粜的作用，一是起到了救济灾荒的作用。如"乾隆十五年九月乙卯贷奉天牛庄等处被水旗民，并减价平粜"。②"嘉庆十一年壬辰贷吉林被水官兵俸饷，并粜谷八千石，接济旗民。"③"嘉庆十二年三月戊申展赈奉天承德、广宁、辽阳、海城、盖平、复、锦、铁岭八州县上年水灾旗民，并平粜仓谷。"④"嘉庆十九年壬寅平粜奉天铁岭、开原二县仓谷。"⑤ 二是起到了平抑谷价的作用。由于平粜是本着"谷贱时增价而籴以利农，贵时减价而粜以便民"的原则，即一旦市面上的谷价失衡，偏高或偏低，地方政府则要动用仓储，把大量的粮食投入市场平抑谷价，或将过剩的粮食收购入仓与调往他处，以防谷价跌幅过大伤农，因此防止了谷贱伤农和无粮民变事件的发生，稳定了社会秩序。如"今奉天府属之锦州、宁远、广宁、义州等四州县。以乾隆元年，夏秋雨水淹期，收成歉薄，米价腾贵，米石至六七钱不等。现将各仓所存米石减价平粜，请停天津商贩，以备本省旗民之需，应加所请，除海城、盖平、复州等处，照例听商贩运外，其锦州府属四周县，所有官民存贮米粮，禁止商贩饬各属酌议平粜"。⑥"乾隆八年庚申奉天将军额尔图奏，奉天所属围场地方，沿途虽有买卖，但奸人谋利者多，米价未免昂贵。查开原旗民贮仓米，现有三四万石，请将此项动支

---

① 《钦定大清会典事例》，卷275，蠲恤，平粜，（台北）新文丰出版股份有限公司，1977，第8753页。
② 《世宗宪皇帝实录》，卷373，中华书局，1986，第2页。
③ 《仁宗睿皇帝实录》，卷159，中华书局，1986，第15页。
④ 《仁宗睿皇帝实录》，卷176，中华书局，1986，第7页。
⑤ 《仁宗睿皇帝实录》，卷290，中华书局，1986，第17页。
⑥ 翟文选、臧式毅修，金毓黻主编《奉天通志》，卷32，大事32，辽海出版社，2003年影印本，第646页。

十分之三酌量定价，运至克尔苏口粜卖，于随驾人等有益。"① "乾隆十一年今直隶雨水均调，秋成可望，而奉天有被水情形，若将海禁俟九月限满之时方行兽止，恐商贩众多，本地米价必致昂贵，有妨民食。可传谕达勒当阿、苏昌，斟酌本地情形，应否即行停止之处，速行奏闻办理。至于赈恤灾荒，原以惠养本地土著民人，各省定例，以造入烟户花册为凭，流寓之人，不在赈恤之内，不知奉天向来此等之人，一体赈恤与否，著苏昌查明旧例，速行具奏。臣等酌议行文沿海地方，查商贩米粮已载船者，听其贩运，其囤积存贮者，令即在奉属照市价粜卖，于商民两有裨益。"② "乾隆二十一年三月癸未奉天府尹恩丕奏，锦、义、宁远三州县，岁征黑豆，拨给庄头喂马外，余解通仓现囤仓。督查明停运，海滨潮湿，多贮积时，易至霉蛀，且上年雨多，豆收歉薄，市价日昂，旗民籴买拮据，拟饬将停运豆照时价减粜，以平市值。"③ 道光九年奏准，"吉林三姓地方粮价昂贵，平粜仓谷"。④ 道光二十四年，双城堡一地因连年丰收，又逢谷石收获之期，道光二十五年六月，将军经额布奏言，查道光八年谕，"兹届出粜双城堡仓贮道光二十四年分所收谷石之期。查双城堡四月份市集谷价，每一市石价银三千二分，每一仓石价银一钱六分，请将双城堡中、左、右三屯征收道光二十四年分仓石谷二万四千三百八十石，照时价粜给阿勒楚喀、拉林、双城堡三处兵丁闲散认买，共计应粜价银三千八百五十两零，合将粜谷价银如数咨报"。⑤

总之，清代东北地区平粜的方式多样，数额巨大，原则灵活，救济范围广泛，不仅救济了广大灾民，使他们得到了实惠，而且互补了各地粮食的盈亏，平抑了粮食价格。所以，平粜不仅是当时的一种有效的救荒手段，而且是国家重要的宏观经济调控措施。

① 《世宗宪皇帝实录》，卷198，中华书局，1986，第17页。
② 《世宗宪皇帝实录》，卷269，中华书局，1986，第29~30页。
③ 台湾故宫博物院编辑《宫中档乾隆朝奏折》，卷13，（台北）台湾故宫博物院出版，1982，第790页。
④ 《钦定大清会典事例》，卷275，蠲恤，平粜，（台北）新文丰出版股份有限公司，1977，第8857页。
⑤ 长顺修、李桂林纂：《吉林通志》，卷39，经制志4，仓储，吉林文史出版社，1986，第701页。

四 设立粥厂

设立粥厂是赈济的一种特殊形式，也称粥赈，即煮粥施以灾民。粥赈以设厂为主，男女排队领签给粥。施粥的对象主要是流徙灾民。粥赈有不同形式，主要是官办，也有官绅合办或私人独办。粥赈一般是临时性质的应急措施，灾来即设，灾后即停。粥赈有着其他赈济形式所无法替代的作用，"灾黎未赈之先，待哺孔迫，既赈之后，续命犹难，惟施粥调剂其间，则费易办而事易集"。① 因此，清代对粥赈极为重视，每逢灾荒造成灾民流离失所时，各地政府都要在穷乡闹市设立粥厂，保证饥民有相对平等的就食机会，帮助不能举炊的灾民渡过难关，同时也安抚了灾民，稳定了社会秩序。本部分只探讨官办粥厂的设立及赈济情况。

在清代的东北地区，每当灾荒降临，当地州县都要清查灾民户口，计口授食，调拨仓米，设厂施粥，救济灾民。这在清代的朱批奏折和档案中比比皆是。如光绪十二年八月十六日，盛京将军庆裕等折中奏称，"营口地区，……垂年灾民困苦无以为生，俯准发仓抚恤，以全民命而安地方。……确查牛庄、田庄台等处灾黎户口，或计口授粮，或分厂煮粥，务期实惠普沾，全活万民"。② 光绪十二年十二月初九日，承德县知县谈广庆详称，"奉天省城每届冬令，由承德县设厂施粥，收养无告贫民人数不过三四百名，所需经费由阖省官员捐办。本年秋雨连绵，沿河州县俱遭水患，四处灾黎有奔赴省城粥厂就食者人数倍多于前，自应一体收养，藉资存活。惟所捐经费不敷应用，拟请酌拨仓存粟米三百石，以资接济"。③ "光绪十三年二月二十日，奉省地方，自光绪十一年被灾后，至十二年秋间，大雨时行，各城旗民地亩复被水灾，……发帑赈济，又蒙减免钱粮，并捐设粥厂，散放米石，灾民实惠均沾，藉以生活。"④ 光绪十四年，奉天省发生特大水灾。"奉省东南各城，被水灾情极重，所赖处处开厂煮粥放赈，灾黎稍资喘息。""奉天省城每届冬令由承德县设厂煮粥济养无告贫民，由来已久。每年人数约计不过三四百名，所需经费由合省官员分捐办理。去秋大水为灾，

---

① 李文海、夏明方主编《中国荒政全书》，第 4 卷，古籍出版社，2003，第 132 页。
② 《光绪朝朱批奏折》，卷 31，第一历史档案馆编译，中华书局，1995，第 53～55 页。
③ 《光绪朝朱批奏折》，卷 31，第一历史档案馆编译，中华书局，1995，第 55 页。
④ 《光绪朝朱批奏折》，卷 77，第一历史档案馆编译，中华书局，1995，第 43～44 页。

饥民麇集，就食者逐日增多，所捐经费不敷应用，据署承德县知县详请，于该县仓存项下酌拨粟米五百石，俾资接济等情。奴才等查，去秋水灾之重为奉省向来所未有，业经发仓赈济。承德为附郭首邑，就食贫民纷至沓来，虽有官绅商差协力筹捐，在于省城附近地方分设粥厂十一处，而承德之粥厂仍复拥挤不堪，自系荒年饥馑实在情形。该县详请酌拨仓米五百石惠济贫民。"①"奉省上年秋水为灾，漂没田庐，损伤人口，沿河一带罹患尤重。……经前将军赶办急赈，调集船只接引捞救，按户散放钱文米粮，……复设粥厂俾贫民栖食有所物。……所有粥厂一律展放至七月十五止，其时禾稼有收，贫民趁食渐易。""奉省南城暨东边各城，上年被水成灾，小民荡析离居，分路散放钱文衣絮，并于省城及西南沿河与城东近河一带，安设粥厂十余处。辽阳、海城、盖平、牛庄等州县，设立粥厂十余处，以资拯济。"②"查勘灾民之力，断难自谋籽种，檄饬奉军统领等携带麦种，分赴承德、新民、辽阳、海城沿河灾重地方，查无力灾户向种麦地者，分段挨屯散放，现共查得灾民三万七千零三十八户，共放麦种市石九千四百余石，粥厂二十余处，每厂每日食粥三四千人及七八千人不等，老有妇女提携就食，或就厂就居，活远道趋赴，极贫灾民恃为度命之原，且可免滋扰之累，灾荒政中最为得力。"③"……又经将军府尹等率属劝捐，本省绅商集成巨款，委员分投买米设粥厂十余处，派总兵等督兵煮粥，每厂日活万八千人，但距厂稍远之地，逃荒者仍络绎不绝。由内地而迁边外，复由昌图而迁巴彦苏苏，比之其地仍复乏食。辗转迁回，流离在道鸠形鹄面，行路伤心。"④光绪十四年七月二十五日，盛京将军庆裕等奏称，"奴才等现

① 水利电力部水管司科技司、水利水电科学研究院：《清代辽河、松花江、黑龙江流域洪涝档案史料 清代浙闽台地区诸流域洪涝档案史料》，清代江河洪涝档案史料丛书，中华书局，1998，第111页。

② 水利电力部水管司科技司、水利水电科学研究院：《清代辽河、松花江、黑龙江流域洪涝档案史料 清代浙闽台地区诸流域洪涝档案史料》，清代江河洪涝档案史料丛书，中华书局，1998，第112页。

③ 水利电力部水管司科技司、水利水电科学研究院：《清代辽河、松花江、黑龙江流域洪涝档案史料 清代浙闽台地区诸流域洪涝档案史料》，清代江河洪涝档案史料丛书，中华书局，1998，第113页。

④ 水利电力部水管司科技司、水利水电科学研究院：《清代辽河、松花江、黑龙江流域洪涝档案史料 清代浙闽台地区诸流域洪涝档案史料》，清代江河洪涝档案史料丛书，中华书局，1998，第116页。

已委员分赴各处，会同各地方官清查灾民户口，或计口授食，或设厂煮粥，或给予钱文自行买食，各就其地之所，宜酌量办理"。① 光绪十五年三月十七日，钦差大臣定安等奏，"奉天省城每届冬令由承德县设厂煮粥，收养无告贫民由来已久，每年人数约计不过三四百名，所需经费由阖省官员分捐办理。去秋，大水为灾，饥民麇集就食者逐日增多，所捐经费不敷应用。据署承德县知县樊学贤详请，在于该县仓存项下酌拨粟米五百石，俾资接济等情。奴才等查去秋水灾之重为奉省向来所未有，业经奏蒙恩准，发仓赈济。承德为附惠属前邑，就食贫民纷至沓来，虽有官绅商董协力筹捐，在于城外附近地方分设粥厂十一处，而承德之粥厂仍复拥挤不堪，自系荒年饥馑实在情形。该县详请酌拨仓米五百石惠济贫民，应如所请，以广皇仁，当经批准照数动拨。惟是此项仓米专为煮赈之用，就食流民希冀一餐果腹，去来无定，非如散放口粮有清查户口册籍可以登注稽查，所用柴薪米粮均系实用实销，自应难其就款开除并请免其造册报销，以归简易"。② 光绪十五年三月二十八日，定安、济禄、裕长跪奏，"窃查奉省南城暨东边各城上年被水成灾，小民荡析离居，经奴才裕长会同将军庆裕、奴才济禄一面筹款急赈，一面奏恳恩施蠲缓钱粮并开仓放赈，加给口米，折给修费。又遴委旗民正佐以及营员分路散放钱文衣絮，并于省城及西南沿河与城东近河一带安设粥厂十余处，辽阳、海城、盖平、牛庄等州县设立粥厂十余处，……以资拯济，所有被灾各处尚不致流离失所"。"……每厂每日食粥三四千人及七八千人不等，老幼妇女提挈就食，或就厂僦居，或远道趋赴，极贫灾民恃为度命之原，且可免滋扰之累，在荒政中最为得力。"③ 光绪十五年三月二十八日定安等片，"伏查上年奉省东南各城，被水灾情极重，所赖处处开厂煮粥放赈，灾黎稍资喘息。其省西锦州、省北昌图虽薄有才收成并非丰年，民间粮石存储无多，一经贩运出境，必致粮价抬高，贫民皆患食贵，是以有奏禁出口之请"。④ 光绪十五年四月初一日定安等片，"奴才

① 《光绪朝朱批奏折》，卷31，第一历史档案馆编译，中华书局，1995，第118~120页。
② 《光绪朝朱批奏折》，卷31，第一历史档案馆编译，中华书局，1995，第169~170页。
③ 《光绪朝朱批奏折》，卷31，第一历史档案馆编译，中华书局，1995，第172~174页。
④ 水利电力部水管司科技司、水利水电科学研究院：《清代辽河、松花江、黑龙江流域洪涝档案史料　清代浙闽台地区诸流域洪涝档案史料》，清代江河洪涝档案史料丛书，中华书局，1998，第111页。

等查，去秋水灾之重为奉省向来所未有，业经发仓赈济。承德为附郭首邑，就食贫民纷至沓来，虽有官绅商差协力筹捐，在于省城附近地方分设粥厂十一处，而承德之粥厂仍复拥挤不堪，自系荒年饥馑实在情形。该县详请酌拨仓米五百石惠济贫民"。① 光绪十五年五月初五日都察院左都御史奏报，"经将军府尹等率属劝捐，本省绅商集成巨款，委员分投买米设粥厂十余处，派总兵等督兵煮粥，每厂日活万八千人，但距厂稍远之地，逃荒者仍络绎不绝"。② 光绪十五年，吉林将军长顺奏，"奴才等查吉林自上年灾歉后，民间食贵异常，筹款赈粜尚虑难乎为继，一旦饥民外来，无论流为盗贼，即此蜂屯蚁聚恃众攫食，亦恐别滋事端。当饬吉林道户司拨款筹捐，遴派干员分往各处，会同该管地方官广设粥厂，或赈发钱米，妥为安抚"。③ 光绪十六年闰二月十七日，署盛京将军定安等奏，"奉省上年被灾……嗣又为灾黎筹久远之计，劝募绅商集资十二万千，远近设立粥厂十数处"。④ 光绪十六年八月初七日，在裕禄折中奏，"奴才伏查近畿各属夏雨为灾，叠蒙皇上发帑赈济，广开粥厂，并敕部拨发银钱米石，普为拯救"。⑤ 光绪十八年二月二十五日，盛京兵部侍郎丰烈奏，"本年奉省被水灾民，经奴才等于六月间奏蒙恩准，拨银三万两赶筹赈抚。当将所拨银两购办粮石，运赴各灾区适中之地，分设粥厂十处，急施拯救"。⑥ 光绪十八年十二月初三日，裕禄等折奏称，"伏查本年奉天辽河两岸及滨临柴泛清柳等河被水各地方因灾歉收田亩，……提拨奉天民仓存粮五万石，运赴各灾区适中之地，分设粥厂，广为拯济，核计前项粮石办理冬春赈恤尚足敷用，穷黎无虞乏食"。⑦ 光绪二十二年四月二十八日，依克唐阿等折奏，"为奉省旧案筹办急赈动用银米，……由驿巡道库所存备赈三成米价款内提拨沈平银二万两，并于盐

① 水利电力部水管司科技司、水利水电科学研究院：《清代辽河、松花江、黑龙江流域洪涝档案史料　清代浙闽台地区诸流域洪涝档案史料》，清代江河洪涝档案史料丛书，中华书局，1998，第111页。
② 水利电力部水管司科技司、水利水电科学研究院：《清代辽河、松花江、黑龙江流域洪涝档案史料　清代浙闽台地区诸流域洪涝档案史料》，清代江河洪涝档案史料丛书，中华书局，1998，第116页。
③ 《光绪朝朱批奏折》，卷31，第一历史档案馆编译，中华书局，1995，第236~237页。
④ 《光绪朝朱批奏折》，卷31，第一历史档案馆编译，中华书局，1995，第256~257页。
⑤ 《光绪朝朱批奏折》，卷31，第一历史档案馆编译，中华书局，1995，第275~276页。
⑥ 《光绪朝朱批奏折》，卷31，第一历史档案馆编译，中华书局，1995，第395页。
⑦ 《光绪朝朱批奏折》，卷31，第一历史档案馆编译，中华书局，1995，第423~425页。

厘等款、练饷项下匀凑库平银一万两，计市平银一万零三百二十两，购办粮石，运赴灾区，分设粥厂，急施拯救，免致颠沛流离。嗣因被灾地方较广，以之接济冬赈，实属不敷，复经奏准，于奉天民仓存储仓粮内提拨五万石，以资煮赈。一面劝谕官绅富商设法集捐，……统计设立粥厂二十一处，煮放经十数月之久，并制备棉衣，酌量散放办理"。① 光绪三十一年九月二十六日，赵尔巽折，赵尔巽跪奏，"查奉省师旅饥馑，频年洊至，农田荒弃，民物凋残。……况时届严冬，饥寒交迫，灾民纷纷而来，招集抚恤更应赴办。……史念祖于城关地面设立粥厂十余处，委员监视，熬粥施食。并遴派干员分投昌图、海龙一带查明被灾轻重情形，或设粥厂，或散粮米，或放棉衣，会同地方官分别妥办"。② 宣统二年，吉林巡抚陈昭常奏，"吉省被灾之重为百十年来所未有，……上年六月起，钱米出放，以工代赈。冬闲复设立粥厂，制发棉衣。所有各处募捐之款及公仓积存之谷，除陆续缴放外，所存无几"。③ 宣统二年四月二十五日，"鸭绿江、民、辽河、柳河、奉天大水。奉省拨发新民仓储红粮七百余石，支小银元四千元，就地购米一百二十石。同时设粥厂二十余处，急救灾民三万余人"。④

方志报刊里也多有记载。如盖平县，"本邑施粥厂向为临时性质自有，清光绪四年岁饥，邑绅多人畅设粥厂。于蓝旗厂勃洛堡及城南关等处，灾黎称庆，施至光绪十四年又值大雨成灾遂设官粥厂于城内滕家卫，延至十五年春，始行停办"。⑤ 光绪三十三年，"营口资善堂承办善事各有向章，前蒙日本领事官施舍洋毯一万床，拨交资善堂代放。该堂董事口有偏枯亲督堂役调查施放。昨见不乞贫民身披洋毯乞食，街巷经马司马出示饬知开设粥厂二所，以使贫民赴厂吸食，东厂在十字街，西厂在道署空地。准予二十六日开办，每天早八点开十二点止，派人监视，颇为认真云"。⑥ 宣统三年十一月，营口放粥有期，"本埠资善堂每年冬季必设锅粥以惠穷黎，一般贫苦小民多赖为生存之

① 《光绪朝朱批奏折》，卷31，第一历史档案馆编译，中华书局，1995，第621~622页。
② 《光绪朝朱批奏折》，卷31，第一历史档案馆编译，中华书局，1995，第621~622页。
③ 《清朝续文献通考》，卷93，选举10，选举考10，资选，浙江古籍出版社，1988，第8537页。
④ 温克刚：《中国气象灾害大典》，辽宁卷，气象出版社，2005，第30页。
⑤ 石秀峰修、王郁云纂：《盖平县志》，民国十九年，（台北）成文出版有限公司，1975，第612页。
⑥ 《资善堂承办善事章程》，《盛京时报》，光绪三十三年（1907年）十一月二十三日。

所诚善举也。今年之景歉收，时事荒乱，道员体察关心民瘼，催放甚迫。现在该堂善士已定于下月初一日起照例安锅煮粥放施矣"。① 宣统三年十一月，新民开办粥厂，"本郡今年水灾甚重，民不聊生，现拟设立粥厂十一处以救饥民，已派员四出举办定于初十日一体开厂云"。②

由于设立粥厂属于政府行为，所以为了防止营私舞弊行为，各地粥厂都制定了章程，并设立了荒政机构。如光绪二十五年七月十二日，吉林将军延茂奏，"查吉省幅员辽阔，旗民杂居，加以近年以来内省无业流民就食而至者络绎不绝，即土著之人亦多贫苦，往往无以自存。夏秋之际尚易觅食，每至冬间，雪窖冰天，饥寒交迫，其羸懦者不免流为饿殍，而狡黠者或至变为盗贼，实为地方风俗隐忧。……因于上年冬间倡捐廉俸并各官绅捐资集款，在省城西关外暂租民廛一区，仿天津、山东等处设立广仁堂，派蓝翎协领刘嘉善、委用同知朱兆槐等，督饬绅董等拟定章程，设厂施粥，以食贫民，老羸可藉此全活"。③ 以呼兰府为例，"呼兰城为繁盛之区，尤无业流民聚集之所，偏灾之后，糊口维艰，饥寒交迫，情殊堪悯，亟应煮粥赈济，以广皇仁。光绪二十二年十月二十七日，呼兰府开设粥厂，并制定了一系列章程"。④

"每厂派委员一名。司事二名。煮粥之夫按每锅用一名，差役二名，挑水搬柴广杂夫共用两名。

委员每月给津贴薪水银十二两，司事八两，粥夫等饮食工银各三两，差役日给饭食钱二百文，局中外给油烛纸张银十两。

此地每小米一斗重六十余斤，煮粥散放，计每人必需米六两，共可放一百五十人。每厂每日放稠粥一次，相贫人多寡酌煮小米若干斗。

每煮小米一石，给木柴五百斤。

每厂每粥夫一名，搬柴挑水打杂夫共二名，计此三夫共管烧一炉两锅，前大锅煮粥，后小锅温水。

① 《放粥有期》，《盛京时报》，宣统三年（1911年）十一月初一日。
② 《开办粥厂》，《盛京时报》，宣统三年（1911年）十一月初十日。
③ 《光绪朝朱批奏折》，卷32，第一历史档案馆编译，中华书局，1995，第57页。
④ 黑龙江省社会科学院编《清代黑龙江历史档案选编》，光绪二十一年至二十六年，黑龙江人民出版社，1987，第120页。

每小米一斗分煮三锅，粥之厚薄以起锅时插箸不倒为度。

每厂备大木桶或水缸，以便盛粥。其数之多寡，视米数为准则。

每厂备五寸径口铁马勺十把，以备盛粥之用。

每厂备木签二千根，散给来食之贫民，必贫民执交此签始放粥，随时收回，以防紊乱。

粥厂宜择附城宽广（敞）庙宇，不可太远。每晨十点钟散签，收入给粥，大口两马勺，小口减半。鱼贯而入，鱼贯而出，不准拥挤以致有推跌踏伤之虞。

小米下锅煮粥时，委员司事人等必亲自监视，不但防粥夫偷米，又恐掺杂它物坏人肠胃，致生疾病。此尤要著，不可轻忽。

贫民来就食者，预先旁示，令各挈带瓦罐一只，设有赤贫一身真不能自备者，由厂员劝捐施给。

各厂应制备姜汤，分饮贫民。

伙房小店宿居流民，当详细盘查，无须格外矜恤，不准无故驱逐凌辱。如其人真实贫懦窘宾无店资者，应按名由官给店钱十文，以作该店柴水之需，并著各店用毛纸记其姓名，五日送厂员验一次。

设厂放粥，非止拯济穷民，实亦保安地方。各该地方官须会同就近查察，以免生事。

遇有倒毙，由厂备棺盛殓，有亲属者饬属领去。如无亲属，知其姓名籍贯者，编号登簿，用油胭脂书于材头，春后掩埋，召属领葬。

遇有领粥之人将粥挈回喂猪狗鸡鸭者，一经查出，除由厂员将其人枷责厂门示众外，仍罚小米十石，以济贫民，榜示周知。

粥厂即设，每日聚集贫民必多，善恶自多不一，应派兵弹压。可由就近马步队兵中，由厂员商其统领营官，每厂各派十名，每日于贫民未集之前即往应差，待散放粥饭以后，贫民去尽，该队兵当即归营，不准藉端逗留。倘有时先后迟误不到者，听厂员告其统领营官，责惩不贷。

各厂按日所收人数，散煮米数，五日呈报一次。

以上各条择要拟定，如有未尽事宜，斟酌损益，随有禀办。"①

---

① 黑龙江省社会科学院编《清代黑龙江历史档案选编》，光绪二十一年至二十六年，黑龙江人民出版社，1987，第120页。

再以吉林为例，光绪三十一年五月二十三日，吉林将军衙门为设立赈济局筹拨款项妥为赈抚难民事的咨文中称："吉林赈济局之关防，择于五月十七日开用，拟即于德胜门外长公祠内设立赈济总局，而于东西关分设粥厂三处，凡避难百姓来省，先赴总局，报名填给执照特往粥厂食粥，以资救济。并制定了具体办法如下：

一、总局设立长公祠暂分三厂，以康乐茶园为中心，以东关三江义园为东厂，以西关城皇行宫为西厂。

二、每厂应用委员二名，司事四名，夫役十人，巡役四人，弹压兵十名，其员司遵照由各局选调夫役另雇。

三、用款拨请先拨五万吊，存于殷实铺商，立折取用。

四、应用柴米预先购备，于三厂附近之处存储。

五、难民来省先赴总局报明，听候派人查明大小口数目，发给执照，持赴粥厂领粥。

六、放粥每日二次，早八钟，晚三钟，每人大勺一勺，如有不足，随时加增，以充饥为度。

七、放粥时，专为拯救难民起见，必实系贫苦毫无生计之人，方准给领，其有力之家，仍须自行某食。

八、放粥时先男后女，一面乱杂。

九、难民来省必须安置存身之处，随时酌核情形办理。

十、难民遇有疾病，恐其传染，必须筹备医药，随时酌办。"①

再以新民府为例，宣统三年十一月，新民府制定了粥厂之办法。"新民府官商各界发起筹济事务所，其中附设粥厂，兹将办法照余於下：

（一）查办理粥厂原无可善策，非有劲慎耐劳操守可信之员绅总，据其事难保不滋流弊，兹拟每厂於议董会或地方士绅公推总领及稽查并各项议员以尊责成。

（二）开始前先以调查人手之必要，其调查之标准必承无柴粮石并

---

① 李澍田主编《珲春副都统衙门档案选编》（下），吉林文史出版社，1991，第443页。

无车马与不动产可以变卖而面带饥饿者为合格，如稍涉宽假需粮甚多，赈期势必缩短，而救饥之目的终不能达。

（三）调查明确准予发给券证开办后，由府委员到厂查看就食之饥民符合规定资格并无虚拟冒充等，准由委员据实禀报以便分配，加剧赈粮石数以昭实而期平允。

（四）无论土著客籍壮年男丁可以就食远方并备工能以自谋生活者，均不准发给吃粥券证。

（五）调查合格之男妇均执券就厂领食，不得携带家中以免取巧而杜流弊。如有年老者六七十以上、年幼在六七岁以下不能亲自行动及有疫病残废者，准由该左右邻及百十家长出结报，由粥厂总监理派员亲往查验属实，准予发放特别券，由本家或同屯人代领。倘嗣后仍有虚冒等弊，一经察觉，该左右邻及百十家长等是同。"①

五 以工代赈

以工代赈是指灾荒之年由地方官府出钱，招募灾民，发给银米口粮，兴办救灾工程。以工代赈是一项特殊的救荒措施，它具有双重作用，既是一种救灾手段，也是一种赈饥手段，所以历朝历代都广为使用。清代，特别是清代中期的嘉庆、道光两朝，由于洪涝灾害频发，因此将以工代赈视为救荒良策，兴办工赈极为频繁。

清代东北地区的以工代赈主要用于水利工程建设上，尤其是灾后水利工程的修复上。清代东北地区水患灾害频发，特别是辽河、松花江、黑龙江等河流多次漫溢决口，引发严重的洪涝灾害，给人民的生命财产和经济社会带来严重灾难。所以每逢灾后，地方政府都要组织人力筑堤建坝、疏浚河道、挖沟通渠、植树护堤等。因此，以工代赈便成为一种经常性的、普遍实行的救灾方式。如"乾隆四年九月癸丑户部等部会议，奉天府府尹吴应枚奏，及锦州府城，请加筑护堤，预为估计，俟歉岁兴工代赈。均应如所请行。及奉天官庄粮石，每年秋成，请停派在京大员监放"。②"光绪十五年（1889 年），盘山洪水继至，为害甚烈，在泛滥后为排泻集水，由唐家

---

① 《制订粥厂之办法》，《盛京时报》，宣统三年（1911 年）十一月十三日。
② 《圣祖仁皇帝实录》，卷 100，中华书局，1985，第 15 页。

窝棚附近，开一新河经盘山入海。上年水灾，人民流离，饥荒严重，饿死无计数。辽河及滨、柴、汎、清、柳等河两岸被水欻收。劝捐银米赈济灾民，统领左宝贵发大麦种并以工代赈"。① 光绪二十年，锦县水灾，"……，因敦请国子监助教佑之严公作霖携带重资密与约定寓劝农于赈贫之内……。复出二万金助修辽河堤岸，用是狂流顺轨氾滥无虞，其以工代赈"。② 辽源州，"自光绪二十八年设州治以来，初莅斯土者为蒋公文熙。彼时每逢大雨行时，则州街遂成泽国，公派人勘验地势，集工随汛疏通而利导之，使街内之水尽流于街外沟浍之中。自是永无此患，行人至今便之。"③ 宣统元年，吉林"省东由江蜜峰至老爷岭系至延吉及宁古塔之官道，其中一百数十里，平地皆辟成沟壑，大小桥梁亦都冲毁，以工代赈"。④ "柴河水溢将旧有土坝冲开，以致西北关均被水灾嗣，由中国苦力及日本消防队添修土坝，颇称得力，盖当春雪纷纷之际，犹未罢工。"⑤ 新民陆军协助修河，"陆军第一混成协垒去几水灾，亦遭浸灌，此次管太守提议开浚柳河一事，传闻该协营领亦拟饬工程队相为理云"。⑥ 宣统二年，"黑龙江省公署民政司用以工代赈的办法，组织当地居民重新整修了四家子堤防"。⑦ 吉林巡抚陈昭常奏，"吉省被灾之重为百十年来所未有，……上年六月起，钱米出放，以工代赈。冬闲复设立粥厂，制发棉衣。所有各处募捐之款及公仓积存之谷，除陆续缴放外，所存无几。续办春赈，固虑不敷"。⑧ 宣统三年四月，新民商董两会疏通水沟，"本郡每逢大雨，西街之水必悉数泻入西泡，今春因柳河漫溢，将该泡淤住西街之水无由宣泄，现经董议会议决拟再由该地挖掘水道以便泄水，大约不日即当兴工云"。⑨ "西泡沿两岸修有平康房屋，人颇密

① 温克刚：《中国气象灾害大典》，辽宁卷，气象出版社，2005，第28页。
② 王文藻修、陆善格纂：《锦县志》，民国十九年，（台北）成文出版有限公司，1975，第1075页。
③ 赵炳南修纂：《辽源州乡土志》，政绩录，卷2，宣统二年（1910年）抄本。
④ 水利电力部水管司科技司、水利水电科学研究院：《清代辽河、松花江、黑龙江流域洪涝档案史料　清代浙闽台地区诸流域洪涝档案史料》，清代江河洪涝档案史料丛书，中华书局，1998，第159页。
⑤ 《添修土坝》，《盛京时报》，宣统元年（1909年）闰二月十三日。
⑥ 《陆军协助修河》，《盛京时报》，宣统元年（1909年）七月初二日。
⑦ 黑龙江省志编纂委员会：《黑龙江省志》，水利志，黑龙江人民出版社，1991，第135页。
⑧ 《清朝续文献通考》，卷93，选举10，选举考10，资选，浙江古籍出版社，1988，第8537页。
⑨ 《商董两会疏通水沟》，《盛京时报》，宣统三年（1911年）四月二十五日。

集，惟中间水沟积物杂投，臭气难闻，治游者无不掩鼻。现经董事会有见及此邀同商会会议凡上等商户出入二三名，中等出入一二名，约集百人协力修治，由董事会名誉董事方李杜王四君逐日监修，认真督率并每工人日发午膳洋一角，大约不日即可告成云。"① 五月，新民修坝捱工受，"本郡为预防水患修筑街西大坝，议定各铺户每家出工人一名按日轮流修筑不得有误"。② "本郡防水之大坝，经商会提议补修由各铺商按户出夫住户，则由什家长百家长出工帮修，现正兴工之际每夫各执小旗上工下工极形整齐云。"③ 六月，奉天督抚拟招募游民疏浚辽河，"督宪赵次帅於兴办实业一项极为注意，拟筹拨款项招募外来港民疏浚辽河振兴航业，以期开源节流且於安置游民倡办实业两有裨益"。④ 十月，铁岭以工代赈庶免饥寒，"西乡今年水灾甚巨，民皆荣色。县令前时拟将未被灾歉各田地抽粮赈饥，奈时势日逼迫不及待。刻闻拟召集饥民筑修长河辽河水坝，以工代赈，此举果行该乡人民庶免沟壑矣"。⑤ 十二月，吉林创办实业以工代赈，"孙绅文廷以现在贫民众多，施放赈款难期普及，徒费国家巨款，于贫民毫无裨益，故与众绅会议拟提拨巨款创办工业，俾无业贫民有所安置，每日给发工资，在彼既足自给，而在此不致处糜，众绅共赴其议"。⑥

以工代赈让有劳动能力的人通过参加救灾工程建设获得钱粮赈济，既有利于灾民摆脱饥馑，帮助灾民复业，又能利用民力发展生产，防治未来的灾害，是一举两得的救灾举措。正如嘉、道二帝所说："救荒之策，莫善于以工代赈。"⑦ "以工代赈最为良策。"⑧

第二节　防灾减灾措施

洪涝灾害的发生往往具有突发性，是人们始料不及的，使社会生产和

① 《协力修治》，《盛京时报》，宣统三年（1911 年）六月初二日。
② 《修墙捱工受》，《盛京时报》，宣统三年（1911 年）五月十三日。
③ 《修防水之大坝》，《盛京时报》，宣统三年（1911 年）八月三十日。
④ 《拟招募游民疏浚辽河》，《盛京时报》，宣统三年（1911 年）六月十七日。
⑤ 《以工代赈庶免饥寒》，《盛京时报》，宣统三年（1911 年）十月初二日。
⑥ 《创办实业以工代赈》，《盛京时报》，宣统三年（1911 年）十二月十三日。
⑦ 杨景仁：《筹济篇》，卷 13，兴工，载朱凤祥《中国灾害通史》，清代卷，郑州大学出版社，2009，第 305 页。
⑧ 清官修：《清宣宗实录》，卷 17，中华书局，1986，第 258 页。

人民生活遭受巨大损失。所以，如何预防水患，把水患造成的损失降到最低程度，是水患灾害应对中至关重要的问题。清代东北地区地方政府早就意识到了这一点，所以在积极救灾的同时，也实行了一些防灾减灾措施，如仓储备荒、兴修水利、植树造林等，在很大程度上抵御了水患灾害的发生，减少了水患灾害对经济及社会的破坏与影响。

一　仓储备荒

仓储备荒，即粮食储备，是我国历朝历代防灾减灾的重要手段之一，也是关系到国计民生和社会稳定的战略性问题。因此，清代统治者十分重视粮食储备问题，经常谕劝地方官督民勤于农事，节约贮粮，以防备凶荒。[①] 清代东北地区已建立了完备的仓储制度。据《钦定大清会典事例》中《裕积储》记载，"令各省所在皆设仓，视其人民之所聚，与其地之燥湿，以定其额储，权岁之丰歉而出纳之。凡仓之别有五。一曰常平仓。（中略）奉天常平仓储谷三十九万七百八石。吉林常平仓储谷三万五千三百七十四石有奇。（中略）三曰旗仓，盛京旗仓储米三万八千八百九十三石。吉林旗仓储谷十二万七千一百七十二石。黑龙江旗仓储谷十一万四千三百五十九石。又储谷一千十六石有奇。（中略）凡仓政，有准色以顺土宜。常平仓所储各色粮石，皆按各省出产准作谷数。（中略）有折耗以权经久，仓储折耗曰气头，曰廒底。均计收储年分及各省地气燥湿，定以折耗之数。准该管官开报，验明米色，减价发粜，秋后买补。有平粜以易陈新，各省常平仓谷常年平粜，皆以存七粜三为率。间有地方燥湿不同，随时酌粜，存三粜七、存半粜半、存六粜四及不限额数者。如遇丰岁，或酌粜十之一二，或全行停粜。遇欠岁或逾额出粜，皆令报部查核。惟不得空仓全粜。其平粜，丰岁每石减市价银五分，欠岁减银一钱。秋收后以粜存价银采补。裕备仓，常年出陈易新，亦照常平仓例。旗仓额储内变色粮石，亦照时价减银平粜。（中略）有借放以资接济，社仓义仓，常年当青黄不接之际，准农民借领。旗仓准八旗借领。皆于秋后征收还仓。（中略）凡荒政十有二。（中略）四曰发赈。（中略）盛京旗地官庄站丁被灾，各先借一月口粮，不作正赈。及查明被灾分数。不论极贫次贫，旗地灾十分、九分者赈五月，八分、七分

---

① 朱凤祥：《中国灾害通史》，清代卷，郑州大学出版社，2009，第318页。

者赈四月，六分、五分者赈三月。官庄灾十分、九分、八分者赈五月，七分、六分者赈四月，五分者赈三月。站丁灾十分、九分、八分、七分者赈九月，六分、五分者赈六月。米数皆按月散给，大口月二斗五升，小口半之。凡闲散贫民与力田灾民一体给赈。米不足者，银米兼赈。其银按各省折赈定价散给。五日减粜，岁欠米价腾贵，出粜常平仓谷，督抚确核情形，于常年平粜照市价例减之外，再酌定应减之数，具奏出粜。如仓谷不足，则动帑赴邻省采买出粜。事竣，动仓谷者粜谷还仓，动库帑者易银归库。（中略）七日蠲赋。以灾户原纳地丁正耗准作十分，按灾分之数蠲免。（中略）八旗官地，灾十分者蠲租十分之五，九分者蠲租十分之四，八分者蠲租十分之二，七分者蠲租十分之一，六分以下者缓征。（中略）凡地方有灾者必速以闻，题报被灾情形，夏灾于六月尽，秋灾限于九月尽。遂定其灾分而题焉。都抚于题报情形时，一面委员勘定被灾分数，自六分至十分者为成灾，五分以下为勘不成灾，结报都抚扣除程限，统限四十五日内具题。如被灾异常之区，令都抚一人亲勘，即以应行赈恤事事宜奏闻。罪其匿灾者、减灾分者、报灾之不速者"。[1] 清代东北地区的仓储包括官仓和民仓两大类。本章只讨论作为政府防灾备荒重要手段之一的官仓的设置情况及其在救荒中的作用，民仓将在后章讨论。

清代东北地区的官仓名目多样，有常平仓、旗仓、公备仓、裕备仓等。在各种官仓中，常平仓是最重要的一种，其救灾备荒功能最大。"常平仓谷，乃民命所关，实地方第一紧要之政。"[2] 康熙十八年，朝廷"令各地方修常平仓"。[3] 之后常平仓的管理体制进一步完善和发展，常平谷本、常平积储、常平仓存粜定例、常平谷数都有了明确规定。由于清代东北各地环境和历史渊源不同，各地官仓名目不一，仓谷来源、仓储功能也都不尽相同，因此本部分按地区分别对奉天、吉林、黑龙江地区的官仓进行阐述。

（一）奉天地区

奉天地区的官仓主要有旗仓和常平仓，旗仓设置较早，清初即有，主

---

[1] 《钦定大清会典事例》，卷19，裕积储，（台北）新文丰出版股份有限公司，1977，第0202～0205页。

[2] 席裕福：《皇朝政典类纂》，卷153，仓库13，积储，（台北）文海出版社，1984，第2084页。

[3] 清官修：《清朝通志》，卷88，食货略8，常平仓，浙江古籍出版社，1988，第7269页。

要设于盛京将军辖区。直到康熙年间，朝廷才下诏在奉天府所属的州县设仓储谷，置常平仓。据《奉天通志》记载，"康熙年间，夏四月诏锦州开原辽阳盖州实仓储。清实录四月乙卯户部议覆。奉天将军公绰克托疏，言盛京、锦州、开原、辽阳、盖州诸处应该积蓄米谷。将奉天、锦州二府地丁钱粮，每年存腾银五千余两，解赴盛京户部转发锦州等处。城守尉酌量米价贱时，陆续采买其部员所收牛马税银三千余两，交与仓官亦酌量买米收贮。盛京仓内出陈易新，交与奉天将军管理，得旨仓粮关系紧要，著盛京户部侍郎稽查，收贮米谷，每年仍将出入数目报部。东华录四月乙卯诏盛京锦州开原辽阳盖州实仓储"。① 雍正元年，奉天府府尹邹汝鲁奏陈建造仓厂，言："奉天久属存贮米豆百有余万石，并无额设仓廒。现今或寄寺庙，或民房，米豆日积日多，仓廒不建，存贮无所，势必有狼虎之虞。故奉天仓廒之宜建造也。"②

常平仓和旗仓最早都设于锦县。据《锦县志》记载，"康熙二十二年，知县刘惠中建仓二间，后继修至二百二十九间。雍正元年、二年建四十间。八年建十间。雍正二年建二十七间。三年建十间。乾隆十四年，二十二年，三十八年陆续修葺"。在旗仓方面，"该县在清初建六十五间，康熙三十一年建二十间。雍正二年曾建四十五间"。③ 到乾隆年间，奉天地区的仓储普遍起来，建立了大量的常平仓和旗仓。据《奉天通志》记载，"三月建立了广宁、义州旗仓。旗地每年应征米五千一百六十九石零，酌建仓廒三十间，义州界旗每年应征米四千零八十七石零，酌建仓廒二十五间"。④ "八月添建义州仓廒，义州每年征收粮额而万八千余石，建仓二十间。"⑤

常平仓谷本和积储数额都有明确规定。如康熙四十三年覆准，"盛京地方与各省不同，毋庸分别州县大小定数。其九州县积储米粮，有多寡不同。

① 翟文选、臧式毅修，金毓黻主编《奉天通志》，卷29，大事29，辽海出版社，2003年影印本，第629页。
② 第一历史档案馆编《雍正朝汉文朱批奏折汇编》，浙江古籍出版社，1991，第161页。
③ 王文藻修、陆善格纂：《锦县志》，民国九年，（台北）成文出版有限公司，1975，第278页。
④ 翟文选、臧式毅修，金毓黻主编《奉天通志》，卷32，大事32，辽海出版社，2003年影印本，第654页。
⑤ 翟文选、臧式毅修，金毓黻主编《奉天通志》，卷32，大事32，辽海出版社，2003年影印本，第668页。

锦县现积储六万石,宁远州现积储五万余石,为数颇多。承德等七州县,止各存万六七千石不等。自四十三年起,将锦、宁二州县应征米豆改为征银,解交承德等十州具买粮,建仓积储"。① 雍正十二年,"奉天锦县、宁远州户口殷繁,且系沿海地方,米石接济邻省,令各存米十万石。盖平、复州、海城等处,滨海潮湿,难以久储,各存米四万石。金州现存米六千余石,毋庸议增。其不沿海之承德、铁岭、开原三县,各存米四万石。辽阳州、广宁县各存米五万石,亦毋庸多储,致滋潮邑。永吉州后裁。现存仓谷一万石,仍令照旧收储。义州新设,每年征收地米,陆续盖仓。俟有成数,再议存留。长宁县后裁。虽地僻民稀,未便并无积储。酌令建仓,储谷五千石以上。凡现存米石,不足议存之数,饬令买补易换,一并储仓。有逾额者悉行粜卖,将价银解部充饷。至黑豆一项供应驿站外所需无多,除向无储豆之永吉、长宁、复州、宁海均毋庸议外,其余锦县、宁远等九州县量为存留三千石二千石不等,盈余不足者,亦照米石例办理"。② 乾隆五十四年又议定,"奉天府属承德县米四万石,辽阳州米五万石,复州、海城、盖平二县,米各四万石。开原、铁岭二县米各三万石。宁海县、今裁。岫岩厅今改为州属凤凰直隶厅。米各二万石。新民屯抚民同知米三万石。锦州府属锦县、宁远州米各五万石。义州、广宁县米各四万石"。③ "嘉庆年间奉天所属复州、义州、岫岩、承德等 14 个州厅县各常平仓贮谷米 52 万石。"④ 据《盛京旗仓章程》记载,"盛京所属锦州、盖州、金州、开原等13 州厅县旗和盛京户部内仓共储米 20 万石"。⑤ 现存米不足的饬令买补,易陈换新一并贮仓。如乾隆十二年军机大臣等奏,据奉天将军达勒当阿奏称,"奉天连得透雨,无庸另筹接济,且现各仓米谷,共十八万余石,即稍歉亦可支持等语。前因奉天缺雨,奉旨命臣等将北仓截留漕米,酌量运往。今

① 《钦定大清会典事例》,卷 190,积储,(台北)新文丰出版股份有限公司,1977,第 7589 页。
② 《钦定大清会典事例》,卷 189,积储,(台北)新文丰出版股份有限公司,1977,第 7580 页。
③ 《钦定大清会典事例》,卷 190,积储,(台北)新文丰出版股份有限公司,1977,第 7592 页。
④ 辽宁省地方志编纂委员会:《辽宁省志》,民政志,辽宁科学技术出版社,1996,第 172 页。
⑤ 《盛京旗仓章程》,转引自辽宁省地方志编纂委员会《辽宁省志》,民政志,辽宁科学技术出版社,1996,第 172 页。

该将军既称无需接济，直隶米价本昂，再加海运一切脚价，转多糜费，此项米似应停运。再查天津北仓，往年曾贮五十万石，今现存止八万余石，并截留米十五万石，通共不过二十余万石，此项应仍留北仓，俟需用酌量动拨"。① 再如，乾隆五十四年盛京将军宗室嵩椿等奏，"盛京所属各城旗仓，原贮额谷二十万石。近年该处歉收，除赈贷并节年蠲缓，共计旗仓现存米二万四千石有奇，缺额甚多，不足以资缓急。今岁濒河洼地，虽间被淹浸，其余高阜地亩，均属丰收，应及时买补，以足原额。但缺额过多，恐一时全行购买，米价骤昂。请今年于盛京户部库项内，支给旗仓先买三万石，按市价限冬季内买补还仓。其余缺额，俟来秋再行采买"。②

常平仓和旗仓所储存的粮谷来源由户部及其所属筹措，一是通过政府出钱，向当地商人购买储备用的米粮，这是官仓储粮的重要来源。《奉天通志》中有谕奉天买贮米粮的记载，"清实录五月戊午，谕大学士鄂尔泰等观博第所奏，奉天所属雨水调匀，各种禾苗皆获丰收，米豆价甚贱，米一石银四五钱。高粱一石银三钱，余可寄信。博第不可因年丰岁稍部留心省亦好寻，据奏覆上年，直隶总督李卫遣员来盛京，采买粮米所有旗仓卖米银三千一百余两，民仓卖米银二万六千六百余两，今即动用此项，照时价采买，但采买过多恐价即腾贵。是以暂行停止，俟秋收时再行买贮得旨嘉奖"。③ 咸丰七年议准，"奉天米价平减，动拨山海关税银四万两，在锦州一带，陆续买粟米四万二千四百石。按照市价，每石八钱四分及九钱八分不等，核计净需米价银三万七千五百六十二两。其余银两，除开销、陆运车脚、铺舱席片、押船官兵饭食等项应用外，余剩照例呈交。其由海运津，由津运通，一切费用，由直隶总督饬令天津道，照奉天年例运通米豆之案，核实开销"。④ 同治六年谕，"前因畿辅亢旱，曾经截拨漕粮等项，以备赈济，并谕直隶总督顺天府府尹，妥议救荒之策。犹恐粮价增昂，民食缺乏。江苏、浙江等省，既属丰稔，即著该省督抚，迅各筹款采买米粮数十万石，

---

① 《世宗宪皇帝实录》，卷 293，中华书局，1986，第 19～20 页。

② 《世宗宪皇帝实录》，卷 1363，中华书局，1986，第 36 页。

③ 翟文选、臧式毅修，金毓黻主编《奉天通志》，卷 32，大事 32，辽海出版社，2003 年影印本，第 647 页。

④ 《钦定大清会典事例》，卷 189，积储，（台北）新文丰出版股份有限公司，1977，第 7566 页。

由海船运赴天津。一切经费，准其作正开销。并著盛京将军、奉天府府尹，察看该处情形，采买粟米若干石，即行奏明。由户部筹款拨给，赶紧购运，仍均准其免税"。① 光绪二十二年四月二十八日，依克唐阿等折奏，"为奉省旧案筹办急赈动用银米，……由驿巡道库所存备赈三成米价款内提拨沈平银二万两，并于盐厘等款、练饷项下匀凑库平银一万两，计市平银一万零三百二十两，购办粮石，运赴灾区"。② 二是捐纳谷米，也是当时官仓储粮的重要来源。《奉天通志》中也有议奉天捐贮谷石的记载，"清实录十一月辛酉户部议覆奉天府尹吴应枚疏言，遵旨详议奉天捐贮谷石事例，奉天州县现存米数缺额二十三万三千五百六十余石，宜捐收足额，应如所请令各州县，俱收纳本色以足原额，其未经题定额数之义州、宁海等州县各捐收米一万石。奉天地方所产米粟，难于久贮宜变动，酌收应如所请照米二谷之例概收谷石，捐收本色粟米价值，宜酌中核定，应如所请，每石价定三钱，照部捐银数折交谷石。各属生俊允在本州县，报捐应如所请，俟本州县卷足后，方许赴邻近未足之州县报捐"。③ 另外，还规定了外省移居入籍人的报捐，如"奉天系旗人土著与别省不同，请照例取具，该佐领印结在现住之州县报捐，应如所请奉天旗人准开明籍贯三代。具呈报捐至取具，该佐领印结之处向例俟给发实收，赴部换照、知照到日始取，该管官印结从无先行取结之例，应令该府尹照部现行例办理。捐收本色各项费用，宜量加收给应如所请捐谷一石，收耗三升，留备盘粮折耗等项使用，其照册纸张饭食等费，照部捐例每银百两另收银三两。正副仓收宜酌定给发应，如所请由该府尹衙门刊发州县，加习印信开明生俊履历，将副仓收截。发本生收执正仓，收各州县按季册送该府尹咨部换照。各属仓廒，宜酌量添建应，如所请令该州县确估建仓之费从之"。④

奉天官仓按时价向民间出售，发挥平粜的职能，调节谷价，并定有存粜定例。如乾隆五十年定，"奉省二次采买麦三万石，运到京师粜卖，以平

---

① 《钦定大清会典事例》，卷189，积储，（台北）新文丰出版股份有限公司，1977，第7566~7567页。
② 《光绪朝朱批奏折》，卷31，第一历史档案馆编译，中华书局，1995，第621~622页。
③ 翟文选、臧式毅修，金毓黻主编《奉天通志》，卷32，大事32，辽海出版社，2003年影印本，第650页。
④ 翟文选、臧式毅修，金毓黻主编《奉天通志》，卷32，大事32，辽海出版社，2003年影印本，第650页。

市价。仿照王公官员承买黑豆之例，准令官员承买。定为武职一、二品、闲散三品以下等官，文职七品以下等官承买。每石比时价减银二钱五分五厘，以二两三钱卖给，令各衙门出具印领赴仓承买。所卖价银，在各该员俸廉等项银内，依限照数坐扣完项"。① 嘉庆四年，"奉天所属九厅州县，存仓米谷，陈陈相因，兼之地方潮湿，恐致霉烂，嗣后各仓存储米谷一万石者，每年出粜二千石，约共出米谷十万石。除额征地米，每年约共入四万余石，不必买补还仓外，其余粜价，照例减市价五分。买补时亦照原粜之数，不许增加。倘春间谷贱不能粜卖，秋收不敷采买，准其次年补办"。② 同时，实行口粮、籽种借贷。据《盛京旗仓章程》记载，"旗仓存粮以备支发文员俸米等项亡用，或青黄不接时，将陈粮酌借给兵丁，秋后还纳"。③ 遇有大灾动用仓粮赈济灾民。如"光绪十四年八月初，辽河以东、以南近八万平方米的广大地区，大雨滂沱，奔腾暴注，七个昼夜雨不停。浑河、太子河、鸭绿江以及辽河、大洋河、碧流河、大清河等水系同时泛滥。清廷谕将军庆裕办理急赈，动用仓米三十三万石，发赈银一万四千五百两。对灾重地方被灾旗民照发一个月口米；由官绅筹款设粥厂多处，并收养老弱废疾贫民；责令外省停止在奉省采买粮米，并蠲免旗民灾地钱粮"。④

（二）吉林地区

吉林地区从康熙年间开始，在对原有旧仓修缮的同时，不断建设新仓，存储米粮，以备灾荒。清代吉林地区的许多文献中都有关于官仓的记载。如《吉林通志》记载了清代吉林城官仓的修建情况，见表5-4。⑤

表 5 – 4　清代吉林城官仓的修建情况

时间	地点	建仓情况
康熙二十八年	吉林城	太平仓二十间
康熙三十九年	吉林城	添尽仓场二十间
康熙四十三年	吉林城	建永宁仓
乾隆十八年	吉林城	太平仓外添建二十间，共六十间
乾隆四十年	吉林城	重修永宁仓
乾隆五十四年	吉林城	改修楼仓，是年又改太平仓为楼仓
嘉庆七年	吉林城	八年重修永宁仓二号、六号二十间
嘉庆二十三年	吉林城	重修永宁仓、太平仓为仓场
同治四年、光绪七年	吉林城	两次重修太平仓

除吉林城外，其他地方也纷纷兴建仓储，见表 5 – 5。①

表 5 – 5　其他地方兴建仓储情况

地点	年代及兴建仓储情况
宁古塔城	仓房四十间，乾隆八年改建仓瓦房十五间，乾隆十四年改建瓦房十间，乾隆二十七年改建瓦房五间，乾隆三十二年改建瓦房五间，乾隆三十八年改建瓦房五间。公仓额存粮二万五千石，岁征官庄壮丁谷三千九百石，光绪十七年实存仓谷二万九千三百八十石二斗五升八合
伯都讷城	仓房四十间。康熙三十二年并建十间，雍正六年建十间，乾隆十年建十间，道光年间重修，后经坍塌，光绪十二年一律报请重修。雍正五年并建六间，雍正十年建十间，雍正十二年建五间，乾隆三十二年建五间，光绪十年、光绪十一年重修十一间，光绪十三年重修十五间。公仓额存粮二万五千石，岁征官庄壮丁谷一千八百石。光绪十七年实存仓谷一万零四百七十石八斗九升七合四勺
三姓城	乾隆三十二年题准，吉林三姓地方仓场不敷收贮，添建仓房三十四间。乾隆四十二年题准，吉林三姓地方改建瓦仓二十间。乾隆四十七年题准，吉林三姓地方原设仓房六十间不敷收贮，请增建十间。公仓额存粮三万石，岁征官庄壮丁谷一万一千一百九十七石四斗

① 长顺修、李桂林纂：《吉林通志》，卷39，经制志4，仓储，吉林文史出版社，1986，第700页。

续表

地点	年代及兴建仓储情况
阿勒楚喀城	仓房六十间，系乾隆二十一年建，乾隆三十九年重修，光绪十五年重修。公仓额存粮二万五千石，岁征官庄壮丁谷一千八百石，光绪十七年实存仓谷四千四百三十石一斗三升六合八勺
林拉城	仓房六十间，乾隆八年建，乾隆十九年将苫草仓房改建瓦房，乾隆五十三年重修。公仓额存粮二万五千石，岁征官庄壮丁谷九百石，光绪十七年实存谷一万一千二百八石八斗七升六合二勺
吉林府	仓房二十四间，嘉庆十九年添建，道光十五年重修，光绪元年动用地丁征银改修，永丰仓在常平院内，仓房十二间常平仓、永丰仓额存谷二万石。雍正十三年永吉州存仓谷一万石，长宁县建仓贮谷五千石
伯都讷厅	常平仓在伯都讷城北隅，仓房二十四间，嘉庆十七年建

《吉林外记》中记载了吉林各州县官仓建设及存储情况，见表5-6。①

表5-6　吉林各州县官仓建设及存储情况

时间	地点	建仓情况	粮谷存量
康熙二十八年	吉林	太平仓六十间，永宁仓房六十四间	七万石
嘉庆十九年	吉林	永丰仓房三十六间	
康熙四十年	乌拉	建仓八十三间	
康熙年间	伊通	镶黄、旗正、黄旗各三间	
康熙三十五年	宁古塔	公仓四十间	二万五千石
康熙三十二年	三姓	永丰仓五十间	三万石
乾隆三十二年	阿勒楚喀	公仓六十间	二万五千石
乾隆三十年	拉林	公仓六十间	二万五千石

可见，清代吉林地区设置的官仓达百余间，极大地保障了粮食的存储空间，为救济灾荒提供了有力支持。

---

① （清）萨英额纂：《吉林外记》，中国地方志丛书，（台北）成文出版社有限公司，1975，第317~323页。

（三）黑龙江地区

清代官府为屯垦戍边，预防灾荒，推行常平仓制，"江省从前专设军府，农政未修，运粮饷军，仰给奉、吉两省。其后移户开屯，大开官庄，始有公备仓之设"。① 在府厅州县都建仓积谷。康熙年间，在卜奎、呼兰、墨尔根、龙江、双城子、黑龙江城等地陆续建仓储粮。据《钦定大清会典事例》记载，"康熙二十五年，黑龙江、摩尔根地方，起造仓厫收存米谷"。② 其中，卜奎、呼兰、墨尔根、黑龙江城四城建有储粮仓房 397 所。康熙三十三年，呼兰府建恒积仓 1 处、公备仓 117 所，其中公仓 39 所、备仓 78 所，每所建仓房 3 间，共有仓房 351 间。乾隆年间，又在呼兰府建恒积仓 89 厫，每厫 5 间，共 445 间，仓容量达 70 万石以上。③ 关于仓储设置情况，以呼兰为例，康熙二十二年在呼兰河口设卡伦，乾隆元年始在东南修建储积屯粮之所，谓之南仓。之后"增为九十八厫，每厫五间，共四百四十五间"，谓之"恒积仓"。"恒积仓外围墙长三百八十七丈，四隅外各置守望室两间。官屯六百丁，每丁岁输谷子二十二仓石，每岁计收粮一万三千二百万，其额存之数则十万石。全仓九十八间，计可容积二十万石以上。乾隆二年设仓官一员，专司出纳仓粮事。"④

关于各地官仓建设及储粮情况见表 5-7。⑤

表 5-7　各地官仓建设及储粮情况

时间	地点及建仓情况	储粮数量
康熙二十二年	从科尔沁十旗、锡伯、乌拉官屯运至黑龙江	1.2 万石
康熙二十五年	卜奎	7500 石
康熙二十五年	呼兰	12750 石
康熙二十五年	墨尔根	3750 石

---

① 万福麟修、张伯英纂：《黑龙江志稿》，民国二十一年至二十二年铅印本，第 601 页。
② 《钦定大清会典事例》，卷 189，积储，（台北）新文丰出版股份有限公司，1977，第 7577 页。
③ 黑龙江地方志编纂委员会：《黑龙江省志》，粮食志，黑龙江人民出版社，1994，第 302 页。
④ 黄维翰：《呼兰府志》，财赋略，卷 3，民国四年。
⑤ 黑龙江地方志编纂委员会：《黑龙江省志》，粮食志，黑龙江人民出版社，1994，第 361 页。

续表

时间	地点及建仓情况	储粮数量
康熙二十五年	黑龙江城	1 万石
乾隆元年	呼兰公积仓储	20 万石
乾隆二十一年	黑龙江地区官庄	6.64 万石
乾隆二十七年	宁古塔仓储	2.5 万石
乾隆四十六年	黑龙江地区官庄	4.27 万石
嘉庆十三年	黑龙江城永积仓	13 万石
光绪十三年	宾州府储存	8687.8 石
光绪十六年	卜奎、黑龙江城、墨尔根、呼兰	5.93 万石
光绪十七年	卜奎、黑龙江城、墨尔根、呼兰、宁古塔、阿勒楚喀、三姓	113534 石
光绪三十年	卜奎、黑龙江城、墨尔根、呼兰	1.13 万石
光绪三十四年	卜奎广积仓	13 万石
光绪三十四年	呼兰恒积仓	10 万石
光绪三十四年	墨尔根通积仓	9 万石
光绪三十四年	黑龙江城永积仓	13 万石
光绪三十四年	龙江县常平仓	10 万石

由于黑龙江地处极北，所以其仓储来源是多方面的，包括官屯壮丁谷、公种防欠谷、外地调拨谷、捐纳谷、升科田赋等。官屯壮丁谷是在官屯里劳动的壮丁生产的粮食。如"嘉庆朝，呼兰有官屯 50 个，壮丁 610 名，年纳粮 15250 石"。[①] 据《吉林通志》记载，"吉林官庄壮丁每年应交粮一万五千石，宁古塔官庄壮丁应交粮三千九百石，伯都讷官庄壮丁应交粮一千八百石，三姓官庄壮丁应交粮四千五百石，阿勒楚喀、拉林官庄壮丁应交粮一千八百石，共征粮二万七千石贮仓，每年于四月内具题"。[②] 公种防欠谷是清代官置公田"官兵随缺地"向官府纳缴的粮谷。外地调拨谷是从外地调谷平仓以缓解灾荒年粮谷不足问题。如嘉庆年间连年灾荒，呼兰等地的

---

① 黄维翰：《呼兰府志》，财赋略，卷 3，民国四年。
② 长顺修、李桂林纂：《吉林通志》，卷 39，经制志 4，仓储，吉林文史出版社，1986，第701 页。

仓储不足以接济百姓，为此"道光八年，将军苏崇阿奏称，仓存十不及一，请定期十年。齐齐哈尔城补存六千石，墨尔根、黑龙江备补存一千五百石，存呼兰城仓。匀济六成，采买四成，足额而止"。① 捐纳谷是地方官员为买官职而"捐纳"的银粮。升科租赋谷是清廷对汉族流民实施的"入籍垦种，升科纳粮"制度，所纳租粮存入地方仓储。

清代东北地区的官仓具有多种救荒功能，它通过赈济、平粜、借贷等途径救灾济贫，保障了社会的稳定，维护了统治秩序。如乾隆二十九年规定，"凡旗仓额储仓粮，每年出陈易新，将额储变色粮石，照时价减银平粜，吉林宁古塔、三姓、伯都讷、拉林、阿勒楚喀等五处，每石照时价减银一钱。黑龙江、齐齐哈尔、墨尔根、呼兰地方等四处额储仓粮，以十分之内划出一分，每石照时价减银五分，粜给兵丁。其价银于兵饷内分作二季坐扣还项，价银留存各本处公用，按年造人仓粮奏销报部"。② "乾隆三十年，齐齐哈尔、呼兰两处被水成灾，济丁户口粮一万二千七百仓石，奏免追缴。光绪三年，大小木兰达等地被灾，由呼兰城旗仓地租项下加赈三个月。"③ 道光二十四年，双城堡连年丰收，便易陈出新，平抑谷价，"查双城堡四月份市集谷价，每一市石价银三钱二分，每一仓石价银一钱六分。请将双城堡中、左、右三屯征收道光二十四年份仓石谷二万四千三百八十石，照时价粜给阿勒楚喀、拉林、双城堡三处兵丁闲散认买，共计应粜价银三千八百五十两，台将粜谷价银如数咨报"。④

二 兴修水利

水利是抵御自然灾害、防灾减灾、促进农业发展的重大战略问题。所以，中国历代统治者都极为重视水利建设，都把兴修水利和发展农业作为基本国策。早在清初，东北地区地方统治者就清楚地认识到了水利与水旱灾害之间的关系，因此非常重视水利工程的兴修，把防洪除涝作为水利建设事业的主要内容。清末放荒开垦以来，各地为防水害，纷纷筑堤建坝、

---

① 万福麟修、张伯英纂：《黑龙江志稿》，民国二十一年至二十二年铅印本，第 601 页。
② 《钦定大清会典事例》，卷 193，积储，（台北）新文丰出版股份有限公司，1977，第 7651 页。
③ 黄维翰：《呼兰府志》，灾赈，卷 4，民国四年。
④ 《吉林将军衙门档案》，存吉林省档案馆。

疏浚河道、开沟挖渠，以增强小农经济抵御自然灾害的能力。有清一代，东北地区地方政府主要从以下几个方面进行了水利建设。

（一）政府重视

清代东北地区地方政府清醒地认识到水旱灾害与水利失修的关系，因此十分重视水利工程的兴修。每次水灾之后，各级地方官吏都要亲自察看灾情，并组织民力抢修水利工程。如光绪三十二年十二月初十日，盛京驻防大臣赵尔巽在奏折中称，"……窃查前据牛庄防守尉赓音、署海城县知县管凤和会同呈报，属界赵家堡等处三面临海，地势洼下，筑有长堤，以防水患。……据康平县知县刘晋藻禀报，县属来远等社于五月间因河水漫溢，禾苗被淹各等情。……当经奴才随时飞饬各该管府督同旗民地方官前往覆勘被灾轻重情形，……并饬将积水设法疏消，冲毁堤坝赶紧修补，一面察看民情，如有实在困苦者，迅即妥筹抚恤，毋任流离失所，……被水冲毁堤坝复经津贴工料，督饬绅民分别修理完固各等情，呈由奉天财政局转请具奏前来"。① 再如，宣统元年六月乙未谕内阁，锡良、陈昭常电奏，"吉林省城本月初旬雨势过猛，江水陡涨，沿江房屋埝堤以及官商木植、公家建筑多被损坏……。加恩著赏给帑银六万两，由度支部发给。著该督抚派委妥员前往灾区，切实散放，毋任失所，并设法补筑围堤，俾得复业"。② 再如，"清嘉庆九至十三年，黑龙江将军观明亲自查看地形，组织居民在小民屯和五福码油库两个沙岗之间的低洼地带筑成长 1 里、高 1 丈的堤防，取名三家子堤防。光绪三十二年，黑龙江将军程德全组织齐齐哈尔军民对关帝庙至葫芦头的原船套子堤防，进行了加高培厚"。③ 地方官员重视水利、亲自勘验河工、测修河流、组织民力修筑河堤的例子见诸报端的也比比皆是。据《盛京时报》记载，宣统元年，营口厅尊注意于水利，"厅尊朱司马所辖大平山等存禀请挑挖水沟以泄积水，然恐于别存有碍，乃躬往勘验，复令村民绘图呈验嗣。闻去几间为挖斯沟，会与常家屯涉讼有案，各遂拟俟调查盖平案卷后在为定夺云"。④ "营口埠东北三家子村一带，距河甚近，屡受

① 《光绪朝朱批奏折》，卷69，第一历史档案馆编译，中华书局，1995，第 717～721 页。
② 《清实录·宣统政纪》，卷16，中华书局，1987，第 4～5 页。
③ 黑龙江省志编纂委员会：《黑龙江省志》，水利志，黑龙江人民出版社，1993，第 135 页。
④ 《厅尊注意于水利》，《盛京时报》，宣统元年（1909年）六月初一日。

水灾。该处乡绅富户等集议挑挖旱河一道，直通大河上流之水，宣泄极快。……道宪周寿辰观察乃躬往该处，勘验挑河之工程，盖与注意民事振兴，商情均有系焉者也。"① 营口"疏浚辽河……不久将动工矣。该工程议归奉天工程司经理会，经秀思工程师勘验河道，现在闻道应委派测绘员沿河勘验里河，至奉天止外河至通江口止某处当修某处，可缓修令其详细绘图呈阅，以便兴办云"。② 新民"开泄柳河，惟工程浩大，入手方法非详，加测绘不足，以知其底蕴。是以管太守特禀请劝业道委派英工程司麦君来新实地测量，不日可到其所需，约五百元之谱云"。③ 铁岭"春间柴辽河溢，现闻南满铁路公司所以柴辽河旧有土坝，前因破坏，遂受水灾当兹，雨水连绵之际，河水暴涨，正在意计中，乃特雇定工人多名填坝，以预防水患之猝发云"。④ 安埠"地势洼下，形如釜底，历年每届秋汛，江流澎湃，海潮汹涌，直上全埠，商民靡不各怀其鱼之叹，……总计全部损失不下数百万，是岁道尹王公理堂巡视此土，曾倡议筑堤防水，聘请美国工程师麦克来安代为测量，计划约需现大洋一百八九十万"。⑤

（二）疏浚河道

辽河是东北地区最早发源的大河，经常泛滥成灾。所以，为了排水和便于航行，历代都对辽河河道进行过局部整修。三国时已有营口至辽阳通航的记载。元、明海运军粮可上溯至铁岭、开原。清代自康熙三十二年（1693 年）起，定海运漕粮由辽河至三汊口及沈阳等地，每年多至二十万石。⑥ 清末曾局部疏浚开原江口至下游河段，河道工程较多的是支流柳河。柳河坡陡流急，多迁徙改道。自光绪时起屡次成灾，宣统中连续三年淹入新民县城内，当时只修筑土堤，植柳停淤。⑦ 光绪二十二年（1896 年），由

---

① 《挑挖旱河》，《盛京时报》，宣统元年（1909 年）五月十九日。
② 《疏浚辽河》，《盛京时报》，宣统元年（1909 年）七月初三日。
③ 《实地测量》，《盛京时报》，宣统元年（1909 年）六月十一日。
④ 《雇工填坝》，《盛京时报》，宣统元年（1909 年）六月十四日。
⑤ 王介公修、于云峰纂：《安东县志》，民国二十年，（台北）成文出版有限公司，1975，第 61 页。
⑥ 《松辽水利史：流域水利史》，珠江水利网，2007 年 7 月 2 日，http：//wwwperrl-wrter. gov. cn。
⑦ 《松辽水利史：流域水利史》，珠江水利网，2007 年 7 月 2 日，http：//wwwperrl-wrter. gov. cn。

当朝举人刘春烺主持疏浚减河（今双台子），翌年疏通竣工。此后辽河干流即分作两股，一股南行沿原故道经辽河与大辽河从营口入海，另一股西行经疏通后的减河经盘山入海。[①] 局部治理并没有扭转辽河航道不畅的局面，辽河淤浅日益严重，加之二十世纪初中东铁路建成通车，使辽河航运渐趋衰落。为了振兴东省商务，时任东三省总督锡良上奏朝廷，要求全面治理辽河，"修浚辽河以通航业，辽河节节瘀滞，运船阻迟，而商业遂为南满铁路所攫取"。[②] "自铁路告成，陆运盛而辽河之利衰……则以辽河年久失修，日就淤浅……若不及时疏浚，导流归槽，则昔受水利，今成水患。……全河工程计分三段：双台子工程、鸭岛工程、疏挖冷家口以达营口通江子上下游工程。"[③] "浚治辽河，工程浩大，碍难同时并举，应先从双台子河堤入手，为浚治全河之权舆，拟于双台子河口筑一滚水堤，添筑闸门，随时启闭，以资宣泄。"[④] "兴修鸭岛码头，……以防牛庄之危险；疏浚冷家口至营口下游之通江子，……无淤塞溃决之虞。如此则滨河各区，永免水灾。"[⑤] 就实施办法，"臣因饬工程师将全河详细履勘，其修浚次第办法，则绘为图说，同时并举，需款太巨，现拟择要兴修，合官商之力以图之。凡所设施，仅及十一，或规模已具，而未竟全功，或基础方萌，而尚无效果。然而办一事必须有一事之款，三省经常之费，出入恒不相抵，故寻常行政经费，断难移作别需，而以上所筹办者半为特别之用"。[⑥] 此外，清代还整治了鸭绿江河道。光绪三十一年（1905年），在安东车站（江桥）附近的江岸岸边，修筑了长2.66公里的桩排户岸。[⑦] 绕阳河从光绪八年开始也进行了河道大改道。[⑧]

（三）修筑堤防

堤防是自古以来最普遍的一种防汛抗灾工程，一般分土堤和石堤两种。

① 辽宁省地方志编纂委员会：《辽宁省志》，水利志，辽宁民族出版社，2001，第231页。
② 《清实录·宣统政纪》，卷10，中华书局，1987，第60页。
③ 《浚治辽河办法》，《中国地学杂志》，1910，第30页。
④ 《清实录·宣统政纪》，卷17，中华书局，1987，第13页。
⑤ 《浚治辽河办法》，《中国地学杂志》，1910，第32页。
⑥ 《清实录·宣统政纪》，卷10，中华书局，1987，第60页。
⑦ 辽宁省地方志编纂委员会：《辽宁省志》，水利志，辽宁民族出版社，2001，第237页。
⑧ 辽宁省地方志编纂委员会：《辽宁省志》，水利志，辽宁民族出版社，2001，第236页。

清代东北地区的堤防大部分是土堤，它是将零散的土埂加固连片，上面植树，筑于河的两岸，以土埂、树木壅塞水流，使江河两岸免受洪水危害，故能有效预防和治理水灾。清代东北地区的堤防主要修筑在江河沿岸，包括官堤和民堤两种。自清中叶开禁以来，随着人口增殖、土地开发、林矿采伐，东北地区的洪涝灾害随之增加，危害越来越大。为防御洪水，各地的官绅乡民便相继在辽河、东辽河、松花江、嫩江、洮儿河、饮马河等河流沿岸修筑堤防。

1. 辽河流域堤防

由于辽河流域洪涝灾害发生频繁，所以东北南部的堤防建设主要集中在辽河流域，包括辽河干流和各大支流。辽河干流堤防始建于清康熙年间，据辽河《冷家口开浚减河碑文》记载，"辽河官堤之设，盖始于有清康熙"。① 这说明康熙年间就已建堤。另据《奉天公署档案》（修筑辽河水道工程事项卷）记载，"……嘉庆年间（1796～1820年）辽河左右水患频仍，经将军松筠文请公拨款创修两岸长堤，上下延袤二百余里，防筑坚固，河泊始不为灾"。② 光绪二十年（1894年）修建辽河大堤时记载，"从新民鲫鱼泡村东起，逾过了辽中县镜，直达台安县之十四家子冷家口，堤长二百一十里，宽五至七尺，高八尺一丈不等。……大工告竣，居民受庇实多"。③ 关于辽河支流小凌河堤防的建设，据《锦县志》记载，"小凌河堤防北起城外西北隅三官庙后土地祠北，南至南门白衣庵庙前。县城西面临河，赖有长堤为之障护，堤前旧有碑碣，岁久残仆文字无证，惟堤左关帝庙为清乾隆十年重修，锦州知府金文淳所撰碑记有'虽在癸亥，朝廷命筑小凌河堤，乙丑堤成'之语。又同时通判福长所撰碑记云："予既奉委监筑小凌河堤，鸠于八年八月落成，于十年八月堤长五百六（下缺）先是河水陡涨民居多漂没，而西门一处尤当其卫（下缺）。"原碑尚存庙内惜剥蚀过半，可证者此数语而已。堤工坚固捍御狂澜。金文淳碑记后系以诗有"长堤屹立如山冈"之句，其雄壮蜿蜒之势于兹可见。道光二十八年重修碑存关帝庙廊下。光绪四年锦州副都统古尼音布，知府增林、协领窦文、知县孙汝为、邑绅

① 《冷家口开浚减河碑文》，存辽宁省档案馆。
② 《奉天公署档案》，修筑辽河水道工程事项卷，存辽宁省档案馆。
③ 辽宁省地方志编纂委员会：《辽宁省志》，水利志，辽宁民族出版社，2001，第221～222页。

李逢源、李庚云、穆长椿诸人倡首捐资十六万，筹重修。光绪十五年又重修。后偶有残缺皆随时补修完固。[①] 表5-8、表5-9是清代辽河干流及支流堤防修筑情况。

表5-8　清朝同治、光绪年间辽河干流堤防修筑情况

河段	起讫地点	堤长	堤高	基宽	修建时间
辽河	黑坨子—常家窝堡	50里(25公里)	7尺(2.33米)	1丈5尺(5米)	清同治年间
外辽河	台安县靰鞡口子—海城县三岔河	48里(24公里)	1丈(3.33米)	2丈(6.67米)	清光绪元年
辽河	新民县鲫鱼泡村—台安县冷家口	210里(105公里)	8尺~1丈(2.67~3.33米)		清光绪二十年
辽河	黑坨子—冷岭后壕	15里(7.5公里)	1丈(3.33米)	1丈8尺(6米)	清光绪年间
双台子河	台安县东盘山县邢家堡—孤家子	50里(25公里)	8尺(2.67米)	1丈8尺(6米)	清光绪年间

资料来源：辽宁省地方志编纂委员会：《辽宁省志》，水利志，辽宁民族出版社，2001，第222页。

表5-9　辽河支流堤防修筑情况

堤防名称	修建时间	修建情况
浑河堤防	明朝弘治十七年(1504年)和嘉靖四十四年(1565年)	浑河流域早在明朝弘治十七年(1504年)和嘉靖四十四年(1565年)，就先后在支流蒲河上修建一座拦河闸和重建一座新水利闸水利工程。[②]《辽阳县志》中有清朝道光三十年(1850年)在浑河、太子河沿岸修堤防水的记载[③]

---

① 王文藻修、陆善格纂：《锦县志》，民国九年，（台北）成文出版有限公司，1975，第108~109页。

② 辽宁省地方志编纂委员会：《辽宁省志》，水利志，辽宁民族出版社，2001，第225页。

③ 斐焕星修、白永贞纂：《辽阳县志》，民国十七年，（台北）成文出版有限公司，1975，第26页。

续表

堤防名称	修建时间	修建情况
太子河堤防	清康熙七年 （1668 年）	太子河民堤始建于清康熙七年（1668 年），至光绪末年（1908 年），沿岸虽有民堤，但纯系零星的防水堤，断续不整，高低不均，每遇洪水，便决口受淹①
绕阳河堤防	清乾隆四十二年 （1777 年）	《清实录》记载，"清乾隆四十二年（1777 年）十一月，盛京将军阿兰泰奏称，绕阳河河身较堤决处稍高"。②《盘山县志》记载，"光绪三十一年（1905 年），本年开始，绕阳河下游自杜家台起，修筑两岸堤防计长 22690 余丈，工程量 435140 余方，历时三年"③
鸭绿江堤防	清光绪二十二年 （1896 年）	鸭绿江城市堤防始建于光绪二十二年（1896 年），在安东市江桥铁道东侧至五道桥，修建了长 2.46 公里的防洪土堤④
大洋河堤防	清光绪十六年 （1890 年）	大洋河堤防始建于清朝光绪十六年（1890 年），由于洪水危机岫岩县城镇，捐款修筑沿大洋河右岸从吴家哨至岫岩城南二里铺长约 1.5 公里的防洪堤，堤高 1.2 米⑤
小凌河 左岸堤防	清乾隆八年 （1743 年）	清乾隆八年（1743 年）碑文记："该堤北自三官庙后土地祠北，南自永安门白衣庵庙前，堤长约五百六十（缺字）。"光绪四年（1878 年）又大修一次。光绪十五年、民国六年和民国九年均曾修补加固⑥

2. 松花江流域堤防

松花江流域堤防始建于 18 世纪 90 年代。最早的堤防是乾隆六十年在齐齐哈尔城南大民屯和昂昂溪附近额尔苏修筑的两段嫩江江堤；嘉庆十三年

---

① 辽宁省地方志编纂委员会：《辽宁省志》，水利志，辽宁民族出版社，2001，第 226 页。
② 《清实录·高宗纯皇帝实录》，卷 328，中华书局，1985，第 2322 页。
③ 李蓉镜纂：《盘山县志》，中国方志丛书，民国二十四年，（台北）成文出版有限公司，1975，第 35 页。
④ 王介公修、于云峰纂：《安东县志》，民国二十年，（台北）成文出版有限公司，1975，第 700 页。
⑤ 高乃济修、夏祥洪纂：《岫岩县志》，民国十七年，（台北）成文出版有限公司，1975，第 32 页。
⑥ 王文藻修、陆善格纂：《锦县志》，民国十九年，（台北）成文出版有限公司，1975，第 108 页。

在齐齐哈尔城南三家子修筑了嫩江堤防；嘉庆二十年为防松花江洪水顶托逆灌，修筑了呼兰城堤防；光绪年间修筑了嫩江齐齐哈尔城南船套子、齐齐哈尔以北齐富、昂昂溪北部龙坑和松花江哈尔滨埠头区等堤防；宣统年间修筑了松花江依兰县城和哈尔滨道外区堤防。① 之后，随着沿江河两岸土地、森林的开发，为预防水患，在松花江沿岸又相继修建了一些堤防，具体情况见表5－10。

表5－10　清代松花江流域堤防修筑情况

堤防名称	堤段名称	修建时间	修建情况
松花江干流堤防	哈尔滨城市堤防	始建于清光绪二十四年（1898年）	1898年修筑"埠头区"（今道里）松花江堤防，堤岸全长4200米。1911年又加修堤防3570米。由北头道街至十八道街1850米，为土堤砌石坡，堤上筑0.6～0.9米高的砖防浪墙，十八道街以东1720米为土堤，堤顶宽1米，高2～2.5米②
	依兰县城堤防	始建于清末宣统年间	1910年在城西筑石堤一道，长4里，临水坡以条石砌护，用白灰黏土糯米浆灌缝③
嫩江干流堤防	齐齐哈尔城市堤防	清乾隆六十年（1795年）	乾隆六十年齐齐哈尔城南修筑"由大民屯至五福码屯长一万五千四百四十四丈的堤防，堤防断面上宽一丈、下宽三丈、高七尺"。昂昂溪修筑"由额尔苏至英老坟之间长一万八千零九十九丈"的堤防。嘉庆九年至十三年修筑"三家子堤防"，筑成长一里、高一丈的堤防。光绪四年修筑齐齐哈尔城南葫芦至四家子间的堤防，"长十一里五、高八尺二"，被称为"城南船套子堤防"，还修筑龙坑至昂昂溪南堤防，"长六里五"。光绪三十二年对齐齐哈尔关帝庙至葫芦头的原船套子堤防进行加高培厚。宣统二年重修四家子堤防④

① 黑龙江省志编纂委员会：《黑龙江省志》，水利志，黑龙江人民出版社，1993，第121～122页。
② 黑龙江省志编纂委员会：《黑龙江省志》，水利志，黑龙江人民出版社，1993，第121～122页。
③ 黑龙江省志编纂委员会：《黑龙江省志》，水利志，黑龙江人民出版社，1993，第130页。
④ 黑龙江省志编纂委员会：《黑龙江省志》，水利志，黑龙江人民出版社，1993，第135页。

堤防名称	堤段名称	修建时间	修建情况
洮儿河堤防	哈拉查干堤防	光绪三十二年至三十三年（1906～1907年）	光绪三十二年至三十三年，从右岸瓦盆窑至安广县交界的哈拉查干修堤26.50公里。[1] 宣统二年复堤堵口。宣统三年、民国元年水灾中复垮复堵[2]

（四）开挖沟渠

开挖沟渠主要是为了除涝，即排除平原低洼地带的内涝，或沼泽排水，或城市疏通水沟，以减少给农业生产及城市居民生活带来的危害。清代东北地区的除涝工作只是在开垦较早的地方挖掘一些零星的排水沟。在晚清的历史档案中，各地官员向上级报告遭受涝灾情形，请求赈济和减免税赋的呈文屡见不鲜。但是，向涝灾做斗争和兴修除涝工程的记载，仅见于开垦较早的辽河、松花江沿岸地带。如沼泽排水主要集中于辽河。自广宁（今北镇）以东至辽河有大片低洼沼泽地，古称辽泽，遇雨泥泞，泽内有饶阳河及柳河等多条支流。明代沿泽之南路开河名路河，东起海城县境，西至广宁，长200余里，用以排泽水，运粮饷，防边疆，堤岸作为陆路，至明末淤废。清代屡次修沈阳至广宁道路百余里。乾隆以后至道光时屡次于新民县南和柳河下游之柳河沟等洼地开排水沟、修道路堤坝等。咸丰十一年（1861年）辽河在台安县南决口，由双台子河入海，又名减河，后形成现在的主河道。河道顺畅，能排泽中积水。浑河水系遂单独入海。[3] 同治年间至民国初年，在盘锦、营口等地修建了治涝排灌工程，当时"乡民为弥患计，遂纠集一村或数村之力，浚沟筑堤"，先后又挖修螃蟹沟、龙王庙沟、徐家堡沟及杜家沟、二夹皮等42条沟渠，筑堤18处。清光绪二十八年（1902年），在营口西部涝区，修建旱河，上段起源于黄大人屯、赵家屯（今胜利河）；中段起于赵家堡，经李家堡、姚家村北、下土台村南，终于前石桥

---

① 〔日〕伪满洲国调查资料：《洮南县事情》，1935，第121页。

② 吉林省志编纂委员会：《吉林省志》，水利志，吉林人民出版社，1996，第361页。

③ 《松辽水利史：流域水利史》，珠江水利网，2007年7月2日，http://wwwperrl-wrter.gov.cn。

子；下段起于前石桥，终于三家子。① 松花江沿岸，光绪二十二年（1896
年），双城厅厢兰旗佐领恒山和骁骑校全升向协领衙门呈报："由三甲拉四
屯（今双城县兰棱镇立志村新厢兰旗屯）起，至孙仁窝棚（今双城县兰棱
镇新跃村）挖排水壕全长二千零二十二丈五尺；由孙仁窝棚挖至南河沿
（拉林河）全长一千二百二十三丈，排水壕总长三千二百四十五丈五尺。"②
在城市里主要是结合市政建设修理水洞、疏通水沟。如宣统元年，"铁岭南
门城垣旧有水洞，以疏城内积水。近因淤塞，以致每逢雨后南门洞积水成
渠，不能行走。巡警总局刻派苦力多名，挖掘南门水洞以及城根之水沟，
务期一律疏路，以裨路政而变行旅"。③ "近日雨水连绵，山水更大，以致街
市成渠。日昨由巡局传知，名铺商自掘门前水沟，以便疏通积水。刻间，
各铺多乃争将水沟中之淤泥挖去，众擎则易举，其将信然。"④ 宣统三年，
长春"近来连日阴雨，城中各街道泥泞泽异常，行旅不便推原其故，因所
有水沟大半淤塞，雨水无由宣泄，故日昨金局长传知各区转饬各住户将门
前水沟一律疏通，并函请商务会协力维持云"。⑤ 吉林"福绥门外鲍家坟一
带两水向由顺城街地沟中流入大江，近来沟被泥沙淤塞，致使该沟水深数
尺，居民不胜恐慌。故日昨该管区官招募佣工数名派警督同前往安为疏沟
以免水患云。"⑥

（五）开发水田

水田可以通过筑坝引水、蓄水，用于种植水稻，同时可以疏泄洪水，
减轻洪涝灾害的威胁。东北地区的水田开发肇始于清末，它是随着朝鲜移
民的迁入开始的。据《辑安县志》记载，"境内水流甚多，可资灌溉。惟农
人多不知利用。清光绪二十年，六区八王朝村张卫垣，初招韩人开种水
田"。⑦ "辉发河流域远在光绪二十一年（1895 年）就有朝鲜族农民在柳河

①　辽宁省地方志编纂委员会：《辽宁省志》，水利志，辽宁民族出版社，2001，第 261 页。
②　黑龙江省志编纂委员会：《黑龙江省志》，水利志，黑龙江人民出版社，1993，第 181 页。
③　《挖掘水洞》，《盛京时报》，宣统元年（1909 年）三月初八日。
④　《自掘门前水沟》，《盛京时报》，宣统元年（1909 年）六月十九日。
⑤　《疏通水沟》，《盛京时报》，宣统三年（1911 年）五月十四日。
⑥　《疏通水沟》，《盛京时报》，宣统三年（1911 年）七月初四日。
⑦　刘天成修、张拱坦编《辑安县志》，民国二十年，（台北）成文出版有限公司，1975，第
　　238 页。

县三源浦开垦水田，后逐渐发展到海龙、桦甸、磐石等地。"① "光绪二十九年（1903 年），有朝鲜族农民在永吉县五里河筑坝引水开田。"② 一些日本移民也在这里试种水田。如"东省一带土壤肥沃异常，至水田一项则除韩侨在新民屯地方从事耕耘外，余皆绝无所闻。年前日人乾丑太郎君有见于此，提倡垦荒充作水田之议，且自在卅里堡及普兰店附近承租地亩，开作水田，试种稻籽"。③ 最初，由于条件落后，水田开发的成效不大。据《北镇县志》记载，"本境东南运河之处亦有引水种稻者，惟夏间大雨施行，西北山水暴涨，汇流于此，即兴泽国欢纵之享，其利者恒少，被其灾者实深也"。④ 后来，官府积极提倡开发水田、种植水稻。据《安东县志》记载，"县境濒临江河水利，实多自前清之时人民已知利用，种稻无恙，官府之提倡也"。⑤ 一些地方还创办了水利机构。据《辉南县志》记载，"辉南峰峦络绎，岗原县亘山田，最多原田次之，水田最少，惟辉发江沿岸颇有种稻之处，势使然。水利未兴，辉南水利分局驻在所驻县城南"。⑥ 宣统元年，新民创设水利局，"管太守因蒲河土质宜于种水稻，居民不知此中利益，付之无用，殊属可惜，当由官家于今春集资试办，成绩昭著。现拟组织蒲河水利局一处，以便扩充创办藉兴农业云"。⑦ 由此，水田开发事业得到发展。宣统元年，辽河沿岸大兴水田，"数年前新民府境有韩侨数十户，在该地垦开荒地，充作水田，以值稻盖，实东省以前未有之事也。迩来稻作一项又颇著成效，地质即未甚佳，而收获之巨则且鲜有。其匹比之种其余杂禾者获利不止倍徒已也。焉该地方官绅商亦已注意及此刻正悉心筹割，拟在辽河沿岸一带开辟一大袤延之水田，以便灌溉而泄，发利源无理苟得其宜，则辽河沿岸一带四至约有几百五十余里皆可以之作美田也。由此观之，元

---

① 吉林省地方志编纂委员会：《吉林省志》，水利志，吉林人民出版社，1996，第 155 页。
② 吉林省地方志编纂委员会：《吉林省志》，水利志，吉林人民出版社，1996，第 146 页。
③ 《试种水田》，《盛京时报》，宣统元年（1909 年）十月初九日。
④ 王文璞修、吕中清纂：《北镇县志》，民国二十二年，（台北）成文出版有限公司，1975，第514 页。
⑤ 王介公修、于云峰纂：《安东县志》，民国二十年，（台北）成文出版有限公司，1975，第706 页。
⑥ 白纯义修、于凤桐纂：《辉南县志》，民国十六年，（台北）成文出版有限公司，1975，第202 页。
⑦ 《创设水利局》，《盛京时报》，宣统元年（1909 年）九月二十七日。

豆以外东省不久又当富出一大农产物矣"。① 进而促进了东北地区农业和水利事业的发展。如"蒲河水利局试办之水稻，现已成稔，其米色较本地米固胜，即必之日本米亦有过而无不及，每斗仅售价两元一角，于此可见，实业之不可不兴云"。②

另外，清末东北地区的水利技术有了一定提高，逐渐开展了水文业务，进行水文（流量、泥沙、降水、蒸发、水温、冰凌和地下水等）测验和勘测设计、施工等技术性工作。东北北部的水文业务始于光绪年间。1898 年 5 月 25 日，沙俄在松花江大桥附近设水尺，建立第一个水位站，进行水位观测；1898 年在雅鲁河流域的扎兰屯建立第一个雨量站；1901 年在松花江下游建立三姓水位站，在嫩江流域建立昂昂溪雨量站；1907 年在牡丹江建立牡丹江水位站；1908 年建立太岭雨量站；1909 年在蚂蚁河建立一面坡雨量站；1910 年在黑龙江建立瑷珲雨量站；1911 年在嫩江建立富拉尔基水位站。清代东北北部共建有水位站 4 处、雨量站 5 处。③

值得一提的是，清代东北地区兴修水利是建立在广大劳动人民的血汗基础之上的。清代的堤防有官堤和民堤两种。官堤是由官府督促民间按地摊派筹款或下拨款项修建的堤坝；民堤是民间自发集资修建的堤坝。总之，兴修水利的资金大部分来自当地民众，小部分由官府下拨。如光绪四年修建小凌河堤防时，"锦州副都统古尼音布、知府增林、协领窦文、知县孙汝为、邑绅李逢源、李庚云、穆长椿诸人倡首捐资十六万，筹重修"。④ 光绪二十年（1894 年）修建辽河大堤时，"……严绅作霖捐款合清钱二十一万吊，不足，又由老达房以南之商镇募捐六万吊……"。⑤ 光绪三十二年至三十三年修建洮儿河堤防时，"洮南县由官、绅、商集银四千两"，⑥ "宣统二年集银五千两复堤堵口"。⑦ 光绪三十四年，哈尔滨

---

① 《大兴水田》，《盛京时报》，宣统元年（1909 年）八月十八日。

② 《蒲河水利局试办之水稻》，《盛京时报》，宣统元年（1909 年）十二月初九日。

③ 黑龙江省志编纂委员会：《黑龙江省志》，水利志，黑龙江人民出版社，1993，第 424 页。

④ 王文藻修、陆善格纂：《锦县志》，民国九年，（台北）成文出版有限公司，1975，第 109 页。

⑤ 辽宁省地方志编纂委员会：《辽宁省志》，水利志，辽宁民族出版社，2001，第 221～222 页。

⑥ 〔日〕伪满洲国调查资料：《洮南县事情》，1935，第 121 页。

⑦ 吉林省志编纂委员会：《吉林省志》，水利志，吉林人民出版社，1996，第 361 页。

"水利局向各船主征收建修松花江航路，每月税款之盛竟能出人意料。俄七月间共收到六千六百三十五卢布零四戈比，而俄八月十七日之间竟收至四千六百七十四卢布五十四戈比之多云"。① 宣统二年，松花江发生洪水，洪水过后，滨江县提出修筑江堤的计划，"需中洋吉林官帖二十万吊。经呈请吉林省公署批准，由永衡官钱局拨吉林官帖六万零六百吊，其余由滨江县自筹。滨江县议事会商请地方绅商同意，由工商户和房主按生意大小和所得房租多少按比例捐纳，共收吉林官帖十三万吊"。② 修建依兰县城堤防时，依兰道尹王瑚鉴于不修堤不能防水患，呈请吉林巡抚批准，动用当地赈捐款、截留贡貂价银、各项罚款和旗署经商生息还本金等 24 万吊。③ 宣统三年，辽阳坝工告竣，"西关外护城河每届夏令河水涨发溢出两岸致附近田亩受害甚钜。本年春季经西关会首等兴工修筑长堤，因款无着落，工近敷衍，仍被劝决前工晋谒。近该会首等奋志军修于上月间动工约费二千余元暂由各商户垫付，现已工竣惟款待筹措耳"。④ 由此给百姓带来了巨大的经济负担。

三 植树造林

有清一代，随着森林砍伐、土地垦殖和移民大量流入，东北地区的人地矛盾日渐突出，生态环境日益恶化，洪涝灾害频发。一些有识之士逐渐认识到森林在保护生态环境、预防水旱灾害和促进经济发展等方面的作用，官府也十分重视，遂采取措施植树造林。由于水灾是清代东北地区发生最多的灾害，因此清前期植树造林主要是植树护堤，预防水患，也叫护堤林。晚清以后，开始推广林政，发展林业。

清代东北地区植树造林与兴修水利、预防洪涝灾害同步进行。每次大水灾之后，地方政府为拦洪截水，都要筑堤建坝，堤坝上种植林木，保护江河湖海不受冲击，故也叫护堤林、防护林。堤坝上一般种植乔木、灌木以及各种水生植物，形成混交林带，以防止水流波浪冲击和雨水侵蚀，巩

---

① 《水利局向各船主征收建修松花江航路》，《盛京时报》，光绪三十四年（1908 年）八月十四日。

② 黑龙江省志编纂委员会：《黑龙江省志》，水利志，黑龙江人民出版社，1993，第122 页。

③ 黑龙江省志编纂委员会：《黑龙江省志》，水利志，黑龙江人民出版社，1993，第130 页。

④ 《坝工告竣》，《盛京时报》，宣统三年（1911 年）九月十七日。

固堤岸，免遭崩塌。清末疏浚辽河时，当时河道工程较多的支流柳河两岸即"修筑土堤，植柳停淤"。① 宣统三年，新民沿坝栽柳，"本郡间会传集人夫修筑大坝已志前报，现该会又知照各区乡长将坝上分段栽种柳株，以资设提而禁水患云"。② 铁岭"今春开河时柴辽河水即满溢出槽，邑西北关中日商民均蒙其害。盖因俄国所修各土坝破坏多处，兼有未竣工者，故致受此巨灾也。中日商家有鉴于乃特招雇工人堵修各坝，由五月始即行，兴工日昨偶经其处，见已修至东北关一带坝上，并遍栽柳树以固其基，惟询之工人则称须至中秋节始能竣工云"。③ 新民"预防柳河水患，沿河栽种柳树，堵塞冲决口岸，动工已逾旬日，昨始告竣，当由金守会同监工委员及府厅会议长于本月一日前往验看云"。④

地方官员和绅商积极热心于林政建设。如宣统元年，辽阳太守请求种树，"种树之利甚大，既可滋养土壤，防护燥温，又能发生清气裨益卫生而取料作柴，尤此是赖惟弄人囿于故步未能计及远大，以攻山童壤赤一望无限，现州牧奉上应札饬，请求种树，乃于日前特行出示晓谕，颇有拥挤之势。幸经管太守督饬商会总协理竭力设法挽回市面得以转危为安，既不失商家信用又无碍于大局，虽贤太守督饬有方，而商会诸公维持之力，亦局多数云"。⑤ 宣统三年，奉天候补知县陈光藻条陈兴办森林疏浚河道的重要性，"候补知县陈光藻日昨在督辕条陈饬各属兴办森林以兴大利，疏浚河路以通运输，并将所拟章程办法一并呈阅当经督宪查核，其所呈於东省森林区域土宜及运输河道调查尚有未甚详细确切之处，惟首论林业各种关系学理极精次述政办法多具条理，候饬屯垦局兴凤道查核办理云"。⑥

地方政府积极鼓励植树造林，推广林政。如光绪三十四年，"关东都督府为奖励林业起见，故洲内各地栽植树木，发达林业。兹闻大连营内寺儿沟，拟于本年度中六十亩，步华丈约六百亩，偏植树苗。本月内应行开工

① 《松辽水利史：流域水利史》，珠江水利网，2007 年 7 月 2 日，http：//www. perrlwrter. gov. cn。
② 《沿坝栽柳》，《盛京时报》，宣统三年（1911 年）三月二十五日。
③ 《遍栽柳树》，《盛京时报》，宣统元年（1909 年）六月二十七日。
④ 《栽种柳树》，《盛京时报》，宣统三年（1911 年）十月初三日。
⑤ 《请求种树》，《盛京时报》，宣统元年（1909 年）七月初十日。
⑥ 《条陈兴办森林疏浚河道的重要性》，《盛京时报》，宣统三年（1911 年）闰六月二十四日。

栽植云"。① 大连劝各会栽种树木,"闻各会长承官谕劝令,各管内人民当次春令宜多种树木,以兴林业。盖因各会间旷之区甚多,且村落迭经兵燹墟无日久,若能广种树木,俾其绿荫四遮,不惟致雨兴农,有无限之裨益,即以材木不可胜用,而且于民生亦有莫大之利权也,特未知该各会人民对于栽树之意见,果否踊跃云"。② 农安推广林政,"农安地多质天然林产场,所县尊于上年动议,城关一带民商种柳杨柑二千余株。刻又推广四乡林政。日前手订赏罚章程及白花告示发行,各区长饬令其实劝办,又恐不能尽力,复派自治局李张二君下乡督饬,栽种填入统计报表告以,便下乡诣验为事实求是矣"。③

因此,在洪涝灾害的冲击和地方政府的积极鼓励与支持下,清末东北地区掀起了一场植树造林运动,各县各乡纷纷种树御灾,发展林业。如宣统元年,长春沿东清铁路线拟栽夹道杨柳,"兹有王通译者,由哈来见堪验铁路之左右地址,即包办柳树一万株,每株须高丈余,粗六八寸者将来绿柳成荫,亦甚壮行车之观矣"。④ 关东洲也制订了沿铁路线植树计划,"南满铁路沿线一带树林稀少,风光廖寂,岁无误人目者公司,有见于此。此次拟沿路植树,已由日本购买树苗六万,以其一半分给各车站,令在车站区内种植,其余一半则现在大连培养,俟消防长分给各地种植以新观"。⑤

第三节　救灾的实效分析

以上救济措施,在一定程度上缓解了灾情,挽回了经济损失,救助了灾民,稳定了社会秩序,起到了积极的作用。但从救灾的实效来看,由于清代东北地区小农经济抵御自然灾害的能力薄弱,加之各级官吏报灾不实,财力有限,所以政府的救灾极为不力,疲于应付,所采取的一些救济措施,虽然暂时缓解了灾情,但对处于灾荒困扰中的广大灾民来说只是杯

---

① 《栽植树木》,《盛京时报》,光绪三十四年(1908年)二月初五日。
② 《劝各会栽种树木》,《盛京时报》,光绪三十四(1908年)年二月十一日。
③ 《推广林政》,《盛京时报》,光绪三十四年(1908年)二月二十六日。
④ 《沿东清铁路线拟栽夹道杨柳》,《盛京时报》,宣统元年(1909年)二月二十七日。
⑤ 《沿铁路线植树计划》,《盛京时报》,宣统元年(1909年)闰二月十四日。

水车薪，并不能从根本上解决灾荒给人民生活带来的各种困难。择例如下。

一 赈务机构形同虚设

各地虽然都开设了赈务机构，改善了赈务机构的管理办法，对人民实行了一定程度的救济，但这些机构都是为了维护统治阶级利益的，所以在实际执行中，效果并不是很理想。一是每次水灾特别是特大水灾后，灾区广漠，赈务机构鞭长莫及，很多地方无法得到及时救济。如光绪十五年五月初五日，都察院左都御史奏报，"将军府尹同措麦种八千余石，散给被灾人户耕种，早资接济，赏银一万两分给灾区，又经将军府尹等率属劝捐，本省绅商集成巨款，委员分投买米设粥厂十余处，派总兵等督兵煮粥，每厂日活万八千人，但距厂稍远之地，逃荒者仍络绎不绝"。[①] 另据《盛京时报》记载，"今秋各处水灾先后见告者二十余县，虽经中央发款赈恤，仍有未能补济之处。……灾民若不设法赈济，强壮者必身为盗贼，老弱者不免转于沟壑。故昨日特通饬各属劝令绅富慨助，赈款专集到省，俾便惠及灾黎藉保地方治安云"。[②] 二是一些办赈人员的素质差、办事效率低，对民情毫不关心，直接影响了赈济实效。如1911年大水灾，锦县筹赈局形同虚设。据《盛京时报》记载，"本邑东荒右屯卫等处今夏被水灾后，经县属派员勘验全境，确数三千余万亩，来年不能耕种者居其大半。虽拟款先行赈济口粮，无非暂济眉急。时届秋末冬初，一般灾民无衣无食，大有冻饿之虞！筹赈事务所诸绅应行如何设法施救，而该绅李某、郝某于办理筹赈事宜毫不进行，而亦不肯捐助分文，吁可慨也"。[③] 三是报捐的人寥寥无几。如辽阳赈捐局捐项不旺，"江南顺直赈捐分局由某员租东盛栈店房开办业已经月余，探闻该局捐项不甚畅旺，报捐者寥寥无几，盖捐纳一事现在已成努末并以实官捐停止，所能捐者抵虚街封典等项，是以报捐者益形其少云"。[④]

---

① 水利电力部水管司科技司、水利水电科学研究院：《清代辽河、松花江、黑龙江流域洪涝档案史料 清代浙闽台地区诸流域洪涝档案史料》，清代江河洪涝档案史料丛书，中华书局，1998，第116页。

② 《饬令各县劝募赈款》，《盛京时报》，宣统三年（1911年）十月十六日。

③ 《筹赈局几同虚设》，《盛京时报》，宣统三年（1911年）十月十九日。

④ 《赈捐局捐项不旺》，《盛京时报》，宣统元年（1909年）七月初二日。

二 地方官商贪污腐败现象严重

由于实施救济的监控体制不完善，所以在实际执行中，许多地方官商贪污腐败现象极为严重。一是一些地方官吏执行救灾措施不力，中饱私囊者甚多。如康熙五十三年（1714 年）十月丁酉户部议覆，"盛京户部侍郎董国礼疏言，万寿恩诏，将各省地丁钱粮尽行蠲免。其盛京所属，各处旗人所种地亩内应征之米豆草与历年旧欠之米豆草，请照奉天府地丁钱粮蠲免之例蠲免。各省州县征粮之官，皆有考成，盛京并无考成之例，故每年拖欠甚多。盛京地方官声名不好，部员征取肥已，亦未可料，著交与户部严查。嗣后盛京等处征取米豆草官员，亦著考成"。① 二是一些绅商囤积居奇，利用置办仓储的机会，贪污仓粮，中饱私囊。据《长春县志》记载，"吉省各属，向虽募有积谷，而保存不善，多归乌有。究其原因，厥有二焉：一曰变价。查积谷为救荒而设，顾名思义本储粮为是，除换陈易新或需出粜外，积谷应为非卖品。而吉林各属，积谷向多变价生息，无论腾挪亏欠之弊莫可究诘，即提款发放，当十室九空之时，作持钱易粟之举，富室则居奇，邻封则夜粜，画饼充饥，煮铜岂能作食，是虽有积谷而民未沾其益者如故。一曰分存。查收储积谷应置公仓，就地随委仓董以司收放，岁终饬其将收放之数造册成核，庶免别兹弊窦。吉省各属积谷多任当地富户分领存储，然贫富靡定，往往十年之内有前后景况差别者。故一遇凶岁或青黄不接之时，欲令分存各户将积谷贷放，而已贫不能给。一家衰落，万户呼饥，是虽有积谷而民未沾其益仍如故。基此二因，故一言举办积谷，民间多视为诟病。县属为三国铁轨交通之区，每年输出米粮为数不柴，兼此苦潦荒象最易发现。知事前到各区点验预警，察看乡间情形尚属丰秸，询之农民亦称今岁收稼之丰为近十年所未有。然丰歉无定，若不思患预防，一遇荒年诚恐转徙流离，救济无术。知事为有备无患起见，拟办积谷以为救荒之资。特就地方财务处附设筹办积谷公所，遴委绅董，总理其事。另就各区所遴委绅董分任筹办事宜，业经参酌地方情形拟具办理积谷细则，召集城乡绅董责以劝募，均允担任。查县属共有属地二十五万余垧，每垧拟收积谷二升，附收建仓费一升。商家资本以三千吊折算熟地一垧，所收积

---

① 《圣祖仁皇帝实录》，卷 260，中华书局，1985，第 14 页。

谷及建仓费与实有坰地者同额。除商家资本须待调查折算外，合计按坰收谷，县属可收积谷五千余石。刻拟划分两期葳事，阴历九月内为修建仓廒期间，阴历十月一日至十一月末日为收集积谷期间。但建筑仓廒需费在即，若俟建仓费收集然后举办，已属缓不济急。知事前在九区点验预警，业将该区仓廒委托当地绅董承修，并嘱其暂行垫付建修费用，一俟建仓费用收集如数抵偿，均经允诺。此外各区，知事拟于日内委派绅董劝募，仿此办理。惟各区面积辽阔，建仓地点应按各分所择适中之处，如距离不远，亦可合两分所并建一仓，以便收放。至关于筹办积谷所需升斗、收据、簿册及筹办积谷各绅董应需川资，伙食等费，一经开办即需开支。查苏前任移交，有积谷变价发商生息五千余吊，知事拟提此款撙节支给该两项之用，一俟积谷办竣，造册呈请核销"。① 正是由于一些官商的贪污腐败，所以尽管政府尽最大努力救济灾民，但真正惠及灾民者实微不足道。

三　地方官吏报灾不实、玩视民瘼

如"嘉庆十六年，葵丑谕内阁，赛冲阿奏沿途目击奉天灾民迁徙情形一折。奉天岫岩、复州、宁海等处被灾歉收，前和宁于经过该处时，据实奏闻，朕当经降旨，将该处应征各项银米加恩缓征，并饬令观明等将有心讳匿之州县查参，该将军等至今尚未奏到，殊觉延玩。昨于奏请停止采买仓谷折内，仅声叙该省粮价增昂，而于地方之荒歉，百姓之流离全不声叙，始终匿未陈奏，漠不关心，实属溺职，无能已极。今赛冲阿途次亲见各灾民挈眷出边络绎在道，可见该处被灾情形较重，将军府尹等统辖郡邑，察吏绥民，乃讳灾不报，玩视民瘼，其咎甚重"。② 所以，"官员素质良莠不齐与不尽全力地履行职责，致使灾况未获得有效的缓解"。③

四　救济的财力有限

如光绪三十四年，奉天"东南各省水灾迭声闻悲惨之状，笔难尽述。

①　于泾校注：《长春厅志·长春县志》，长春地方文献丛书，长春出版社，1993，第 360～364 页。
②　《仁宗睿皇帝实录》，卷 251，中华书局，1985，第 7～9 页。
③　谭玉秀：《九一八事变前东北地区水灾与社会应对》，《哈尔滨工业大学学报》2011 年第 6 期。

各处任人君子争相捐资拯救,仍有杯水车薪之慨"。① 宣统二年,奉天放赈,
"第一次之放赈为馒头及小米等类不过四五之间,饥民瞬已吃尽乘手待毙,
张太尊乃复电禀上继续放第二次赈粮,每大口给高粱四升,小口减半,现
在派同府委绅士并省委分东西南北四路散放,闻饥民仍嗷嗷待哺"。② 再如,
"1910 年,黑龙江地区入夏以来阴雨过多,'经旬累月,久不放晴',嫩江水
势暴涨,嫩江府、西布特哈、龙江府、大赖厅、肇州厅、甘井子、杜尔伯
特旗等处沿江民房、田禾均被淹没,且洪水殃及松花江中下游的呼兰、余
庆、汤原等府、县,全省淹地 30 万公顷,淹死 200 多人,灾民 15 万余人。
'灾民嗷嗷,困苦万状。'清廷度支部'电汇江省水灾赈银二万两',仅相当
行省公署民政司'养廉银'(每年 8000 两)的 2.5 倍。1911 年 10 月,饶河
县因水涝成灾,粮食缺乏,人心惶惶。吉林省仅发水灾赈款中钱 2 万吊,可
购买小米 3.5 万公斤,予以急赈,杯水车薪,无济于事"。③ 所以,《开原县
志》中有赈济(诗)云:"呼庚呼癸苦无休,老弱逃亡剧可忧。纵有赈粮千
万斛,车薪杯水难惠周。"④

　　总之,由于以上种种原因,尽管东北地区地方政府采取了相应的救济
措施,但也主要是疲于应付,尤其是"清代后期的政治无能、吏治腐败、
救灾用人失当、救灾政策的偏颇都严重地约束了其救灾能力"。⑤ 加之清代
东北地区自给自足的小农经济落后,从而造成灾后农业生产的凋敝和社会
秩序的混乱。天灾人祸,使人民生活更加困苦。"大批灾民流离乞食,巷无
炊烟,饿殍载道;土地荒芜,赤地千里;灾后物资短缺,米薪昂贵,人们
无力购买;赈济不足直接造成社会的动荡不安,灾民群起抢粮、吃大户等
情况时有发生。"⑥ 因此,通过对这一时期政府救济情况的考察,透视出了
当时灾荒年东北地区地方政府对突发性灾害的应对能力较差,缺乏良好的
赈灾运行机制,特别是各地仓储的建设和管理并不完善,官商贪污仓粮的
现象严重,加之国家拨付的赈济粮款十分有限,所以政府的救济对广大灾

① 《日人开演电戏作捐助水灾之义举》,《盛京时报》,光绪三十四年(1908 年)八月初七日。
② 《水灾善后记》,《盛京时报》,宣统二年(1910 年)八月初四日。
③ 黑龙江省志编纂委员会:《黑龙江省志》,民政志,黑龙江人民出版社,1993,第 254 页。
④ 李毅修纂:《开原县志》,民国十九年铅印影印本,(台北)成文出版有限公司,1975,第
1132 页。
⑤ 刘永刚、胡鹏:《浅论清代灾荒与政府行为》,《哈尔滨学院学报》2005 年第 3 期。
⑥ 王虹波:《1912～1931 年间辽宁水灾与救济》,《社会科学辑刊》2009 年第 5 期。

民来说可谓杯水车薪、微不足道。因此，随着政府应对机制的弱化和救济能力的下降，政府的救济最终不免疲软乏力、收效甚微，而民间社会各阶层的救助显得日益重要，社会上各种形式的募捐、劝捐、义赈、慈善和个人的善举都发挥了重要作用。但无论是政府救济还是民间救助，旧中国的落后使这种"有灾必荒"的局面很难从根本上得到改变。

第六章 民间救助

在清代小农社会里，仅依靠政府救济并不能完全解决灾民问题。所以，清代统治者在充分发挥政府职能的同时，还积极鼓励和提倡民间自救。而受灾最严重的灾民大都处于社会最底层，为了挽救自身，他们常常自发组织起来，互救互助；社会各阶层也纷纷组织各种形式的民间义赈，救灾济民。清代东北地区的民间赈济形式多样，内容丰富，下面逐一阐述。

第一节 设立慈善机构

在传统社会里，慈善机构是民间社会团体的一种救灾形式，是地方的常设救济机构，大多是官督民办性质的，一般由地方官府倡导支持，由地方士绅或乡里社会或宗族出头组织筹办，以解决贫、弱、遗孤、鳏寡、残疾人的生活问题，经费主要由民间自行募集，官府也给一定资助。"士绅耆宿通过慈善机构参与社会活动和实施社会控制，使之成为传统社会统治结构的重要组成部分。"[1] 清代东北民间地方社会的慈善组织名目繁多，在各州县的设置也较为普遍，如红十字会、济良所、教养工厂、栖留所、水会、难民救济收容所、赈济事务所、功德院、养济院、孤贫院、留养局、防疫所、同善堂、卫生院、游民习艺所、庇寒所等，这些机构的社会功能主要是救济难民、抚恤贫孤、救治伤残，在灾荒年起的作用更大，是民间救济的前援和基础，也是民间灾荒救济的重要组成部分。

清代东北民间慈善机构在救助灾荒方面有着各自不同的作用。栖留所专门收养逃荒乞食的流民，如安东栖流所，"附设平民工艺厂同时创办儿

---

① 石方：《黑龙江区域社会史研究》，黑龙江人民出版社，2002，第445页。

老幼男妇贫废交迫者，每逢严冬沿街乞讨并无归宿，由警察送入厂内，概
为收养。分别男女隔室安插，给以衣食令其助作轻易工艺。其老幼残废不
能工作者，即令坐食以广慈善常年收养此类游民约五百余人"。① 教养工
厂主要收留无业游民及无力教养的地方贫民，教养他们使其成为具有自生
能力的人，如安东教养工厂，"宣统二年，经官绅商学各界及城厢自治
会，提倡创设以收辑无业游民并地方贫民无力教养，为养成其资生之能力
籍以振兴实业为宗旨。是岁十月租房试办以禁烟罚款为开办费，翌年春商
务会于八道沟义塚地傍捐助地基，经城厢自治会督工建筑瓦屋百余间，围
墙百余丈，内分工厂宿舍厨房饭厅讲堂"。② 水会是为了防范水患的，如
昌图水会，"清代以来，昌图县为了进行赈灾，相继设立了一些慈善机
构。光绪十三年，建立了水会，如自新所，用以防范水患"。③ 再如奉化
水会，"光绪七年经知县钱开震筹款，并提倡捐市钱五百千论，劝绅商等
集资立天一水会，制水龙二架及水筒号表等数十事，以备水灾。暂财神庙
为公局绅商等经理其事。十年，署典史应坛亦督修水龙各件，以鼓舞
之"。④ 留养局专门收养孤贫废疾之人，如锦县留养局，"留养局在城东
南，设于清初。凡孤贫废疾之人准其入局，留养由官发给口粮以资养"。⑤
养济院专门收养贫孤，如开原养济院，"清雍正五年，万公如济任开原县
知事，请准创设养济院，额设孤贫三十四名，每名每日领米一仓升。大建
月领米三仓斗，小建月领米二仓斗九升，每岁冬人衣布银五钱，于十月一
日按名发给，均由正赋题销"。⑥ 牛痘局、防疫所、卫生院是针对灾害可
能引发的瘟疫及疾病而设的，如"光绪十三年，针对灾害可能引发的瘟疫

① 王介公修、于云峰纂：《安东县志》，民国二十年，（台北）成文出版社有限公司，1975，第1081页。
② 王介公修、于云峰纂：《安东县志》，民国二十年，（台北）成文出版社有限公司，1975，第1074页。
③ 程道元修、续金文纂：《昌图县志》，民国5年，（台北）成文出版社有限公司，1975，第278~279页。
④ 钱文震修、陈文焯纂：《奉化县志》，民国11年，（台北）成文出版社有限公司，1975，第167页。
⑤ 王文藻修、陆善格纂：《锦县志》，民国九年，（台北）成文出版社有限公司，1975，第1027页。
⑥ 李毅纂：《开原县志》，民国十九年，（台北）成文出版社有限公司，1975，第861页。

及疾病，昌图设立了牛痘局、孤贫院、卫生院等"。① 又如奉化牛痘局，"光绪十年五月，西公益地局局员固由额驸图萨拉克气棍布恩楞捐资，暂在本县三公祠引种"。② 锦县牛痘局，"清光绪初年邑绅李庚云等，公立每年三月开办。按期施引，不敢分文至今"。③ "清宣统二年冬，开原境内此症发生，其剧十二月由开原县知事王浣发起，先于治城内设立防疫所委警务长郑宗侨，股员赵国璞乔占九等办理同时于孙家台站内设立防疫分所，并委书绅康季封等办理。四镇八乡亦各立防疫分所，由县知事委各镇乡自治人员就近办理。""宣统三年正月，县境疫症盛行，传染最速，经自治会议长罗贵和副议长高玉衡总董书绅，董事杨祖荣等禀请成立城厢防疫会会所，即设于城厢自治会院内并由王寿山谭襄廷徐玺泉设立分会于城西关。"④ 沈阳牛痘局，"清光绪十三年五月创立，其宗旨在保赤济生局务由医院委员，兼管医士十三每年引种约计二千五百余人"。⑤ 再如安东中国红十字会安东分会，"清宣统二年，承上海红十字总会函，嘱联络埠内各界志士组织而成，以博爱恤兵，扶危济困，专重人道主义为宗旨，由总商会理事总理会中，一切事务所暂附设于安东医院理事长一员，议事员十员。医员二，文牍二，会计一，庶务四，均纯尽义务，每岁五十两月开通常会议一次，从前会中施医有无费诊疗券，惟限于军警一方年需小洋六千元，自十三年十一月施医院成立所发无费诊疗……"。⑥ 光绪三十四年安东创立县济良所，"清光绪三十四年，知县吴光国禀请创立，以救济出苦娼妓及无依妇女卑归善良为宗旨，定章十数条，由县署专办"。⑦ 还有开原仁爱医院，"开原基督教施医院于清光绪二十一年成立，英人青大卫租赁房屋数间，开始为人疗

---

① 程道元修、续金文纂：《昌图县志》，民国五年，（台北）成文出版社有限公司，1975 年，278～279 页。
② 钱文震修、陈文焯纂：《奉化县志》，民国十一年，（台北）成文出版社有限公司，1975，第 168 页。
③ 王文藻修、陆善格纂：《锦县志》，民国九年，（台北）成文出版社有限公司，1975，第 1027 页。
④ 李毅纂：《开原县志》，民国十九年，（台北）成文出版社有限公司，1975，第 862 页。
⑤ 李毅纂：《开原县志》，民国十九年，（台北）成文出版社有限公司，1975 年第 619 页。
⑥ 王介公修、于云峰纂：《安东县志》，民国二十年，（台北）成文出版社有限公司，1975，第 1068 页。
⑦ 王介公修、于云峰纂：《安东县志》，民国二十年，（台北）成文出版社有限公司，1975，第 1072 页。

病二十四年，乃在礼拜堂院内建修正医院二十六年拳匪乱起与教堂均被毁。二十七年改租房屋复行成立，其医士为穆大夫。三十一年，移男医院于铁岭、开原改设女医院，由安平二女大夫施治定名为仁爱医院，房屋仍系租赁"。① 赈济事务所专门用于灾后救济，如新民赈济事务所，"新民大患以柳河为剧，辽河次之，绕阳河又次之，往往三河水势齐发则祸更惨烈。前清宣统二年七月，即因三河齐涨，新民全境被灾，饥民嗷嗷，凄风原野，张守翼廷亟招公益士绅程世恩等总理其事，一时函电交驰，筹款募粮，设立粥厂十余处。由初秋至次年春止，全活饥民无算。嗣及宣统三年水灾更设粥厂二十余处，延逾六个月，救济饥民三万余口"。②

有些慈善机构具有多种救荒功能，如奉天同善堂"设立怀院关高台庙西。清光绪十一年，左壮悫公宝贵马建候魏振之蔺天成诸公提倡创办为本城慈善事业之总汇，禀准制军裕禄咨部立案三十年归民政司管理。宣统三年，改隶警务局现隶警察厅，正副堂长各一设文牍，收支庶务三股员股各一委员三所属施医院，牛痘局，栖流所，济良所，孤儿院，同善男女两等小学校各一处"。③ 长春县"世界红十字会，为慈善家所组之救济机关……。缘以今年国内刀兵水旱，灾镬洊臻，人民之颠沛流离举目皆是。故一般慈善家本胞与之怀，恫瘝之念，遂起而组织斯会。专募集捐款，筹办赈粮等项，救济被难灾黎，俾其不致冻馁。仁人用心，可谓至矣。长春地当冲要，为内地难民来东北者所必经之路，遍地哀鸿，嗷嗷可悯，爰亦组一分会于城内西三道街。其发起人及经办诸人，亦莫不殚竭精力，悉心筹划，务使彼流离无告之难民，不为沟中之瘠。会中更附设妇孺救济会、施诊所及施粥厂，其钱款与粮米皆由慈善家所捐助。每日会前，鸠形菜色群集于门，义粟仁浆所活者殊众云"。"长春道院，由邑中一般讲理论道之人等所组设，与红十字会同居一院。其迹惟有似乎迷信，言论亦稍嫌怪诞，然其存心慈善亦足多者。若输款捐资，舍衣服以救孤寒，施粥米以济饥馁，并施济棺木，俾死者免骨暴沙砾，附设小学授儿童以相当教育，其哀死恤生，婆心

———————————

① 李毅纂：《开原县志》，民国十九年，（台北）成文出版社有限公司，1975，第866页。
② 王宝善修、张博惠辑：《新民县志》，民国十五年，（台北）成文出版社有限公司，1975，第302页。
③ 李毅纂：《开原县志》，民国十九年，（台北）成文出版社有限公司，1975，第617页。

甚切，诚不可掩也。"① 长春县教养工厂"除收容无业游民外，更附有施粥厂，每季冬月即行开办，专供给一般饥民之领食，其款由各慈善官绅捐助"。②

慈善机构的经济来源一小部分出自官府，大部分由绅商捐助。如安东栖流所"经费由从前之乞丐捐并绅商各界零售之特捐，不足总商会补助之"。③ 沈阳牛痘局"常年经费拨给四百九十圆"。④ 对于奉化，有记载，"光绪七年经知县钱开震筹款，并提倡捐市钱五百千论，劝绅商等集资立天一水会"。⑤ 宣统三年法库创设济饥会，"四乡水灾甚重，一般饥民嗷嗷待哺。昨经某志士创办济饥会，首先捐洋百元以资提倡，并即下乡劝募一俟集有成数，拟即订定开办章程禀请厅尊立案"。⑥ 长春教养工厂"全年经费，由自治款内月拨哈洋四百元，孤儿经费由慈善会底款生息项下拨给年约三千元。养济费实报实销，由财务处支取，年约四千八百余元。厂务办理甚善，颇著成绩，实一般流离无告之贫民救生宝筏也"。⑦ 有些慈善机构还附有义地，如长春县同善堂"为前清光绪十一年署长春通判李金庸集款创设，专办理养老、引痘、掩埋事宜。所筹底款约市钱二万吊，存于商家取息充费。并附有义地，在北门外地藏王寺旁，计地南宽七十五弓，北宽五十七弓，东长二百七十九弓六尺，西长二百八十七弓（见《养正书院征信录》），以为掩骼旅旅之用。在该堂地基，原于光绪九年冬购自民户殷桂林，本拟建为养正书院，继经于堂之东偏另觅地址，遂改斯堂"。⑧ 长春县直东会馆"在商埠东三马路，为直隶、山东两省人旅长者所组织。初成立时，孟秉初曾任为会长，由各会员筹捐钱款购置义地五亩，凡同乡客死者，施以棺木葬之义地内。倘回籍难措资斧者，亦必量力周助之。并居间介绍代为谋生，或染疾病无力医药，更施给药饵。哀死慰生，用意甚善，其专厚视于同乡，

---

① 于泾校注：《长春厅志·长春县志》，长春地方文献丛书，长春出版社，1993，第364页。
② 于泾校注：《长春厅志·长春县志》，长春地方文献丛书，长春出版社，1993，第358页。
③ 王介公修、于云峰纂：《安东县志》，民国二十年，（台北）成文出版社有限公司，1975，第1081页。
④ 李毅纂：《开原县志》，民国十九年，（台北）成文出版社有限公司，1975，第619页。
⑤ 钱文震修、陈文焯纂：《奉化县志》，民国十一年，（台北）成文出版社有限公司，1975，第167页。
⑥ 《创设济饥会》，《盛京时报》，宣统三年（1911年）十一月十一日。
⑦ 于泾校注：《长春厅志·长春县志》，长春地方文献丛书，长春出版社，1993，第351页。
⑧ 于泾校注：《长春厅志·长春县志》，长春地方文献丛书，长春出版社，1993，第358页。

虽嫌范围稍狭，而由此以推亦仁政之端也。此外，尚有三江会馆，其事务组织亦如之"。①

第二节　置办民仓

前面章节讨论了清代东北地区官仓的设置及其在救荒中的作用，本节只阐述民仓的设置情况及其在救荒中的作用。

民仓在民间赈济中占有至关重要的地位，它包括设仓和义仓两种形式。设仓和义仓性质相似，都是传统社会备荒仓储体系的重要组成部分，但二者也有一定区别。汪志国教授认为，设仓"为农民未雨绸缪之措置"，义仓"为富者救济贫民之机关"。设仓的特点是，仓廒设于乡村，谷本源于捐输，仓由村民管理、地方官吏监督，仓谷用于出借并逐渐由收息到免息；义仓的特点是，仓廒设于市镇，也由民间经营管理。② 清代的设仓始建于康熙年间，雍正时开始推行，并制定了完善的设仓条例，此后全国各地纷纷设立设仓。设仓粮谷，平时用于借贷和平粜，以救济贫弱；灾时用来赈济灾民，这在一定程度上弥补了政府赈灾的不足。因此，设仓在防灾备荒、扶助农民发展生产方面起了一定的积极作用。义仓正式设立于乾隆年间，主要由民间集资捐建，由地方绅商管理，专门用于救济本地灾民。义仓中粮谷、银两并存，官府很少介入，故称其为"民间慈善机构"更为合适。③ 义仓的粮谷主要用于救济百姓，帮助他们渡过灾荒之年。总之，设仓和义仓都是青黄不接之时，用来接济农民的。以下对清代东北地区设仓和义仓的设置及其救荒功能予以阐述。

清代东北地区大部分州县都设有民仓。《吉林通志》中记载了许多州县的义仓设置及存储情况，见表6-1。④

① 于泾校注：《长春厅志·长春县志》，长春地方文献丛书，长春出版社，1993，第358页。
② 汪志国：《自然灾害重压下的乡村》，南京农业大学博士学位论文，2006，第195页。
③ 朱凤祥：《中国灾害通史》，清代卷，郑州大学出版社，2009，第323页。
④ 长顺修、李桂林纂：《吉林通志》，卷39，经制志4，仓储，吉林文史出版社，1986，第701页。

表 6-1 吉林地区各州县义仓设置及存储情况

地点	仓型	设置情况	存粮数量
宁古塔	义仓	义仓一在城西北隅，一在东门外，两所仓房共计三十二间。乾隆十二年因义仓苫草修建，将历年粜谷银两改建瓦房	一万二千石
三姓	义仓	义仓在城外西南隅，仓房二十五间，分列三号。看仓堆拨房四间，建房无考，乾隆五十七年重修。嘉庆十四年重修三号义仓，二十四年重修一号义仓，道光元年重修三号义仓，二年重修二号义仓，十年重修一号义仓	一万二千百
伯都讷	义仓	义仓在城外东南隅，仓房三十间。雍正五年并建六间，十年建十间，十二年建五间，乾隆三十二年建五间，光绪十年、十一年重修十一间，十三年重修十五间	一万石
阿勒楚喀	义仓	义仓在永顺仓院内，仓房十三间，系乾隆三十九年建，光绪十五年重修，十七年重修	五千石
拉林	义仓	义仓在公仓院内，仓房六间，乾隆三十九年添建，四十五年、四十六年重修，五十年改建瓦房七间，五十九年改建瓦房六间	五千石
双城堡	义仓	义仓在城内东北隅，看守堆拨房三间，周围土垣。嘉庆二十三年兵力建苫草义仓九间，咸丰初年改建四十间，光绪四年重修，十六年将苫草仓房改建瓦房四十间	二万石
珲春	义仓	义仓在城内，仓房十五间，乾隆十二年将原建苫草仓房改建瓦房	二万五千石
敦化县	义仓	义仓一在城内，计仓场五间，一在官地屯，仓场三间，光绪十七年将军衙门拨款五千两，以备粜谷实仓	

　　《吉林外记》中记载，雍正五年，宁古塔义仓三十二间。雍正五年，伯都讷义仓二十六间。乾隆五十五年，三姓义仓二十间。雍正六年，阿勒楚喀义仓二十间。乾隆三十九年，拉林义仓十三间。吉林各地义仓粮谷存储情况见表 6-2。[①]

---

① （清）萨英额纂：《吉林外记》，中国地方志丛书，（台北）成文出版社有限公司，1974，第317页。

表6-2 吉林各地义仓粮谷存储情况

地点	吉林	宁古塔	伯都讷	三姓	阿勒楚喀	拉林
义仓存量	三万四千石	一万一千石	一万石	一万二千石	五千石	五千石

其他地方的义仓设置及存储情况见表6-3。①

表6-3 其他地方的义仓设置及存储情况

地点	仓型	设置情况	存粮数量
乌拉城总管衙门	义仓	乾隆二十五年义仓在城外东北隅，仓房十三间，乾隆二十一年改建瓦房五间，二十七年又改建瓦房五间，三十四年又改建瓦房三间	一万三千石
乌拉额赫穆等站	义仓	义仓四十五间，乾隆十八年、三十一年分谷银改修瓦房	一万二千石
金珠鄂佛罗等站	义仓	义仓三十间，乾隆二十一年分谷银改修瓦房	六千石
巴彦鄂佛罗边门七台	义仓	义仓二十一间，乾隆三十年、四十八年分谷银改修瓦房	四千石
伊通边门七台	义仓	义仓二十一间，原系草房，台丁修建，乾隆二十九年、三十七年分谷银改修瓦房	四千石
赫尔苏边门八台	义仓	义仓二十四间，乾隆三十五年、五十六年分谷银改修房屋	四千石
布尔图库边门七台	义仓	义仓二十一间，乾隆二十九年、四十一年分谷银改修房屋	四千石

黑龙江地区的义仓设置及存储情况见表6-4。②

表6-4 黑龙江地区的义仓设置及存储情况

时间	地点及设置情况	存粮数量
雍正十年	三姓永丰仓八间、义仓二十间	

① （清）萨英额纂：《吉林外记》，中国地方志丛书，（台北）成文出版社有限公司，1974，第323页。
② 黑龙江地方志编纂委员会：《黑龙江省志》，粮食志，黑龙江人民出版社，1994，第367页。

续表

时间	地点及设置情况	存粮数量
乾隆元年	呼兰府恒积仓	10 万石
乾隆八年	宁古塔义仓	5546 石
	阿勒楚喀义仓	2842 石
	三姓义仓	4444 石
道光七年	宁古塔义仓	1.1 万石
	阿勒楚喀义仓	5000 石
	三姓义仓	1.2 万石
	拉林义仓	5000 石
	伯都讷义仓	1 万石
光绪十七年	宁古塔义仓	1.27 万石
	阿勒楚喀义仓	1.1 万石
	三姓义仓	1.13 万石
	拉林义仓	1.13 万石

值得一提的是，东北地区的旗人较为密集。建设旗人专用的义仓，给旗人一定的优惠政策是清代东北地区仓储的一大特色。因此，从雍正朝开始，修建了大量的旗人专用仓储，具体见表 6 – 5。①

表 6 – 5　旗人专用仓储修建情况

旗种	时间及情况	数量合计
镶黄旗	雍正五年建造义仓三间，雍正九年添修三间，雍正十二年添修三间，乾隆四年题准，吉林镶黄增建义仓三间	十二间
正黄旗	雍正七年建造义仓三间，雍正九年添修三间，雍正十一年添修三间，乾隆四年题准，正黄增建义仓三间	十二间
正白旗	雍正五年建造义仓三间，雍正八年添修三间，雍正十二年添修六间	十二间
正红旗	雍正六年建造义仓三间，雍正七年添修三间，雍正十二年添修三间，乾隆二年题准，吉林正红旗增建义仓三间	十二间
镶白旗	雍正五年建造义仓三间，雍正七年添修三间，雍正十二年添修二间	八间

① 长顺修、李桂林纂：《吉林通志》，卷39，经制志4，仓储，吉林文史出版社，1986，第690页。

续表

旗种	时间及情况	数量合计
镶红旗	雍正六年建造义仓三间，雍正九年添修三间，雍正十二年添修三间	九间
正蓝旗	雍正五年建造义仓三间，雍正七年添修三间，雍正十二年添修三间	九间
镶蓝旗	雍正五年建造义仓三间，雍正八年添修三间，雍正十二年添修三间，乾隆四年题准，镶蓝旗各增建义仓三间	十二间

由以上各表可知，清代东北地区的义仓遍布各地的府厅州县，而且存储谷量巨大。一般来说，大州县储粮量在五千石以上，有的达上万石，中等州县储粮量为四千石左右，小州县储粮量为三千石左右。据《珲春副都统衙门档案选编》记载，仅光绪朝，吉林、宁古塔、珲春、伯都讷、三姓、阿拉楚喀、拉林等处的旧管存共谷就达十万四千二百五十石六斗六升一合。具体见表6-6。[①]

表6-6　光绪年间各地粮食存量

时间	地点	存量
光绪四年	吉林	义仓谷六万五千五百五十二石六斗
光绪四年	乌拉等处	义仓谷六万五千一百四十八石六斗
光绪四年	宁古塔	义仓谷一万二千六百七十二石
光绪四年	珲春	义仓谷一千二百九十六石
光绪十一年	珲春	义仓所存谷二千零十六石

关于设仓的设置及存储情况，据《黑龙江志稿》记载，具体见表6-7。[②]

表6-7　设仓的设置及存储情况

地点	仓型	仓名	储量	间数
齐齐哈尔	设仓	广积仓	十三万石	四城通计仓房三百九十七所
呼兰	设仓	恒积仓	十万石	
墨尔根	设仓	通积仓	九万石	
黑龙江城	设仓	永积仓	十三万石	

① 李澍田：《珲春副都统衙门档案选编》（上），吉林文史出版社，1991，第415~424页。
② 万福麟修、张伯英纂：《黑龙江志稿》，民国二十一年至二十二年铅印本，第602页。

　　无论是义仓还是设仓，其粮谷存储均由乡村士绅富户捐赠或地方官府筹集，并制定了民间积谷办法及奖励条例。如乾隆六年覆准："地方官劝输社仓每卿设立印簿一本，听愿捐之户不拘米麦杂粮及数之多寡，自登姓名捐数于簿，缴官以备稽察，并将一人连年报捐积算至15石以上递加奖励。"据清代《裕仓储》记载："富民捐谷5石者免本身一年杂项差徭，多捐一倍两倍照数按年递免，卿绅捐谷40石至200石，州县知府、本管道督抚给匾有差。富民好义比绅衿多捐20石者，照绅衿例次给匾。捐至250石咨吏部给予义民项带。凡给匾民家承免差徭。"① 宣统二年，奉天建仓储谷议，"奉省向有内仓储存粮谷以备军食并接济荒年，庚子后一律被毁无存，现子语句以东三省各属年来叠遭水患人民乏食，亟宜仿作内地修建义仓积谷备荒办法当经议决，大致系每地一日年出粮一升由地主佃户各半缴纳存储仓内，平时出贷每石纳息二分，倘遇灾歉计口授食。其一切详细办法俟再修正现已照会各属自治会查核当地情形酌量办理云"。② 还规定了各地粮仓的积谷数量及粮仓亏空时的补充问题。如嘉庆十九年议准，"吉林八旗左右两翼义仓，额储本色谷三万四千石。如有逾额之粮，春间粜于旗人。所粜价银，作为修理义仓买补牛具费用"。③ 乾隆二十八年议准，"盛京户部内仓，锦州、盖州、牛庄、宁远、广宁、辽阳、义州、熊岳、复州、宁海、岫岩、凤凰城、开原等十三城仓，额储米石，每年于青黄不接之时，照民仓米石借给旗民之例，按存七粜三，酌量借给兵丁，秋收征还"。④ 又议准，"拉林、阿勒楚喀二处额储粮石，每年收官庄所交新粮一千八百石，亦行入仓。除备支二处俸禄口粮，约需三百石外，其余剩粮石，照数于额储陈粮内换出。每石照时价减银一钱，卖给兵丁，价银留为公用。如遇青黄不接之时，酌拨额储粮石，借给官兵，秋后照数征还"。⑤ 乾隆二十九年奏准，"齐齐哈尔城储谷二十万石，墨尔根城、黑龙江各储谷十万石，齐齐哈尔、墨尔根

① 辽宁省地方志编纂委员会：《辽宁省志》，民政志，辽宁科学技术出版社，1996，第172页。
② 《建仓储谷议》，《盛京时报》，宣统二年（1910年）九月二十八日。
③ 《钦定大清会典事例》，卷193，积储，（台北）新文丰出版股份有限公司，1977，第7647页。
④ 《钦定大清会典事例》，卷193，积储，（台北）新文丰出版股份有限公司，1977，第7651页。
⑤ 《钦定大清会典事例》，卷193，积储，（台北）新文丰出版股份有限公司，1977，第7651页。

二城仓储尚未足额，黑龙江较原额余谷万五千五百余石。又，呼兰地方额储粮七万石，每石照时价减银五分平粜，其尚未足额之齐齐哈尔、墨尔根，如有陈谷以十分之一照时价减银五分，粜给兵丁，均于饷银内分作二季坐扣还项。值丰收之年，照时价买补还仓"。① 乾隆五十四年盛京将军宗室嵩椿等奏，"盛京所属各城旗仓原贮额谷二十万石，民仓原贮额谷五十二万石。近年该处歉收，除赈贷并节年蠲缓，共计旗仓现存米二万四千石有奇，民仓二十八万一千石有奇，缺额甚多，不足以资缓急。今岁濒河洼地，虽间被淹浸，其余高阜地亩，均属丰收，应及时买补，以足原额。但缺额过多，恐一时全行购买，米价骤昂。请今年于盛京户部库项内，支给旗仓先买三万石，于州县征收地丁银两内，支给民仓先买五万石，各按市价，均限冬季内买补还仓。其余缺额，俟来秋再行采买"。② 各地民仓的散放、借贷均由"民间自理"。如道光五年，清廷谕，"州县每乡村设一仓，秋后听民捐输，岁歉酌量散放、借贷出纳悉由民间经手"。③ 嘉庆十九年议准，"吉林官兵，每年春间应借粮石，在该处八旗左右两翼义仓支给，秋后还仓"。④

关于民仓的积谷及管理办法，以长春府为例，详加说明。据《吉林通志》记载，"光绪十六年，长春府城乡绅民捐积谷八千七百七十石，借地存储，未建仓厫，亦未奏明"。⑤ "此项积谷于宣统三年因东乡水灾，悉数赈放。是年，县知事易翔劝办积谷，每甲推举士绅充任仓董，管理积谷事宜，以为救荒之资……。"⑥ 并制定了详细的办理积谷条例。

长春县办理积谷详细条例⑦

第一条 本县遵饬筹办积谷，原为救荒而设，所积之谷应按均

① 《钦定大清会典事例》，卷193，积储，（台北）新文丰出版股份有限公司，1977，第7651页。
② 《世宗宪皇帝实录》，卷1363，中华书局，1985，第36页。
③ 辽宁省地方志编纂委员会：《辽宁省志》，民政志，辽宁科学技术出版社，1996，第172页。
④ 《钦定大清会典事例》，卷193，积储，（台北）新文丰出版股份有限公司，1977，第7652页。
⑤ 长顺修、李桂林纂：《吉林通志》，卷39，经制志，仓储，吉林文史出版社，1986，第690页。
⑥ 于泾校注：《长春厅志·长春县志》，长春地方文献丛书，长春出版社，1993，第351页。
⑦ 于泾校注：《长春厅志·长春县志》，长春地方文献丛书，长春出版社，1993，第362～363页。

抽之。

第二条　每垧收谷二升五合，以二升存仓，以五合变价建仓。所有盈余发商生息，为经管仓务人等夫马辛资，如有不敷由存仓正谷发放利息项下提用。

第三条　筹办积谷，于县属附设董理事一处，酌派总董一员。各区分设区董一员外，设管仓仓董若干员，以仓廒之多寡定之。

第四条　前项总董既区董、仓董人等，应由地方选举，殷实公正绅民，禀请由县监督委任。

第五条　全县划分为六区，以本城为中区，此外仍照警察区域分配。中区应建仓廒二处，外区照全县二十六甲管行分建二十六仓，以期农民便于输送。如嗣后谷多仓少时，仍需按年酌量添建。

第六条　前项建仓经费，应由所收五合积价项下提拨。惟未经收有成数，其建仓廒等费，先由各总董、区董、仓董等设法筹垫，一俟该项各款收齐，照数抵还，俾免延误。

第七条　此项积谷以全县人口四十三万零七百八十六人记之，统应筹足三个月记口授食之用，约共须筹募十二万九千一百零六石五斗六升四合二勺。按长属地亩共二十六万二千二百垧计算，每年可收谷七千余石，约需十八年方能筹足。

第八条　前项分收年限，如遇水旱偏灾不得按年收足时，得由县知事酌拟延长期间，详请道署核定办理。

第九条　凡管有地亩招佃承租者，应纳积谷，东佃各分担半数，但须由地东全数缴纳；如地东住在他县，应由佃户将积谷全数缴纳。其佃种公田、学田各户，仍由该地户等认出一半，以昭公允。

第十条　凡典当地亩，应由承典当人担任照缴；如有转租情事，仍照前条办理。

第十一条　募集期限：每年由阳历十一月一日起截止十二月底止。分按全县各区民户照章一体催缴，扫数存仓。逾期不缴者，由各该区董、仓董等禀请县知事饬令加倍补纳。

第十二条　征收此项积谷，应由县署制定收谷三联印票，发交经手仓董掣用；以一联转发出谷民户，以一联存各区董处缴查，一联票送县署备案，以照核实。

第十三条 各区仓董，按年将应收积谷收齐存仓后，应须出具切结，并开列民户花名清单送县备查。

第十四条 凡各区警察及地方保卫团员，均有随时协助劝募之责，以期迅速。

第十五条 存仓积谷如有损失消耗各情，应须责成各区经手仓董担负完全责任，俾免亏耗。

第十六条 存仓积谷每年遇青黄不接时期，得由各区经管仓董贷放民户借食，秋后还仓。其借谷民户，务须取具切实妥保，以防亏折。

第十七条 借谷利息：每石年加收利谷一升，全县一律，以归划一。

第十八条 出放积谷，仓董凡遇放谷收谷时期，务须造具花名册及放收积谷本利实数表，报由县知事备查。

第十九条 如遇丰收年景，此项积谷无人借食，应由各该区经管仓董雇佣夫役随时风晒，以免霉烂。

第二十条 凡有荒歉之年，应以存仓积谷禀由县知事详请散赈。惟已经散放之数，并须由往后各年分期填还，以符原额。但仅动谷利。不动谷本者，不在此限。

第二十一条 每年经手仓董应须夫马各费，均须查照原定预算照支，不得浮滥，俾示限制。惟开支后仍须造具决算报县。

民仓积谷救荒主要通过借贷、平粜、赈济等途径救济灾民。借贷数量及借贷办法，一般是存七借三，春借秋还。据《奉天通志》记载，"雍正年间，冬十月奉天瞫窖谷石照民仓例借于人民。清实录十月辛酉户部议覆左都御史兼理奉天府尹事尹泰奏言奉属瞫窖谷石请照民仓存七借三之例，每年出纳稽查完数以免霉烂，应如所请从之。耆献类征二十尹泰傅又前府尹廖腾奎每年米豆十分借三与民，春借秋还，奈关外地广民居距城远一借一还，搬运甚难，多不愿者，州县拘例按丁派借，虽丰年亦必拖欠，请令民愿借者，赴领不愿者厅即以其余照时价粜银秋收买铺则上有出陈易新之时政，下无按丁派借之苦累又言锦县宁远州广宁县庄谷应征积欠九十余万石，若尽须建仓工费不紫，关东风高土燥，康熙年间所收庄谷有窖收者，每窖贮谷千石。经二十年无红朽，请择近城高燥地掘窖贮谷，可免繁费，倘年久或有变色酌粜以免霉浥，亦疏通一法也"。①《珲春副都统衙门档案选编》中也记载了大量关于民仓借贷赈济的情况。如光绪二十三年四月二十七日珲春副都统衙门为借义仓谷赈八旗兵丁的咨文为，"查珲春地方去秋霪雨连绵，江河并涨，冲淹地亩、房间，被灾甚重。当经查明各旗灾户、大小口数，造册咨报。由省请领赈款按户散放，并具呈奉咨复，准将珲库存寄去秋前任副都统恩倡率边防行营各局处，并中前两路八旗官兵、街面铺商筹捐赈款银二千四百三十五两，如数留作本处抚恤被灾旗户之用，遵即查明各旗闲散西丹内，实系无力耕种及贫苦无依者，按照大小口数均匀散放外，惟查八旗甲兵皆系寒苦之家，去岁在禓较重，现值青黄不接之际，大半缺少口粮，亟应设法接济，以资口食等情。据署两翼协领喜昌、荣升等呈请前来，详查所称各旗兵丁等口粮不敷系属实情。拟请由本处义仓额存谷三千七百四十四石内，每旗借给陈谷一百五十石，计共出借谷一千二百仓石。俟本年秋收后，饬令照数交还收仓，俾兵丁等糊口有资，稍纾困累"。光绪二十五年珲春副都统为催征八旗兵丁应纳年例谷石事的札文为，"查两翼八旗兵丁等应纳年例市石谷四十石，并于二十三年因年景歉薄，由义仓内接济官兵等谷石，除业经去岁征收不计外，尚剩未完市石谷二十一石，计市石谷六十一石，计折仓石二百四十四石。现届年景稍丰，自应派员一并催收以重仓储。兹派骁骑校廉荣、委笔贴式德春等照数催征，务于封缘以前一律完竣，勿稍延缓"。光绪二十六年珲春副都统衙门为义仓变色谷粜给兵丁事的咨文为，"查珲春设有义仓一所，每年应征谷一百四十四石，除同治八年以前积谷尽数赈济，并光绪二十二年田禾被灾咨奉豁免不计外，现查实存仓谷四千一百七十六石，乃因存仓年久，间有变色发霉者，殊属可虑。因于去岁年底咨报，请将年久变色不堪再储之谷照行减价，粜给兵丁，俾免霉及续收之谷。内开：查向报粜案，均以四月分谷价报核，历办已久……。详查本处义仓原存之谷自同治九年起至光绪二十五年底止，除因灾豁免不计外，现存仓谷四千一百七十六石，内先仅年久变色者出粜，其价按照本年四月珲市谷价，每石价银六钱二分五厘，照章减价一钱，共计粜给兵丁仓谷一千三百九十石。每石除减价外，作银五钱二分五厘，共得价银七百二十九两

① 翟文选、臧式毅修，金毓黻主编《奉天通志》，卷31，大事31，辽海出版社，2003年影印本，第629页。

七钱五分，其剩存之谷二千七百八十六石照常存储，以备荒歉等因"。①

总之，清代东北地区各府厅州县通过设立民仓，积谷储粮，对灾民予以借贷、平粜、赈济等多种手段，帮助他们度过灾荒之年，对防灾备荒和扶助农民发展生产起了积极作用，同时也保障了社会的正常运转和社会生活的正常进行。因此，民仓作为社会生活的重要组成部分，是清代东北地区地方统治者维护统治秩序、保障社会稳定的一种社会控制手段。

第三节　筹办义赈

义赈是清代东北地区民间赈济的一种重要形式，发起并参与义赈的群体包括绅商、富人、地方官员以及艺界、学界、女界和外国人等各阶层人士。他们从事捐粮、捐款、施粥、施义地、建义仓等各种义务赈济活动，无偿地为当地的救灾济民活动贡献了自己的力量。关于义赈兴起的时间，李文海先生认为，"直至光绪初年，随着社会政治生活和经济生活发生新变化，才开始兴起了一种民捐民办，即由民间自行组织劝赈、自行募集经费，并自行向灾民直接散发救灾物资的义赈活动"。② 晚清时期，民间义赈发展到顶峰。

一　绅商的义赈

绅商积极参与荒政事务是清代东北地区民间赈济的一个突出特点。随着明末清初工商业的繁荣和资本主义的萌芽，传统的从商者有了更广阔的发展空间，他们的足迹遍布全国各地。随着经济地位的提高，他们逐渐认识到了自身的价值，力求提高自己的社会地位与威望。所以，面对灾荒频发的社会现实，一些开明的富商便和地方士绅一起，常常施善举以助灾民，从而参与到地方社会的灾荒赈济中。据《盖平县志》记载，"本邑施粥厂向为临时性质自有，清光绪四年岁饥，邑绅多人畅设粥厂，于蓝旗厂勃洛堡及城南关等处，灾黎称庆"。③ 据《开原县志》记载，"郝禄百，清康熙丙

---

① 李澍田：《珲春副都统衙门档案选编》（上），吉林文史出版社，1991，第441～459页。
② 李文海：《晚清义赈的兴起与发展》，《清史研究》1993年第3期。
③ 石秀峰修、王郁云纂：《盖平县志》，民国十九年影印本，（台北）成文出版有限公司，1975，第612页。

申岁贡雍正壬子，选授直隶赞皇县训导训诲诸生，殷殷不倦。士之清苦者，资给膏火并捐廉修理先师庙，士林重之，旋因亲老告归，孝养备至。乾隆庚午，邑清河大水，灾及禾稼，公首捐资助赈，全活者甚多……"。① "魏廷相，摆渡河人。自同治十年（1871 年）设粥锅一处，院外建草正房三间，以备行人投宿，另设一人招待食宿，冬间舍衣。迄于今不倦，遐迩称之。……地方士绅以其舍粥留宿以惠灾民义之，因联其楹云：五族念同胞施粥舍饭投宿如欣羔酒逢年同此醉，十思承家法作粟仁浆越疆助赈干戈满地莫愁饥。"② 据《辽阳县志》记载，"刘德寿，字介堂，居邑西刘二S堡……任侠尚义，里党有争议力为排解，或枉或直无不折服着。故乡里二十年间无雀鼠之争讼。平居好善乐施，戚里中有孤寡寠贫者必量为饮助事，凡百数起。及遇岁歉，则出谷先行急赈，然后轻价平粜，数十里中咸利赖之。咸丰年间岁屡歉，辄施急赈。事闻议叙，五品封典，乡镇间全称为善士焉。卒年六十有九。"③ "朱登甲，字晓楼，居邑内五道街，武庠生加捐守备，因办商团有功累保至参将衔。光绪戊子年西北水灾淹毙人名若干。先自舍棺木一百口殓瘗骸骨，复同放急赈至东办小北河粥厂，越四月，蒇事。又在城北望水台自立义学一处。外施舍义地二十亩，捐资并监修南门外丰乐桥一座，监修东书院魁星楼、西门外关帝庙，皆有碑可考。"④ "刘治安，字策臣，居邑西刘二堡，少孤，生性孝友纯诚，平生无疾言遽色，好善乐施，建堡中沙河木桥以便行人，舍街基以开通衢，施巨钱粮以济贫民，立俄文学校以兴教育，乡邻党里赖以殡葬者，依以婚嫁者，藉以成名者，不知凡几。综计前后捐助可达十数万金，故四方远近咸有荣誉焉。光绪丙子，岁饥，独力慨助三千金，经晋抚增在，奏奖蓝翎同知衔，山东候补州同。甲申岁，西乡连年水灾，民多乏食，乃助知州徐及全境士绅等议赈济。先

① 李毅修纂：《开原县志》，民国十九年铅印影印本，（台北）成文出版有限公司，1975，第274～275 页。

② 石方：《黑龙江区域社会史研究》，黑龙江人民出版社，2002，第446 页。

③ 裴焕星修、白永真辑：《辽阳县志》，民国十七年影印本，（台北）成文出版有限公司，1975，第532 页。

④ 裴焕星修、白永真辑：《辽阳县志》，民国十七年影印本，（台北）成文出版有限公司，1975，第532～533 页。

自输粮五百石，钱一万串，以为捐事竣。有司闻于朝赏戴花翎，覃恩四品封典……"。①据《辽中县志》记载，"徐镜蓉，字贡南，清文庠生，居邑西达都牛录镇，赋性伉爽……后光绪戊子年秋涝为灾，房屋倒塌，户鲜盖藏，与驻扎丁哨官福堂商，雇大船尝赴戴家房一代急救男女难民数千，每日施食小米粥两次，半月余用款均系自备。时丁哨官感其仁慈，始以上项费用捐认其半"。②"王士元，字奎一，居邑南大兰坨子，例捐贡生。幼以商业起家，性慷慨好施与。光绪戊子年秋，霖为灾，河水暴发哀鸿遍野，嗷嗷待哺，尝解私囊，以施赈济。当时又念己力甚薄实难博施，因复呈准当道拨发红粮数百石。设厂施粥，活无算。后闾人送"乡间伟忘"匾一方。"③

清末，地方绅商热心于慈善事业，他们组织各种形式的慈善会、筹赈所，捐款捐食捐物，赈济灾民。如宣统二年二月，双城绅商组织慈善会，"兹有公民李士恭君日昨在宣讲所与王尚忠王兆碌等商议邀集同志者缔结慈善会，捐资赈给灾民以及被灾来双城就食之难民云"。④宣统二年九月，新民绅商热心于筹赈事务所，"本郡水灾后经各府州县人士热心捐助赈款，灾黎得以更生，而本郡商会遂亦由观感而组织筹赈事务所日昨已将卷册送呈各界，乞大善士慷慨解囊，以为灾黎请命"。⑤宣统三年十一月，海城富绅赈饥，"牛庄西牛圈子绅富曲建尤以该地方年水灾甚巨，农民颗粒无收，故在附近各村屯按户清查灾民户口，施粥以救民，拟办至来即行停止云"。⑥双城慈善会添置棉衣，"董事会总董王子馨邀集尚志创办慈善会，业已制就绵衣夫二百套分给各贫民以御寒酷。兹闻王君以衣裤有限不敷分布，拟即为劝募绩制棉衣衣裤若干，俾穷苦小民无一夫不被其泽云"。⑦开原议绅发起慈善事业，"邑河东西两岸被淹之灾民，兹届冬令冻饬之情不堪言状。昨经西镇议员佟舫等多人出首募赈粮集有二百於石，业已禀明尉宪开会提倡

① 裴焕星修、白永真辑：《辽阳县志》，民国十七年影印本，（台北）成文出版有限公司，1975，第534页。
② 徐维怀修、李植嘉纂：《辽中县志》，民国十九年影印本，（台北）成文出版有限公司，1975，第273页。
③ 徐维怀修、李植嘉纂：《辽中县志》，民国十九年影印本，（台北）成文出版有限公司，1975，第273~274页。
④ 《组织慈善会》，《盛京时报》，宣统二年（1910年）二月初十日。
⑤ 《热心于筹赈事务所》，《盛京时报》，宣统二年（1910年）九月二十五日。
⑥ 《富绅赈饥》，《盛京时报》，宣统三年（1911）十一月初九日。
⑦ 《慈善会添置棉衣》，《盛京时报》，宣统三年（1911）十一月十一日。

以期众擎易举集腋成裘水，悉地方官果能关心民疫解囊捐助以救灾民而副该绅为民请命之义"。①

值得一提的是，地方绅商热心于水利事业，他们自发组织起来，集资筹款，修建民堤，挖沟通渠。据《安东县志》记载，"新沟，在县西南九十里为第八区新沟西村与新沟东村分界之水，纯由人工开凿以泄上流水患者，肇始于清咸丰季年，凤城宋家坨子宋兆瑞与工开凿。由凤城凤城尖山子龙态河起经棋盘山西折而东，南至新沟村，南流入大东沟，宽仅丈许，深有尺余，长五十余里。粗具沟型，泄水仍不通畅。至光绪三十三年四月经邑绅王德钦请准东边道钱荣委任首事周崇谷齐集安凤两县人工，始行开通宽三丈二尺，深五尺不等，长仍如故。由是水流畅，适无壅遏之患。周崇谷当蒙奉天总督前徐大总统奖给五品顶戴至今人资其利"。② 据《锦县志》记载，"小凌河堤防，……光绪四年锦州副都统古尼音布、知府增林、协领窦文、知县孙汝为、邑绅李逢源、李庚云、穆长椿诸人倡首捐资十六万，筹重修"。③ 据《辽阳县志》记载，"陈景梅，景柏，世居邑北葛针泡。父涤源，邑庠生。景梅，字伯芳，幼受庭训早岁入庠居。乡里解纷排难，里人有争讼，诣景梅一言立解，其素孚舆望如此。胞弟景柏，字叔芳，好善乐施。清光绪五年兄弟二人倡修城北冈子山黑山屯葛针泡三屯大石桥三座，又因临屯一代滨太子河，频年受水，创修长堤二十余里，共捐款辽市钱一万五千吊，自捐款二万余吊。数月竣工，自此辽赴省行称便，沿河居民水患减少。人到至今称颂焉……"。④ 据《辽中县志》记载，"祁成，字守业，居邑西卡力马村，家富有好施……又汇解两万金建修辽河两岸堤坝，筑高加厚，责成经理上下游百有余里一律巩固，水患渐少，蒙赐额乐善好施。又三十年蒙新民府委修县东敖司牛沿蒲河堤坝，事属创举，昕夕经营，病

---

① 《议绅发起慈善事业》，《盛京时报》，宣统三年（1911）十一月二十一日。
② 王介公修、于云峰纂：《安东县志》，民国十九年影印本，（台北）成文出版有限公司，1975，第54页。
③ 王文藻修、陆善格纂：《锦县志》，民国九年影印本，（台北）成文出版有限公司，1975，第108~109页。
④ 裴焕星修、白永真辑：《辽阳县志》，民国十七年影印本，（台北）成文出版有限公司，1975，第534~535页。

殁于役乡，民至今颂之。又蒙赐额援溺以道"。① "徐镜蓉，字贡南，清文庠生，居邑西达都牛录镇，赋性伉爽……光绪二十三年，村东辽河网户屯之堤坝经江南义赈局助款修筑。惟时历年，河水涨溢决堤三次，无人经理，因筹款修筑且恒于河水涨溢，时赤足步行亲临堤地而看护之。至夜分乃益加慎，以为地方人倡士卒建筑桥梁周济贫窭，尤足多焉。"② 光绪二十年（1894年）修建辽河大堤时，"严绅作霖捐款合清钱二十一万吊，不足，又由老达房以南之商镇募捐六万吊，大工告竣，居民受庇实多"。③ 光绪三十二年（1906年），奉天兴修河堤，"奉者大黄金屯邻工处，绅董王县丞钟彦监修二十家子河阳一案，十一月初八，守章程前已饬县督，同筹议尚未具覆候，再札催该县迅速核议呈候，批准再行出事晓谕，俾资遵守该处两次工程亏银三百三十余两，由该绅捐资归还，不令民众摊派。足见好义为公深堪嘉尚此批"。④ 宣统三年（1911年）七月，营口开掘水沟，"桃园九圣祠一带每遇大雨积水甚深，缘该处向无水沟莫可宣泄，以致曾有溺人之事。日昨该处两晋绅民李树棠、孙财诸君提倡劝遵向附近殷实住户集合资财若干，开修水沟一道以资宣泄，闻已於今日动工"。⑤

二　富人的义赈

富人的义赈即地方大户的施赈行为。一些殷实的民间富户在灾荒之年往往会主动向乡民施行善举，把家中积蓄的余粮施以灾民，或施粥，或捐款，或送衣，或留宿，或施义地，或建义仓以备灾荒，"积极参与当地的救灾活动，对缓解灾后民食起到了及时的填补作用"。⑥ "雍正年间，有寿妇石熊氏，年九十余。家道殷实，好善乐施。无衣食者，往公德院依归晚闻。热炕日饲，粥饭至四月初一日为止。石熊氏寿至百龄，生前将家有良田，

① 徐维怀修、李植嘉纂：《辽中县志》，民国十九年影印本，（台北）成文出版有限公司，1975，第272页。
② 徐维怀修、李植嘉纂：《辽中县志》，民国十九年影印本，（台北）成文出版有限公司，1975，第273页。
③ 辽宁省地方志编纂委员会：《辽宁省志》，水利志，辽宁民族出版社，2001，第221～222页。
④ 《兴修河堤》，《盛京时报》，光绪三十二年（1906年）十月二十八日。
⑤ 《开掘水沟》，《盛京时报》，宣统三年（1911年）七月二十七日。
⑥ 王虹波：《1912～1931年间吉林灾荒的社会应对》，《通化师范学院学报》2010年第1期。

尽施于功德院招德行僧经管，永远奉行"。① "王万昌，字国兴，邑南冯屯人，家道小康，乐善不倦……十三年春盘山水灾，万昌助款颇巨。吴延绪知事赏给"济世为怀"匾额。又于朝阳县萧家店等处创设义仓以备灾荒。自捐仓谷数十石，代募数百石……。"② "前锋校鲁常发，城南舒家窑人。急公好义，乐善不倦，晚年劝人为善尤殷勤，常执宣讲拾遗及在集市地方朗诵详解，故一时皆称为常善人云。" "张文会，字萃堂，原籍临榆人移居城南舒家窑。性耿介，遇事勇为，箱子医卜，恶疾者甚众。持家严尚俭朴，好济人之急，息人之争。……孔庙书院落成，捐助柳荒百垧作教育费，且以多数地产济族人尤为可称。"③ "吕卓，老营口人，清光绪四年（1878 年）在枷板河沿施义地一垧。" "孙李氏，摆渡河人，女医也。贫民医药概不取资，每冬见贫民无衣食者则怜而助之，亦菩萨心肠也。"④ "崔吉清，字雅轩，县城东右屯卫北西网户屯人。光绪二十年阴雨连绵五十余日，该村颗粒无收。吉清乃会同族邻殷实之户，共赈粮百余石。大口三斗、小口二斗，村人赖此得生。"⑤

三 地方官员的义赈

灾歉之年，地方官员经常召集、劝谕、督促和组织地方乡绅富户捐款捐粮捐物，赈济灾民，向灾民伸出援助之手，以缓解地方政府的压力，这也是考核地方官政绩的一个重要方面。一般情况下，地方乡绅富户的乐善好施行为在很大程度上并不具有主动性，这一行为往往是在地方官员的召集、劝谕、督促和组织下完成的。光绪二十二年王庆升撰写的《周少逸观察义赈碑记》中详细记载了浙江善少逸周公冕视察锦县时办理义赈的情况。"夫天灾流行国家代有。大抵旱干水溢为害一方，从未有师旅饥馑交迫如光

---

① 萨英额纂：《吉林外记》，民国二十三年影印本，（台北）成文出版社有限公司，1975，第207 页。
② 王文璞修、吕中清纂：《北镇县志》，民国十六年影印本，（台北）成文出版社有限公司，1975，第507 页。
③ 民国《双城县志》，人物，载石方《黑龙江区域社会史研究》，黑龙江人民出版社，2002，第446 页。
④ 石方：《黑龙江区域社会史研究》，黑龙江人民出版社，2002，第446 页。
⑤ 王文藻修、陆善格纂：《锦县志》，民国十九年石印影印本，（台北）成文出版有限公司，1975，第1033 页。

绪二十年之甚者。是年倭人犯奉，蹂躏东南。惟锦府一隅尚称完善。乃值霪雨为灾，秋收荒歉，冬更大雪，冻冽非常，道殣相望，炊烟几断，盗贼蜂起，群情汹汹。我锦府不至于者间不容发，幸能转灾为福。则胥赖今观察浙江善少逸周公冕保而安全之也。公彼时已钦加三品衔、赏带花翎湖南候补知府，办理东征转运于役兹土，目击心伤，慨然曰：内外忧患，时事如斯补救无方大局何堪设想！因用在籍绅士钦加运同衔赏顶戴花翎前顺天南路厅同知壬戌科进士兰樵李公赓云首先倡议以办赈之谋，为弭兵之计，当蒙军督部堂寿山裕公禄拨款资助事无掣肘。先是锦州副都统佑廷崇公善业将锦属各处灾状咨明在案嗣因陛见留京未获共事公媛会同锦郡太守文楼奎公华协帅树堂文公楷大令子固增公锟督率绅耆和衷共济，凡巡查监放诸公分任之，凡函告各省巨公募款助赈及一切部署公一人独任之，先择城东灾重之区，一百五十余村分设八场按扣赈粥，后增入卫镇六十余村，复设一厂，统前后九厂。停粥放粮而乱荫稍戢，自二十一年二三月间牛海失利溃勇、难民参错于道，危如累卵。公忧之谓：此际非厚蓄灾民恐乘机哄乱前敌愈不可支。遂部分畛域无论官赈曾否，波及之处凡属灾区统东西数百里概行粮钱兼赈各随所宜，其放于沿海各村尤加优给，盖欲厚结其心，以为海疆侦探地，公之虑深，公之心苦矣！当锦府赈济之事，正义州戒严之时，东来败军咸趋西北勾结土匪窜扰沿边。公适帮办前敌营务处闻警抵义周览严疆择队扼要豫防严办土豪，擒斩匪首，嗣将滋事害民之勇裁撤，二营无敢哗者，豫防之力也。当公之初至义也，护勇无多，一日向他营借兵五千名，饬令巡夜密戒之，曰此城西北东南尤宜加慎。是夜果于西北缺处获贼二名。正传报间南街倏火，公率逻卒扑灭，幸无他变。以是邑人多谓公通遁甲术，实则至诚前知无事推测也，解严返锦时届春耕欲明赈籽种恐富户妄求致滋冒滥，因敦请国子监助教佑之严公作霖携带重资密与约定寓劝农于赈贫之内，锦宁广新辽五属暨海界西偏严公率同多人亲屦其地，逐户清查忧为补助而农功始举复出二万金助修辽河堤岸，用是狂流顺轨氾滥无虞，其以工代赈，又如此严公固江南名宿也，声满寰区不乐仕进，多行善事功德在民殆所谓有脚阳春口严公洵与与公相得益彰哉，虽然财用稍充食源宜浚大网难举细目难详，公固早虑及也，锦东大凌河发源蒙境，由义入边，自古不通粮运，公捐造小试船募夫驾驶，由朝阳至锦州创所未有而粮道通，一路来粮终不敷用，夏间乏食，远近仓皇，公遣员四出外境购粮，择地折中分局贱粜而市价平。至运载军火，除局中自备，官车外凡用民车，不令官人经受邀绅士劝口价赏耗一概从优，而间阎赖以不扰，锦府地面向缺现钱开使帖张诸形不便，公向津沽各处挪换制钱交商行使而集市赖以通融。田亩无收，催科又迫，室家多累，负欠难偿，民之苦极矣，公会同旗民地方官禀明军督部堂奏请免征，以纾民气，又劝各署出示晓谕，富商体恤欠户索债从宽而疮痍赖以休息。他若代贫民赎农器，遇灾病施药饵，劝民间谋盖藏，惩前毖后，凡有益灾民者无不次第举行，以期毫发无遗而后快。尝闻公在燕齐各省办赈活人无算，今若此举在我民受之为创闻，在公出之为常事。所谓吉人为善惟日不足者，微公其谁？与归夫以年岁如是之凶寇氛如是之急灾害并至存亡呼吸，公以客官引为己任，经营拮据备阅艰辛，卒得饥而不害转危为安，消祸乱于无形，活饥民于再造，公之功当有定论矣。是役也发其议者兰樵李公，赞其谋者文楼奎公树堂、文公子固、增公携赀助力弥缝其阙者佑之严公，接济款项孴集不穷者尤赖各省大人，诸巨公始于二十年，迄于二十一年冬，寒暑历一周，西起榆关，东跨辽水，南邻渤海，北度闾山，纵横数百里，全活数十余万人，费款四十于万金，统筹全局，日夜焦思，实非公不足任其重而集厥成，自兹以往，凡我灾民各新尔面目，涤尔肺肠，创剧痛深忧勤惕万谋生聚长子孙修其孝悌忠信长为盛世良民，固公所甚愿也；若惕时玩日，苟口目前，父兄之教不先，子弟之率不谨，恐天灾之至不旋踵，公之心能无戚乎？今者赈事已口，我公归矣，在事绅耆暨各首事，眷怀旧德，久恐就没，属庆升登记，俾垂不朽，庆升身处灾区，见闻既确，念甘棠之遗爱，憾小草之微忱。谨综括显末以志之，非徒以表公也，盖于后之莅斯土而子斯民者厚望焉。"① 据《新民县志》记载，"前清光绪二十年新民水灾，綦重声闻各省，江苏义赈局阎绅作霖，官阶道员，携巨款来新赈济灾黎甚普。查被灾原因实以辽柳两河漫，无抵御势将永久为害，因有修筑长堤以备将来之计划，于是请由本省总督出奏，饬属立案，一面邀集士绅刘孝廉春烺、祁监生成、傅贡生锃、李贡生绍祖、和附生荣等，纠工分段监修。以县治鲤鱼泡东起逾过今辽中县境直达今台安县之十四家子冷家口，堤长二百一十里，宽五尺至七尺，高八

---

① 王文藻修、陆善格纂：《锦县志》，民国十九年，（台北）成文出版有限公司，1975，第 1073～1078 页。

尺至一丈不等。阖绅舍款合清钱二十一万吊，不足，又由老达房以南之商镇募款六万吊。大工告竣，居民受庇实多，迄今乡民岁有补修，每届修补聚众堤上，尤追思创始之宏慈，衔感不已"。① 据《铁岭县志》记载，"宣统三年秋霖雨成灾全境之田淹没过半，大饥，适武昌起义，蚩蚩愚氓惶恐不已。知县徐麟瑞召集县议事会城厢自治会合并条议办法以赈济之。当经议定核准，凡地方为被灾之区，每种地十亩之户捐红粮二升，名曰额捐，其不种地之户与种地已纳额捐外再行捐助者名曰特捐，又由县属拨给罚款洋银七十二元，西三乡募集洋二十元，县议事会各议员捐助洋一百六十元，再以额捐特捐各粮共得红粮两千零三十五石七斗八升。由县知事商同各乡董佐等照章发放，以极贫、次贫、大口、小口为准。计极贫灾民大口共五千四百五十七人，每人二斗，计粮一千零九十一石斯斗。小口共二千五百二十三人，每人一斗，计粮二百五十二石三斗。次贫灾民大口共四千二百八十七人，每人一斗，计粮五百四十四石四斗，小口共一千八百八十七人，每人六升，计粮一百十三石二斗二升。通共合粮一千九百七十一石三斗六升。下除余粮六十四石四斗二升，即以次数抵补斗耗，实惠普及民心大定，县自治议事会议长福珠隆阿又自行捐粮一百石"。② 据《安东县志》记载，"增韫，字子固蒙古厢蓝旗人，光绪二十三年特授安东县知县。是岁江水泛滥沿江田禾淹没受灾甚巨。前令刘辉未及以时上报，公至顺民之情，允为蠲缓田赋，以时已逾格，上宪欲驳，公为力请，卒得缓征"。③ "熊埴，宣统三年六月莅任……下车伊始，值淫雨兼旬江水汜滥。沿岸商民房屋尽遭水淹，疮痍满目惨不忍言。公同商会自治各团体筹募捐款，督率巡警催用漕船驶载趋救遍。设粥场量予赈饥哀鸿嗷嗷，不致流离失所。"④ 宣统二年八月，"辽阳州史刺史纪常闻水灾警报后，即日会同绅商各界创办义赈，并先垫汇洋五百元，法库厅商务分会日昨电致本郡商会捐助粮五十石，不日当

① 王宝善修、张博惠辑：《新民县志》，民国十五年，（台北）成文出版有限公司，1975，第304～305页。
② 黄世芳修、陈德懿纂：《铁岭县志》，民国二十年，（台北）成文出版有限公司，1975，第1249～1250页。
③ 王介公修、于云峰纂：《安东县志》，民国十九年，（台北）成文出版社有限公司，1975，第985页。
④ 王介公修、于云峰纂：《安东县志》，民国十九年，（台北）成文出版社有限公司，1975，第990页。

可运到"。① 宣统三年十一月，开原"西镇各村屯今夏大雨连绵，河水泛滥，淹没禾稼甚夥，致饥民无处谋食，深堪怜悯。日渐西镇董议事员刘凤池等具禀县属，请劝办赈捐以资民食。当经陈大令子周批准请议员急公好义，殊属可嘉，候由本啓督劝募以救灾黎。日昨陈大令亲赶趁议事会，邀集各学堂校长开会演说劝募赈捐。闻到会者均各赞成，大约不日即可以劝募巨款云"。②

四 艺界、学界、女界的义赈

清末还存在几种特殊形式的义赈，如演艺界的义赈，宣统二年七月，"新民府水灾甚巨，现在各报馆联络广劝赈济，兹闻某君在本埠与永福汇海庆丰三大戏园商妥，订于八月初一日合集三班坤名角色在永福汇海两园内合演一天，所得戏资尽数助赈，各戏园感动激发，均经允协准拟届期合演云"。③ 宣统二年八月，营口"张君因新民灾赈一事联络同志诸君发起演戏助赈，各节已纪闻报。今日庆丰汇海永福三班超等坤角角色齐集汇海茶园合班演戏，先一日特印红票甚多，向各志士分投，劝售义务，所在人咸乐购。闻售出至千余张，届时自往观剧之客当亦不少。又警务总局自警务长各股员书记官以及四区区长巡记长队官巡官等均已一律认捐，俟关饷时即便缴纳。此外绅商学界亦无不认捐，又平康里妓女张月仙月凤等亦均担任劝募以尽义务。近日本埠劝捐募捐之声到处皆闻义赈之踊跃可见一斑矣"。④ 铁岭"本邑官绅商学各界为去月新民水灾劝募捐款，现因为数不多故尚未汇寄，兹开提议演戏一日将所有戏资概归赈款以期多多益善，彼灾黎也"。⑤ 关于女学界的义赈，如宣统二年八月，奉天女界募捐公启照登，"敬启者新民水灾惨苦万状，村屯之淹没，人畜之溺毙，房屋之倒塌，财产之损害，不知凡几。现在水势虽退，淤泥尚深而被水难民露宿巢居无衣无食，哀鸿遍野，嗷嗷待哺之声颠沛流离之状殊令人见之者下泪闻之者痛心如此惨灾实近数十年来所未曾有前由各界发起募捐助赈而好善乐施者踵相接然，除

① 《筹募捐款》，《盛京时报》，宣统二年（1910年）八月初十日。
② 《劝办赈捐》，《盛京时报》，宣统三年（1911年）十一月初九日。
③ 《演戏助赈》，《盛京时报》，宣统二年（1910年）七月三十日。
④ 《演戏助赈》，《盛京时报》，宣统二年（1910年）八月初三日。
⑤ 《新民水灾劝募捐款》，《盛京时报》，宣统二年（1910年）八月二十五日。

各女学堂均由本堂劝募而外仅及于男界而未及于女团吾女子园类方趾于人无异而慈善事业尤当较男子独先慧等，被各界公举委以女界募捐事而自亦甘居于为数万灾黎求教之代表沿门托钵劳苦不辞，凡我女界同胞慈母善女，节省一朝化妆之费，减轻数人环佩之资金钱万贯不厌其多，铜子数枚不嫌其少，倘能全活灾民，可谓功德无量，然慧等亲往各处劝募而足迹所经，诚恐未能遍及，纵有好善之心，未劝乐施之念不惟为吾同胞遗憾抑亦责慧等不周是以不惜以笔代舌向吾女界陈情为吾灾民请命专函奉怖，敬请懿安新民水灾女界募捐发起人李慧芳陈月贞端肃"。① 哈尔滨女学界劝募赈款，"海邑留东女士陈月贞日前因病回国，此次闻新民水灾漂没殆尽，各界均提倡募赈以惠灾黎。该女士遂亦联络女工厂李慧芳女士发起劝募女界赈款日内该女士等亲赴各处女学堂登台演说竭力劝募云"。② 旅居中国的外国人也纷纷募捐助赈。如光绪三十四年八月，奉天日人开演电戏作捐助水灾之义举，"东南各省水灾迭声闻悲惨之状，笔难尽述。近有旅奉日人石井君等闻之唇齿之情，不忍旁视，特于初八日起至十二日止在大西关外长发园，开演电戏，计得利益悉以捐助闻坐资价目头等每一人银一元等，每一人七角三等，一人银四角云"。③ 宣统二年七月，新民日人为中日灾民募捐，"新民府此次大水灾实系未曾有之惨事。刻下河水虽已减去，然灾后惨状有不忍闻者，民屋十中之八均皆坍塌，灾民多无住所，且粮食殆形缺乏，府属商会等虽急瓣赈恤，然灾民太多，尚有不及之处哀鸿待哺，流离道途，日来搭乘京奉火车以抵奉者盖亦不少，焉为旅奉日绅等闻悉新民府之惨状尤形恻隐，已由居留民会商业会议所满铁经理以及各驻奉新闻记者发起向旅居东三省各埠劝募赈捐，积有成熟则当解送新民分赈中日灾民资补救云"。④

　　总之，清代，尤其是晚清时期，东北地区民间义赈的活动范围扩大，活动主体更加多元化，活动内容更加多样化，是清代东北地区救灾赈济中的重要力量。通过义赈，"弥补了政府赈灾力量的不足，为灾民提供了有力的物质和精神帮助，提高了赈灾的社会效果，开辟了近代中国社会的新路

---

① 《女界募捐公启照登》，《盛京时报》，宣统二年（1910 年）八月初六日。
② 《女学界劝募赈款》，《盛京时报》，宣统二年（1910 年）八月初五日。
③ 《日人开演电戏作捐助水灾之义举》，《盛京时报》，光绪三十四年（1908 年）八月初七日。
④ 《日人为中日灾民募捐》，《盛京时报》，宣统二年（1910 年）七月二十三日。

子"。①

综上所述，通过政府救济和民间救助，不仅救济了灾民，而且帮助灾民渡过了难关。更为重要的是，通过这些救灾措施的实施，形成了一套完整的社会保障体系。"这个体系有着不同于西方的、极其复杂的思想基础，政府、民间、宗教、宗族以及基于业缘和地缘的自保互助组织等主体参与了保障事务，多元化的举办主体承担着全面的保障项目，并有一套严格而实用的管理监督制度、保障制度和诏令的实施效果。"② 这个社会救助保障体系至今具有借鉴意义。

---

① 黄佑：《晚清时期民间义赈活动探析》，《广西社会科学》2008 年第 12 期。
② 王君南：《基于救助的社会保障体系——中国古代社会保障体系研究论纲》，《山东大学学报》2003 年第 5 期。

结　语

　　有清一代，受自然因素和人为因素的影响，东北地区水灾发生频繁，分布广泛，给当地的经济、民生以及社会造成了严重影响。东北地区地方政府和民间虽然都给予了多方救济和救助，采取了一系列应对措施，但受时代条件的限制，救灾的实效不大。通过以上各章节对清代东北地区水灾与社会应对机制的总体考察和分析，可以得出以下结论。

一　清代东北地区水灾发生频繁，类型众多，分布广泛，地域性强，成因复杂

　　在清代的 268 年中，东北地区共发生水灾 114 次，年均 0.43 次，平均约两年 1 次。如果从 1736 年有连续记载算起，则年均 0.65 次，平均约一年半 1 次，共 747 县次，这个频率说明清代东北地区水灾发生相当频繁。其中，水灾频次以嘉庆、道光、同治、光绪、宣统五朝较为集中，顺治、康熙、雍正、乾隆、咸丰五朝水灾较少，这说明晚清水灾远远多于前清。由于自然地理条件、气候变迁、水文特征、地形地貌特点，以及人类经济社会活动规模与特点等因素的不同，清代东北地区形成了多种类型的水灾，即雨灾、江河洪水、内涝、山洪、凌汛、台风、海潮，其中雨灾和江河洪水最多，分别发生 357 县次和 227 县次。清代东北地区水灾在各阶段的分布极不均衡，其阶段性对比和年际分布呈现两大特征：一是水灾的年际分布广泛，总体分布不均衡，有明显的高发期和低发期；二是水灾的年际分布呈现跳跃性和连续性的特点。从水灾发生的年份看，两个低峰期的水灾发展呈明显的跳跃性，而两个高峰期的水灾发展呈明显的连续性。水灾的空间分布呈现两大特点。一是广域性、普遍性。在 1736～1911 年的 176 年间，共发生水灾 96 次，波及 747 个州县，每个朝代、每个地区都发生过不同程度的水灾。二是不均衡性、差异性。从水灾发生的区域来看，各地水灾分

布极不平衡。沿江、沿河流域，如辽河流域、辽西诸河、辽东半岛诸河、鸭绿江流域、松花江流域、图们江流域、绥芬河流域、黑龙江流域各县水灾远远多于平原和山区；各流域中又以辽河流域和松花江流域水灾最多，黑龙江流域、图们江流域、绥芬河流域水灾较少。东北南部各县水灾远远多于东北北部各县。清代东北地区水灾的成因复杂，既有自然因素，也有人为因素。由于当时生产力水平低下，人们无力抵抗大自然的侵袭，一旦发生水旱灾害，就会给人类造成重大危害。所以，气候变迁、地理环境等自然因素是清代东北地区水灾发生的主要原因。而对于灾害所带来的惨烈破坏和严重后果，以及越来越频繁的严重水灾来说，人口增长、土地垦殖、森林砍伐、水利废弛、苛政、战争等人为因素则是不容忽视的重要社会因素。

二 清代东北地区水灾给小农经济以沉重打击，造成劳动力资源短缺，农业生产凋敝

清代东北地区是一个以农为主的小农经济社会，国民经济的主体是农业，并且是个体经济的小农业。由于农业是灾害的主要受害体，加之小农社会的防灾、抗灾、减灾能力薄弱，所以一旦发生水旱灾害，就会对农业造成破坏，尤其是突发性的大水灾对农业的危害性更大、破坏性更强，给国民经济造成严重损失。首先是劳动力资源短缺。劳动力是生产力中能动的决定性因素，是农业生产的主体和根本动力，是农业生产最主要的生产力。劳动力的多寡和质量对农业生产的发展起着极为重要的作用。每次特大水灾不仅吞噬无数的人畜，造成人畜大量死亡，而且水灾带来的饥饿和瘟疫直接降低了劳动力素质，引发很多人饿死、冻死、病死，以及灾后人口流离，大批逃亡，进而导致人口急剧减少。水灾造成人畜大量死亡，必然导致劳动力资源锐减，损失大量的农业劳动力，导致农业生产力水平下降，给农业生产带来严重损失。同时，劳动力资源的锐减又进一步引起耕地大量抛荒，进而导致土地荒芜，严重影响了农业生产的恢复和发展，进而导致局部地区小农经济陷于停滞，给小农经济造成严重威胁。其次是农业生产凋敝。在靠天吃饭的传统小农社会里，农业生产是国民经济的主体。水灾，特别是重大水灾一经发生，必然使以粮食为主的农产品大量减少，造成用于维持劳动力再生产的生活资料匮乏，导致农业生产的物质基础崩

溃，从而严重影响经济再生产过程。同时，农业再生产的主体结构也会遭到直接的打击和损失，使灾区的农业生产陷于瘫痪。尤其是在清代东北地区小农社会里，重大水旱灾害对农业生产的危害性更大、破坏性更强，不仅造成土地荒芜，农业基础设施毁坏，而且毁损庄稼，危害农业生物体，严重破坏农业再生产过程，给农业生产带来巨大损失。农田被淹，土地荒芜，农作物减产，粮食歉收甚至绝收，水利设施毁坏，农业生产凋敝，严重影响了人民的生活和社会经济的发展。

三　清代东北地区水灾给灾民生活带来严重灾难，造成生存环境恶化，物质生活匮乏，灾民生活极其悲惨

人类是灾害的最终承受者，每次重大水灾所造成的生存环境的破坏和物质生活资料的匮乏，最终的后果都要危及人类的生存和发展。清代东北地区的洪涝灾害出现频率高，波及范围广，破坏力强，几乎每一次洪涝灾害都会对人们的生存环境造成破坏，冲毁房屋，淹毙人口，卷走财物，毁坏交通设施。水灾不仅破坏人类的生存环境，而且连绵不断的水灾给灾后的百姓生活带来严重的困难，他们在房屋倒塌、牲畜被淹毙、粮食被冲走以后，只得风餐露宿，吃树皮，嚼草根，甚至发生"人相食"的惨剧。连年的饥荒使处于社会边缘的最贫困的灾民挣扎在死亡线上，他们无衣无食，生活饥馑，困苦不堪，物质生活极度匮乏。同时，水灾往往是自然经济状态下的小农难以抵御的，每逢水灾，粮食便减产或绝收，耕畜死亡，灾民失去农具、房屋、土地，造成严重饥荒。为求得生存，灾民纷纷外流，扶老携幼，离乡背井，外出逃荒乞食。所以，每次水灾后，到处是"灾黎遍地，啼饥号寒"，"饿莩载道，积尸盈野"，灾民无衣无食，饿死、冻死、病死的比比皆是，广大灾民挣扎在死亡线上，生活异常凄惨。频繁的水灾严重影响了民众的生活和生存。

四　清代东北地区水灾给社会带来严重影响，抢粮、闹灾、抗捐、盗掠活动不断出现，导致社会秩序混乱，社会动荡不安

在清代东北地区的特大水灾中，一些失去正常生活秩序的人，开始到处抢掠，抢粮、闹灾、抗捐、盗掠活动不断出现，打乱了正常的社会秩序，造成社会秩序混乱。水灾发生以后，灾民为解决温饱，求得生存，纷纷揭

竿而起，抢粮风潮不断涌起。他们或直接抢掠粮铺，或从富户手中抢夺粮食，或从过往商贩手中抢夺粮食，致使社会矛盾激化，社会动荡不安。灾民为解决灾后生存问题，还通过多种方式进行闹灾活动，他们向地方政府要粮要赈，向银行富户借款均粮，或要求粜粮，或食宿于富户之家，或分粮滋事。处于灾荒打击下的农民生活本来就已举步维艰，政府还要向他们征捐纳税，因此各地农民纷纷掀起抗捐斗争。严重的水灾为各种匪患的出现提供了温床，数以万计的灾民由于无以为生，纷纷参与盗掠活动，流落为土匪，严重影响了社会秩序。当时，胡匪抢劫的地域，从乡村蔓延到城市，从拥资巨万的富户到肩负斗米携千文的妇孺，都逃不掉他们的劫掠，土匪抢劫的事端屡屡发生。他们或趁灾打劫，或打家劫舍、抢掠财物，或绑票勒索，或劫掠粮船，或抢劫官票，或抢劫过往行人。盗匪不停地抢劫扰民，抢掠民间物质财富，杀害人口，扰乱社会治安，闹得民不聊生，严重破坏了百姓的安宁生活，加剧了社会秩序的混乱和社会心理的恐慌。总之，清代东北地区灾民不断地抢粮、闹灾、抗捐、盗掠，导致社会动荡不安，严重破坏了社会秩序，影响了社会机制的正常运行，破坏了人类社会的发展和文明进步。

五　清代东北地区地方政府实施救灾与防灾并举的应对机制，在一定程度上缓解了灾情，挽回了经济损失，救助了灾民，稳定了社会秩序

频繁的水灾给人类带来了无穷的灾难，造成人口伤亡、经济衰退、社会紊乱。面对严重的自然灾害，历朝历代都想方设法进行救治，逐步创设了一套较为完备的救灾机制。清代东北地区地方政府在救治水灾方面，实施了救灾与防灾并举的应对机制。一方面，及时救济灾民，采取了诸如赈济、蠲缓、平粜、设立粥厂、广施借贷、安辑流民、以工代赈等一系列救灾措施，并使这些措施更加具体化、周密化、规范化、系统化、体系化、完备化、制度化、法制化，集历代救灾措施之大成，在一定程度上缓解了灾情，挽回了经济损失，救助了灾民，稳定了社会秩序，起到了积极的作用。另一方面，水灾的发生往往具有突发性，是人们始料不及的，使社会生产和人民生活遭受巨大损失。所以，如何预防水患，把水患造成的损失降到最低程度，是水患灾害应对中至关重要的问题。清代东北地区地方政府早就意识到了这一点，所以在积极救灾的同时，也实行了一些防灾减灾措施，如仓储备荒、兴修水利、植树造林等，在很大程度上抵御了水患灾害的发生，减少了水患灾害对经济及社会的破坏与影响。但从救灾的实效来看，由于清代东北地区小农经济抵御自然灾害的能力薄弱，加之各级官吏报灾不实，财力有限，所以政府的救灾极为不力，疲于应付，所采取的一些救济措施，虽然暂时缓解了灾情，但对处于灾荒困扰中的广大灾民来说只是杯水车薪，并不能从根本上解决灾荒给人民生活带来的各种困难。

六　清代东北地区民间采取多种形式的救助活动，如设立慈善机构、置办民仓、筹办义赈等，无偿地进行救灾济民活动

在清代小农社会里，仅依靠政府救济并不能完全解决灾民问题。所以，清代统治者在充分发挥政府职能的同时，还积极鼓励和提倡民间自救。而受灾最严重的灾民大都处于社会最底层，为了挽救自身，他们常常自发组织起来，互救互助；社会各阶层也纷纷组织各种形式的民间义赈，救灾济民。清代东北地区的民间赈济形式多样，内容丰富。一是设立名目繁多的慈善机构。清代东北民间地方社会的慈善组织在各州县的设置极为普遍，如红十字会、教养工厂、栖留所、水会、难民救济收容所、赈济事务所、养济院、孤贫院、留养局、同善堂、游民习艺所、庇寒所等，这些机构的社会功能主要是救济难民、抚恤贫孤、救治伤残，在灾荒年起的作用更大，是民间救济的前援和基础，也是民间灾荒救济的重要组成部分。二是置办民仓。清代东北地区各府厅州县通过设立民仓，积谷储粮，对灾民予以借贷、平粜、赈济等多种手段，帮助他们度过灾荒之年，对防灾备荒和扶助农民发展生产起了积极作用，同时也保障了社会的正常运转和社会生活的正常进行。三是筹办义赈。义赈是清代东北地区民间赈济的一种重要形式，发起并参与义赈的群体包括绅商、富人、地方官员以及艺界、学界、女界和外国人等各阶层人士。他们从事捐粮、捐款、施粥、施义地、建义仓等各种义务赈济活动，无偿地为当地的救灾济民活动贡献了自己的力量。

综上所述，清代东北地区水灾与经济、社会之间存在较强的互动关系。一方面，频繁发生的水灾给国民经济、灾民生活和社会秩序造成极大的影响和冲击，直接破坏了小农经济，影响了灾民的生存和生活，扰乱了社会秩序，引起了社会危机；另一方面，政府和民间都实施了救灾济民的应对

措施，并建立了一套较为完整的灾荒抗救机制，最大限度地减少了水灾造成的损失，维护了自身的生存和社会的发展。

通过以上对清代东北地区水灾与经济、社会之间互动关系的考察与分析，我们可以得出以下两点启示。

（1）水灾害的发生是不可避免和不断发展的。自然灾害是自然界变异过程作用于人类的一种特殊自然现象，它和人类社会一样，有其发生、发展、变化的过程。尤其是水灾，总是处于不断的运动、变化、发展过程中，频繁发生，周而复始。所以，"只要人类存在，自然灾害就会发生，因此，自然灾害是不可避免的"。① 东北地区自古以来就自然灾害频仍，在各种灾害中，波及范围广、破坏力大的主要是水灾，特别是到了清代，尤其是晚清时期，随着地域的开发，水灾发生的频率越来越高、规模越来越大，对人类生命财产的危害程度也越来越剧烈。步入近代，随着政局混乱、战争频发以及自然环境的变迁，东北地区水灾频频发生，几乎是年年有灾、无年不灾、一年多灾，广大人民处于水深火热之中。新中国成立后，虽然对水灾害进行了积极的防御和治理，但始终避免不了水灾害的发生，重大、特大水灾依然频仍。近年来，随着气候变迁和生态环境恶化，东北地区水灾的发生有愈演愈烈的趋势。2012年，东北地区的哈尔滨、长春、沈阳、吉林、四平、牡丹江、佳木斯、锦州、辽阳等地都发生了暴雨、台风雨等特大规模的水灾，给当地的经济社会造成了巨大影响和损失。因此，水灾害的发生是不断发展、永无止境的。

（2）防灾减灾的关键是科学救灾和法治救灾。目前，全国各地都在进行轰轰烈烈的新农村建设，并取得了重大成就。但是，水灾害依然是影响和制约东北地区新农村建设的重要因素，制约了东北地区的经济发展、百姓生活和社会稳定。因此，要搞好东北地区的新农村建设，就必须做好防灾减灾工作，而做好防灾减灾工作必须遵循两个原则。一是科学救灾。从历史时期的救灾实践来看，人们往往重视技术救灾（如改进水利技术，利用西方先进的水利技术治洪防涝、引水灌溉；引进、推广农作物新品种；改进耕作方法；等等），而忽视了科学救灾。科学救灾就是运用科学的眼

① 科技部、国家计委、国家经贸委灾害综合研究组：《灾害·社会·减灾·发展——中国百年自然灾害态势与21世纪减灾策略分析》，气象出版社，2000，第7页。

光、思维、方法和管理谋求救治灾害的更合理、更可行、效果更好的救灾方法。只有实施科学救灾，才能最大限度地减少水灾害给人类经济、社会带来的危害，甚至在一定程度上避免水灾害的发生。二是法治救灾。从历史时期的救灾实践来看，人们遵循自然规律和经济规律的程度不够，重救灾、轻防灾的倾向过重，加之历朝历代的荒政弊端丛生，所以救灾的实效不大。新中国成立后，我国虽然制定了一些防灾减灾的文件，但对于涉及社会经济众多领域的灾荒治理工程来说还远远不够，近年来水灾救治中的弄虚作假、贪污、挪用救灾款等现象比比皆是。为此，我们应树立法治救灾的观念，倡议国家制定专门的救灾法规，建立完善的救灾法律体系，以营造和谐的救灾环境。同时，在今后的救灾工作和社会保障制度建设中，要以史为鉴，尊重客观规律，按规律办事，最大限度地减少失误，以促进农业的可持续发展，构建和谐与稳定的社会。

图书在版编目（CIP）数据

清代东北地区水灾与社会应对／于春英著. －－ 北京：
社会科学文献出版社，2016.12
ISBN 978－7－5201－0093－9

Ⅰ.①清… Ⅱ.①于… Ⅲ.①水灾－影响－社会发展
－研究－东北地区－清代②水灾－影响－区域经济发展－
研究－东北地区－清代 Ⅳ.①P426.616②F129.49

中国版本图书馆 CIP 数据核字（2016）第 300519 号

清代东北地区水灾与社会应对

著　　者／于春英

出　版　人／谢寿光
项目统筹／冯咏梅
责任编辑／冯咏梅

出　　　版／社会科学文献出版社·经济与管理出版分社（010）59367226
　　　　　　地址：北京市北三环中路甲29号院华龙大厦　邮编：100029
　　　　　　网址：www.ssap.com.cn
发　　　行／市场营销中心（010）59367081　59367018
印　　　装／三河市尚艺印装有限公司

规　　　格／开　本：787mm×1092mm　1/16
　　　　　　印　张：14　字　数：230千字
版　　　次／2016年12月第1版　2016年12月第1次印刷
书　　　号／ISBN 978－7－5201－0093－9
定　　　价／79.00元

本书如有印装质量问题，请与读者服务中心（010－59367028）联系